国计遗珍　创新活化
——南京国创园工业遗产保护利用实践研究

南京金基集团　编著

东南大学出版社
SOUTHEAST UNIVERSITY PRESS
·南京·

内容简介

本书基于南京国创园项目,以工业遗产保护更新改造利用面临的实际问题为基本线索和出发点,兼顾理论和实践,关注项目的历史回溯、特殊价值,分析建筑改造、环境整治,探讨定位策划、运营管理等,并且强调保护利用的整体性思维,构建整体性的工作流程和结构框架,拓展、改进和深化工业遗产的保护更新、改造利用路径,在当代社会经济建设工作的进程中,深入挖掘工业遗产的生命力。

本书可供工业遗产保护、规划、利用、管理等领域的投资者、管理者、专业机构和研究者阅读参考。

图书在版编目(CIP)数据

国计遗珍 创新活化:南京国创园工业遗产保护利
用实践研究 / 南京金基集团编著. -- 南京:东南大学
出版社,2024.11. -- ISBN 978-7-5766-1744-3

Ⅰ.TU27

中国国家版本馆 CIP 数据核字第 2024GE2144 号

责任编辑:曹胜玫　　　　　　　　　　**责任校对**:子雪莲
封面设计:张玉瑜　毕　真　　　　　　**责任印制**:周荣虎

国计遗珍　创新活化——南京国创园工业遗产保护利用实践研究

编　　著	南京金基集团
出版发行	东南大学出版社
出 版 人	白云飞
社　　址	南京市四牌楼 2 号　邮编:210096　电话:025 - 83793330
经　　销	全国各地新华书店
印　　刷	南京玉河印刷厂
开　　本	787 mm×1092 mm　1/16
印　　张	13.5
字　　数	312 千
版　　次	2024 年 11 月第 1 版
印　　次	2024 年 11 月第 1 次印刷
书　　号	ISBN 978-7-5766-1744-3
定　　价	68.00 元

本社图书若有印装质量问题,请直接与营销部联系,电话:025-83791830。

编著委员会

王海龙　吴　成　唐新平

徐进亮　陈　曦　翁荔敏

目录

Contents

序 ▪▪▪

工业遗产是岁月的痕迹、文明的脉络、民族的基因，也是超越时空的文化传承、情感载体和精神纽带。在它们斑驳陆离的外观下，凝结了人们对一个时代的集体记忆。

然而人们习惯于把久远的物件当作文物遗产，对它们悉心保护，将眼前刚被淘汰、被废弃的当作废旧物、垃圾和障碍物，急于将它们毁弃。较之几千年的中国农业文明和丰厚的古代遗产，工业遗产仅有近百年甚至几十年的历史，但它们同样是社会发展不可或缺的物证，其所承载的关于中国社会发展的信息量，对人口经济和社会的影响力，甚至比其他历史时期的文化遗产要大得多。所以，我们应当像重视古代文物那样重视工业遗产。

中国近代工业自19世纪中叶开始起步，其中以清政府洋务派兴办的近代工业企业规模最大、技术水平最高。民国时期，官僚买办和民族资本家逐渐成为近代工业发展的主要推动者，作为中国最早的商埠城市之一的中华民国首都南京，也在中国近代社会经济的剧烈变动中，产生了近代军事工业和民用工业。

1983年，南京市政府提出了"城市建设要实行改造老城区和开发新城区相结合，以改造老城区为主"的建设方针，开始集中力量在老城进行大批量的住宅建设。在1980年代初期对老城区中未使用的土地进行住宅新建，1980年代后期开始对老城中的旧住宅进行"拆一建多"的改造，到了1990年代，加快了老城区"退二进三"的速度，工业用地绝大部分都被转化成为住宅用地和第三产业用地，城市用地结构产生了巨大变化。在此期间，南京市对于老城区工业用地大都采取了整体推倒重建的更新模式，毁坏了不少工业遗产，不仅抹杀了城市的工业文明记忆，还割裂了城市历史发展脉络。到了21世纪，多年城市更新改造所造成的各种问题不断显现出来，于是南京城市更新的重点开始逐渐转向对城市整体环境、文化氛围、历史文脉的保护和塑造。

《国计遗珍　创新活化——南京国创园工业遗产保护利用实践研究》一书兼顾理论与实践，基于南京国创园项目，梳理南京工业遗产项目的发展概况，构建工业遗产价值评估方法，并开展南京国创园工业遗产价值评估，探讨南京国创园保护利用方式，以期为推动城市更新与产业升级提供意见。

"三山半落青天外，二水中分白鹭洲。"回眸民族工业百年风雨，展望下一个百年的美好未来。南京，宛如一张弓，蓄势待发，向着人民城市新实践、向着创新发展再出发！

卢祖飞

2023 年 12 月 31 日

第一章

南京国创园前生今世

1.1 中国近代工业建筑的发展概况

中国工业建筑的历史是古代手工业兴起及转型带来的建筑形式、技术、材料等多方面的、持续不断的发展史。本书的研究对象——曾为江南铸造银元制钱总局的南京国家领军人才创业园——其故事则是从清朝末年开始。在主流的工业史、建筑史中，该项目处于"近代"的大分类下，因此本章聚焦于近代工业建筑的发展，简述中国及南京的近代工业建筑演变过程。

对中国近代工业发展进程的研究早已出现，例如 1933 年的《中国都市工业化程度之统计分析》和与之互为参考的《中国新工业发展史大纲》中，便认为在新工业兴起七十余年后（即大概从咸丰年间起算），国家工业化的程度已经颇为可观，趋势甚为明显。现代研究一般认为近代工业发展是从 1840 年鸦片战争之后开始，在具有了资本、商业环境、官方许可等基本条件的情境下，新式工业开始出现，原来的小手工业慢慢转变为工场手工业，开始有官方经营的大型手工业工厂与少量以机器为核心的大型工业[①]。清末的官营工业种类受大环境影响，以军事、工矿、日用必需品等类型为主。随着社会环境的变化和工业技术的发展，近代工业总体呈现从重工业向轻工业的转变，资本来源也从官方政府、外国资本转为官商、民间资本，至民国时期迎来了快速发展。

在民国中期的工业化分析中，主要讨论的工业类型包括传统手工业与更为现代的轻重工业，呈现出较为多样的工业产业类型，各地的工厂数量、技术水平、机器种类都比民国初期有了明显增长。值得注意的是，当时仍然以规模较小的产业居多，研究者亦认为"中国都市工业，在全国究占若何之地位，至今尚无具体之解答"[②]，反映出近代的工业发展虽然明显，但是大规模的、有数据支撑的工业研究仍然缺失，当时的工业没有固定的、统一的标准可供谈论与执行，处于积累经验的起步阶段。

工业建筑的发展亦是如此。早期的工业建筑类型较为割裂，既有旧式的小作坊式工场，也有容纳大型机器的新式工厂。根据所在城市特点、资本类型、技术程度、机械需求等因素，不同城市的同一产业差距有可能极大，而同一城市中的不同产业、不同位置的同一

---

① 范西成,陆保珍.中国近代工业发展史:1840—1927 年[M].西安:陕西人民出版社,1991
② 龚骏.中国都市工业化程度之统计分析[M].上海:商务印书馆,1933

产业,其工业建筑也有可能大相径庭。在地域分布上,一般情况下,沿河海、口岸城市的工业比内陆城市发达甚多,工业建筑也因此集中在这些城市里,例如哈尔滨、沈阳、天津、武汉、上海、青岛、大连、广州等①。在工业类型上,北方常见依托原料产出的重工业,如工矿、电力等,在选址时,除了考虑实际使用情况之外,会将原料的采集与运输纳入考量;与此同时,南部城市则以轻工业为主,例如纺织、印刷,部分产业相当依赖外地引进的原材料,因而在选址时注重交通便利性。

工业资本的类型也会对工业建筑的形态有一定影响。一般认为官方、民间、外国资本并存的近代工业中,早期大型工业厂区往往是官方资本主导(尤以洋务派为主),其后变为官商合办与外国资本兼有,外国资本主导的企业数量在《马关条约》签订后出现了明显增加②;而中小型工业根据其地域特点、产业类型有不同的变化历程;民族资本支持的工业则从洋务运动后便开始出现,但是起步时间较晚且初始发展缓慢,至民国初期才迎来了快速增长。在早期官方及外国资本主导的工厂中,对西方工业建筑形式直接借用的做法较为普遍。当时在设计工业建筑时经常会请外国设计师根据某一类工业建筑原型进行适应性调整,整个流程相对简单、推进速度极快,因此其中常有隐患:主办之人几乎不需要对工业建筑、产业特点有总体概念就可照搬原型,但决策失误的可能性大大增加;设计师在场时间短,其后发生的工程问题、使用缺陷问题不能得到很好的解决等。在反映清朝社会状况的小说《二十年目睹之怪现状》中就有这样的故事:

> "……抚台便和他说:上头准了,这件事要仰仗老兄的了。兄弟的意思,要连工程建造的事,都烦了老兄。……便带苟才到洋行里去,商量了两天,妥妥当当的定了一分机器,订好了合同,交付过定银。他上条陈时,原是看定了一片官地,可以作为基址的。此番他来时,又叫人把那片地皮量了尺寸四至,草草画了一个图带来的,又托佐闾找了一个工程师,按着地势打了一个厂房图样。凡以上种种,无非是童佐闾教他的,他那里懂得许多……
>
> 苟才又呈上那张厂房图。抚台看过道:'这可是老兄自己画的?'苟才道:'不,职道不过草创了个大概,这回奉差到上海,请外国工程师画的。'抚台道:'有了这个,工程可以动手了罢?'苟才道:'是。'抚台送过客之后,跟着就是一个督办银元局房屋工程的札子下来……谁知他当日画那片地图时,画拧了一笔,稍为画开了二三分……此时按图布置起来,却少了一个犄角……虽然照面积算起来,不到十方尺的地皮,然而那边却是人家的一座祠堂……叫了那业主来,说明要买他祠堂的话……县主道:'……这个银元局是奏明开办的,是朝廷的工程。此刻要买你的,是和你客气办法。'……从此之后,直到厂房落成,机器运到,他便一连当了两年银元局总办。"

随着清末民初工业的迅速发展,对工业及其所需空间的认知也在不断提升,无论是建筑形式、材料、做法,还是参与的工程人员,都朝着更为先进、更加接近现代工业、更适应本

---

① 戴鞍钢,阎建宁.中国近代工业地理分布、变化及影响[J].中国历史地理论丛,2000(1):63-65
② 祝慈寿.中国近代工业史[M].重庆:重庆出版社,1989

土环境的方向进步。以民间资本运营的工业为例,中国早期的民族资本主义工厂如继昌隆缫丝厂 1872 年在广东南海县创立,以蒸汽机缫丝,上海发昌机器厂从 1869 年就开始使用车床加工配件。至 1894 年近代工业企业总计有 70 余家(一说 150 余家),到甲午战争后、民国成立之初,仅登记在册的民族资本企业数便有 400 余家,机器进口额几乎翻了两番,而到了 1936 年,中国工业产值达到了民国时期的峰值[①],在此期间民营工业资本的增长率平均每年可约达 10%。引进及制造大型器械的需求影响了工业建筑的模式,而工艺流程的发展转变、民间资本的介入等技术经济因素使得工业建筑的各个层面,包括形态特征、内部空间组织、技术水平等细分演变出不同的状态。在工业建筑的设计、建造、使用上,民国时期就已有不少钢混、钢结构大跨度厂房与砖混、砖木结构厂房。工厂的建筑形式基于工业特性、成本、运营管理产生了更多变化,也出现了具有技术价值的特殊建筑物,例如上海发电厂高约 110 米的烟囱,以及可与现代工业建筑相比的大跨度工业厂房——华铝钢精厂的生产车间,其桁架跨度达到了 20 米。

总而言之,虽然起步时间较晚,但是在清末至民国期间中国近代工业技术与配套工业建筑经历了快速发展,由最初引进、模仿外国先例转向了本土化、具有一定独创性和地域特色的模式。其中不少重要厂房在新中国成立后也延续了其工业建筑的功能,从近代开始参与并见证了时代的改变,直至今日。

1.2 南京近代工业建筑的发展概况与现状

南京位于长江三角洲,当地的自然条件可产出矿石(以铜铁为主)、桑蚕丝、棉麻、稻米等原材料。从古代起冶金、铸造、纺织、粮油加工等产业相对兴盛。城北部的六合冶山一带开采铜、铁矿的历史可追溯至 3 000 多年前,三国时期便有记载吴宫设有织室,织匠数千;至清代乾隆、嘉庆年间,南京有近四成人口从事丝织行业、织机 5 万余张。从清末开始,部分原有的手工业开始在生产中使用新式机器,进入工业化的阶段,而一些新工业类型如化学工业、制药工业等与现代技术联系更紧密的产业则由相关资本直接创办或引进,如范旭东设立的永利𫟼厂。南京的近代工业一般认为兴于光绪年间,一说郑宜元设立的公茂工厂是最初的新式工厂[②],也有认为金陵机器制造局是最早的新式工厂,是南京乃至江苏近代机械工业的开始[③]。南京的近代工业建筑发展根据城市历史进程,可大致划为四个时期,分别为民国成立前、北洋政府时期、南京国民政府时期至全面抗战前、全面抗战至解放前,与之对应的工业类型如下[④]:

(1)民国成立前(1840—1911)

作为江浙一带的经济、政治中心,在此期间南京的传统工业如矿产冶金、手工业持续稳定地发展,新型工业在洋务运动开始后得以创办,类型主要为军事、

① 龚会莲.变迁中的民国工业史(1912—1936):一种制度分析的角度[D].西安:西北大学,2007
② 龚骏.中国新工业发展史大纲[M].上海:商务印书馆,1933
③ 江苏省地方志编纂委员会.江苏省志:机械工业志[M].南京:江苏人民出版社,1998
④ 参考了工业史、南京历史阶段,以及论文如《南京近代工业建筑研究》等

机械等与国家所需对应的产业，大型产业几乎均为官办。在《马关条约》后，与国内其他开埠城市相似，外国资本经营的工业得以快速发展。

（2）北洋政府时期（1912—1928）

国民政府成立后，南京的城市性质和地位有所变化，其间民族资本的发展较为突出。

（3）南京国民政府时期至全面抗战前（1927—1937）

该时期为南京近代工业发展最为快速兴盛的时期。在此期间，作为无可争议、名副其实的国民政府首都，南京的工业发展得到了全面的支持，不仅在类型、模式上有了极大进步，也因工业相关政府部门的设置而整合了国内其他地方的工业资源。

（4）全面抗战至解放前（1938—1949）

受战争影响，原设于南京的工厂，尤其是国民政府创办的、资本较大的重要工厂，纷纷西迁重新安置。南京的工业及厂房在时局动荡的情况下受到了程度不一的破坏，在抗战胜利、政府回迁后得到了一定恢复。

对南京近代工业建筑的研究和论述从 20 世纪下半期开始逐年增加，经历了十余年的系统、区域、单体研究后，对于南京的近代工业建筑状况有了比较全面的认识，在此仅以简洁的方式说明目前获得公认的总体情况。从宏观的类型上看，南京工业建筑的分布根据城墙的形态、周边自然地理状况与工业的特殊需求，在外秦淮河一带主要有重型的基础设施产业，例如水厂、电厂、水泥厂等，在内秦淮河一带有轻型的手工产业。中心城区有规模不大的中小型工厂分布，而城外则多为大型的、有污染可能、需要靠近原料的工业。

若以时间为线索梳理南京近代工业建筑的发展过程，清末的工业建筑水平相对滞后，尚处于起步阶段，官办工厂如 1865 年创办的金陵机器制造局虽有外国引进的机械、参考英国厂房的空间格局和建筑模式，但因当时的技术、材料等条件限制，建筑本体仍然使用木屋架、砖木结构。到清朝覆灭、民国政府建立初期，大型的新式厂房在工业资本投入增加、工业发展稍见成效的背景下开始增多，并且与国家趋势相同，在工业建筑的设计、形式上由模仿外国先例转为自行设计。例如创办于 1912 年的和记洋行，其建筑是由上海协泰建筑事务所承办、姚新记营造厂建造，主车间已开始使用混凝土框架结构，尽管柱网较密、跨度不大，但其技术水平、建筑格局已体现出与早期工业建筑不同的现代特征。值得注意的是，南京的工业发展及工业建筑水平与民国同时期的其他工业城市对比，并不算非常高，例如 1933 年的工业化统计中将南京与北京（北平）同列，认为两城的政治地位突出但工业化并不如上海、武汉等工业发展更早、规模更大的城市[1]。但与民国初年（1912 年）对比，1932 年的社会局调查中南京已有新式工厂 30 余处[2]，且当时的调查并不详尽，一些早已存在并转型的大型工厂、外国资本创办的工厂均没有计入。可以看出，至民国中后期，南京工业建筑的状况——总体数量、规模、资本、配备，均有了极大进步。

① 龚骏.中国都市工业化程度之统计分析[M].上海:商务印书馆,1933
② 中国实业志:江苏省[M].实业部国际贸易局,1933

　　抗战爆发后，南京的工业企业开始纷纷内迁，大部分重要的工业企业在国民政府的组织下召集员工搬运重要的文件资料、核心设备等转移至中部、西南等地区另设工厂，也有部分企业（如当时仍在建设过程中的江南水泥厂）选择留在南京，采取停工、封存物资、加强看守等措施应对袭击①。在抗战时期，重要工厂成为日军攻击目标，损毁严重；而未能及时内迁、经过袭击仍有生产能力的工厂在日军占领后即被强制要求为日军生产物资。例如抗战刚爆发时仍在生产军需物资的永利铔厂一直在敌机密切侦察的范围内，仅1937年8月至10月便经历了三次轰炸，工厂的建筑、设备、物资均受到了严重破坏，11月在厂长侯德榜的带领下仓促内迁，次年由日本军方没收、归他方企业管理②。因日方对工业企业的占据和使用受到了汪伪政府的支持，在仅以最低限度维持运转的情况下，许多战争中被破坏的工厂建筑没有得到修复。抗战后期，国民政府在进行敌后工作时制订的计划再次对南京的工业建筑产生了破坏，江南行署的经济突击队的任务即包括破坏日伪兵工厂、仓库、公路、铁路、船舶、银行、钱庄、商店、农场、堆栈等与经济活动相关的机构③。抗战结束后，国民政府虽然重新接手各工厂并组织重建厂房、恢复生产，但当时各厂损毁程度往往超过当时财政能够支撑的范围，对日交涉索赔过程又耗时良久，使得战争期间被破坏的建筑很难修缮到应有的状态。

　　解放后，南京在完成权力更迭、工厂接收后，重新开始迈入稳定的发展轨道，工业化程度进一步加快，初期新工业的发展常建立在沿用并改扩建旧有工厂的基础上。这些近代工业建筑因满足不了日益扩大的生产需求，其配套设施也已跟不上人口密度与城市建筑密度的增加，在使用的过程中会以加层、扩建、局部拆改增量等方式增加其产能和容量，也因此留下了不同年代叠加的历史信息。大多数现存的近代工业建筑，无论现今荒废与否，或多或少会有在新中国成立后多次转型带来的使用痕迹，南京国创园所在的第二机床厂就是其中一例。在这种情况下，这些本就属于特殊类型的近代工业建筑每一处都更为独特，对它们的价值评估、保护利用、管理运营等需要在充分理解每处的历史曲线的基础上进行，在本书其余章节中将会分项论述。

1.3　南京国创园历史沿革资料综述

　　南京国家领军人才创业园（南京国创园）的故事要从它所在的这片土地，重要的历史节点，国家及城市的政治、经济、文化、技术等开始说起。如上节中对工业建筑研究状况的介绍，工业建筑的特性与其所在产业、经济技术特点联系紧密，因此本节将以重要的产业转型事件为节点，结合必要的背景信息，多角度地讲述国创园的历史沿革。

　　明初，作为首都的南京是全国政治、经济、文化、交通的中心，三山门南侧的西水关作为连接内外秦淮河与长江的交通节点承担了重要的集散功能。因贸易往来日渐兴盛，中心城区的土地难以满足货物中转的需要，明太祖于洪武二十四年（1391）设置了转运地区

①　张朔人.抗战时期的江南水泥公司[D].南京:南京师范大学,2005
②　王喜琴.抗战时期的南京永利铔厂[D].南京:南京师范大学,2018
③　胡石.江南行署研究[D].南京:南京师范大学,2012

供客商使用：

> "洪武二十四年,令三山门外塌房,许停积各处客商货物,分定各坊厢长看守。其货物以三十分为率,内除一分,官收税钱。再出免牙钱一分,房钱一分,与看守者收用。货物听客商自卖,其小民鬻贩者,不入塌房投税。"
>
> ——《大明会典》

明朝官方建立并运营了三山门的商货转运中心,并将这种模式推广至其他水关。可以想象,该政策施行后三山门周边的城市密度必然快速提高,并且随着经济发展,这片地区逐渐成为人口密集的区域。清朝初期,南京的政治属性发生变化,由明时直隶变为江南省,更改原行政管理配置,设布政使、总督、巡抚管理长江流域南侧地区:

> "南京着改为江南省。设官事宜,照各省例行。但向来久称都会,地广事繁,诸司职掌,作何分任,听总督大学士洪承畴到时酌妥奏闻。"
>
> ——《世祖实录》

> "顺治二年江南初入版图,命内院大学士经略招抚。四年,停止内院,特设总督一员,初辖江南、河南、江西三省。自六年以后,止辖江南、江西二省。康熙元年裁去操江,归并总督。十三年止辖江南一省。至二十一年仍辖两江,代理操江。"
>
> ——《江南通志》

因改京为省需要调整的行政架构繁杂,涉及军事、财政、监察等多个方面,而划分出的江南省范围极大,在顺治至康熙年间管辖范围、官员职责均有变化。康熙年间增设按察使司并以两名布政使实行分驻、分治,标志着江南省分省而治的开始[1],一般认为从康熙六年(1667)起,江南省已然不再是行政上由统一职能官员管理的区域,江苏、安徽已有各自完善的行政体系[2],但分省的过程一直持续到乾隆末、嘉庆初,而作为名字的"江南"省虽在行政管理上分治,但在地理、文化、普遍认知中仍是一个整体,在舆图中也没有独立分省划界[3],且因官员职务、行政机构仍有江南之名,又无正式文书更名[4],清末时"江南"在原江南省辖区内,尤其是南京城内仍有使用。同样在清朝末年,三山门附近已形成密集的居住区,城市肌理虽不如中心城区密集,但形成了稳定的、以地形和水文条件为基础的放射状肌理,三山门与水西门两种称呼开始并用,直至民国初期水西门一称成为主流,沿用至今。

> "南之西曰三山门(俗名水西门)矮城也。西水关伏其下,秦淮水穿之以出城。稍西又有铁窗棂,盖运渎之水所由以泄者。……西行过仓巷口,道北有天后宫,全闽之会馆也。再西为水西门,又曰三山门,取三山半落青山外为义,古所谓龙光门殆即是欤(《肇域志》:斗门桥西出曰龙光门)。城侧迤北有巷曰犁头

尖,象形以为名也。"

——《江宁府七县地形考略》

清朝后期,经济及技术环境发生了重大转变。自鸦片战争、太平天国运动后,由统治阶级大力推行的洋务运动推动了中国的近代化进程。在工业上开始引进西方技术,或直接采买设备,或兴办民用企业,重要的行业如军工、造币、纺织等均引入了新技术。在金融上开始了较为混乱的阶段,钱庄转型、中央银行发展,信托、保险业开始出现。以货币体系为例,经历了国际银价下跌,清朝接受世界各国大量倾销的银元且这些银元进入中国流通后,因外国货币价值与原来作为计重单位的银两之间价值与购买力不匹配,货币制度受到影响开始崩溃,为补救该情况并支撑财政,清廷开始在各地设立造币厂铸造银、铜元[①]。中国原有铸钱业从宋至明代保持着基本一致的工艺流程(图 1.1),主要步骤包括配料—熔料—浇筑钱模—剪成钱胚—锉磨钱边—试声,至清朝仍是以分工为基础的工场手工业,工匠按步骤顺序合作完成。欧洲则在工业革命时使用了新型技术。19 世纪早期德国人 Dietrich Uhlhorn 发明的新型压印机根据杠杆原理工作,提高了生产效率且防伪能力较强,很快便被各国广泛利用。19 世纪末英国当时规模最大的私人造币厂——喜敦造币厂(伯明翰造币厂,The Birmingham Mint)即采用了此种技术[②]。因此在各地最初仿铸银币时,初始成色并不好,且易出现仿制品难以验证最终难以流通的情况,直至洋务派开始引进西方工业制钱技术,上奏请求购买机器、设立钱局,方才开启了钱币制造的工业化,进而出现了最早的一批制钱工厂,国创园历史上第一次工业转型在此背景下发生。

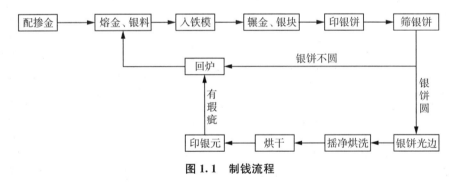

图 1.1 制钱流程

1.3.1 江南铸造银元制钱总局时期

光绪二十二年(1896)正月二十日,时任两江总督刘坤一以"制钱缺乏,不敷周转,洋元行销,利权外溢,仰给外省终非久计"为由,奏请筹建江南银元、制钱局(三月最终定名江南铸造银元制钱总局),设备通过瑞生洋行向英国伯明翰造币厂订购,计划日产银元 10 万枚及制钱百万枚,在一年内建厂完成(图 1.2):

"奏明在案,兹查江苏钱价至今尚未平减,商民交困,受累日深。现由广东

① 戴建兵.白银与近代中国经济(1890—1935)[D].上海:复旦大学,2003
② 王坤.西方造币技术的引进、应用和传播及其影响[D].呼和浩特:内蒙古师范大学,2014

代铸制钱二十万串,该省铸钱机器每日仅出钱六百串,以二十万串计之,约需一年方可竣事……且运脚有费,保险有费,层层折耗,于公款实多亏蚀。臣与司道再四筹商,非在江宁自行设局仿铸不足以示平准而靖民心……筹款维艰,若别无补救之方,亦恐难于持久,必须多购机器,兼铸银元,庶以制造银元之盈余,补鼓铸制钱之亏耗……江南北各府州,均因制钱缺少,民用不敷,上游皖鄂等省银价亦复骤跌,邻省皆禁运出境,以致市面愈不流通。江宁等属百物昂贵异常,小民生计艰难,颇滋惶忧……陈其璋《奏请鼓铸银元折》内,行令沿江沿海各省自行设局仿办,派员专理……江宁藩司会同候补道刘式通,在上海瑞生洋行订购英国喜敦厂铸造制钱机器全副,每日约可造钱一千串,价合英金二万一百五十五镑有奇,银元机器全副,每日约可造大小洋十万元,价合英金九千八百六十七镑,二共英金三万二十二镑有奇,经该司道等议,减五百镑……订立合同,限期交运,计本年十月内可以到华。"

图 1.2 《凤麓小志》中江南铸造银元制钱总局机器图

这不是刘坤一第一次通过瑞生洋行购买西方工业产品,1882 年他就曾通过瑞生洋行为金陵制造局(前身为 1863 年的苏州洋炮局)购买火药。这也不是第一次引进伯明翰造币厂的机器,最早由张之洞于 1887 年筹办、1889 年建成的广东钱局引进的便是喜敦造币厂(于 1889 年后更名伯明翰造币厂)的机器,布局亦是由喜敦造币厂聘英方建筑师米德尔顿根据广州厂址在喜敦造币厂基础上加以调整而得,所铸钱币于光绪二十一年(1895)便已分拨给宁、苏、淮、扬等地区[①]。工业场地的选址根据工业类型差异极大,因此对于当时新引进的工业类型,其厂址均经过慎重考虑,根据保密需求、原料、运输、地价以及成本、政治、城市条件等因素最终选择合适的地段进行初创。李鸿章创办金陵机器制造局时选择的便是靠近城墙、水运发达、背靠长江的地段,利于守卫又便于运输;造币厂选址在西水关南侧亦是出于交通、成本、防卫的考量;回看清末南京各城门临水处,大多有重要的工业厂房分布。

上奏获准后,刘坤一于二月委江苏藩司瑞庆为总办,江苏候补道刘式通采购机器,两江营务处道员桂嵩庆勘地建造厂房。随即收征沿河基地四十余亩,筹建东西两厂并于三月开始启用"江南铸造银元制钱总局"关防。八月时,参考武昌银元局"光绪元宝"式样的银元图样得以确定,每枚重七分,采用宋体汉字,仅将省份改为江南省,次月报部议可(图 1.3)。

图 1.3 银元样式

光绪二十三年(1897)唐际昌接办,于三月派刘世芳赴湖北抄取章程,随后定下银元厂、制钱厂、两厂工匠的章程,并在其后派八位工匠前往湖北学习操作,详察机器。江南铸造银元制钱总局于次年十月便告建成,伯明翰造币厂派遣总工程师雷诺监督,机器于年底安装完毕。造币厂分东、西两厂,东厂制作银元,于十月二十八日开铸,西厂专制钱币,于十二月二十五日正式开制,铸得银元由江南筹防局支应,其中银元与制钱各占80%与20%,银元又以大小各60%与40%配比,分送安徽、江西流通[②]。

"再,查前因制钱缺乏,设立江南银元、制钱局,业经本任督臣刘坤一先后将设局及办有成效情形,并委员建造厂屋、购置机器奏明……

择定江宁省城(今南京)西水关云台闸南岸,临河民基四十余亩,给价收买。委派熟谙工程员司、华洋工匠造成华式房屋大小一百六十五间,过道走廊六十六号、门楼、照壁、字炉、水井及厕所等项俱全。又于局外造房六十六间及码头、石闸各一座。又样式总厂两大所,内分隔小厂二十三间,铸钱小厂四十七间,洋

---

① 彭长歆.张之洞与清末广东钱局的创建[J].建筑学报,2015(6):73-77
② 缪荃孙.江苏省通志稿:货殖志:第八卷金融[M].南京:江苏古籍出版社,2002.

楼、平屋九间，高水台一座。大小烟囱十座，锅炉引擎底盘三十二座，回流地街三十丈。共用工料等银八万四百二十五两有奇……连同沪运省驳船夫力、员司照料、率工及雇外洋化学师匠、中西房租、栈租、电报、川资等费，共用银二十三万七千六百三十两有奇……所用各款已经本任督臣刘坤一檄饬江南筹防局暂行借拨，将来即由银元局于盈余款内照数归还。"

——《江苏巡抚鹿传霖等为请核销江南银元局开办经费事片》

光绪二十六年(1900)正月二十六日朱批"该衙门知道，钦此"

结合前述清末经济货币制度细看开办银元制钱局的原因，本是为了补足制钱缺乏产生的货币漏洞，以铸银元之利平衡铸钱的亏损，并通过自铸的方式抵制外国银元继续流通。这种举措在一时确实有效。但从经济制度角度看，并不是长久之计——原有以计重衡量方式的银两、铜钱与计数的银元并不是同一计量体系，再加上纸币的应用，本质上货币制度并没有得到改变，反而增加了使用的混乱。各地所铸银元重量、成色均不一致，无法大面积互相流通。但在当时，银元制钱局的建立确实缓解了眼前的货币问题，且铸银元之利颇高，通过控制面值与成色的价值差距可为地方财政获取丰厚的利润。因此，如铸币权力落于外省，可能导致经济矛盾。在江南自铸银币前，张之洞与湖北巡抚曾商议"拟将鄂局归南洋经理，江南不另设局，以免相妨；筹款行销，南洋任之，如有盈余，酌量津贴鄂省"。而江南银元进入市场后也确实与湖北银元形成了竞争，"商轮远寄，费重利微，且鄂元大批到沪，则江南银元市价极力跌减，动须赔折，故近数年鄂局不能铸小元，商人亦无附铸"，在上海等地市场中形成了激烈竞争[①]。江南铸造银元制钱总局设广东、湖北银元铸钱局之后，除江宁外，福建、山东、浙江、湖南、四川等地均上奏请求自铸，理由与刘坤一在奏折中所写相似。

清廷曾于光绪二十五年(1899)，即江南铸造银元制钱总局开铸第三年，尝试收回铸造权力，仅由最先实验的广东、湖北二省统一铸造发往其他各省，但很快遭到了各地反对，以抵制外币且铸造确实解决问题、开铸以来的盈利为依据不愿停铸。刘坤一即上奏称自开铸至二十四年(1898)底共得盈余银十四万余两。当时各地流通银元默认折价使用，江南铸造银元制钱总局铸造的银元亦是如此：

"所购机器颇大，所建厂房亦阔，统计用款至三十万金……制造各项银元大小轻重以及配合之分两等次均系仿照广东湖北定章，而考究成色则又专雇化学洋员，自熔银以迄成元，靡不按炉、按批抽提试验，务使色足制精，分毫不爽……较之湖北广东尤为周密，实足以取信中外。自光绪二十三年十月开炉试造至二十四年十二月底止，共铸成行销大小龙元五百万元，除开支一切经费外，实获盈余银十四万余两。现在工匠手艺日臻纯熟，每月约可铸造六十万元左右，以去岁之盈余归还购办机厂之借款已将及半，算至来春当可还清，以后所获余利即属大宗进款。当此库储告匮，筹款维艰，得此新增之项以为抠注之资，实于饷需大有裨益。此江南设立银元局，著有成效之实在情形……惟有仰恳天恩俯念，

① 熊昌锟. 清代币制改革的酝酿与纠葛[J]. 清华大学学报(哲学社会科学版)，2019(3)：118-132

江南设局有成,确著实效,准与湖北、广东两省一体办理。"

——《为请准江南银元局与湖北广东两省同办银元鼓铸抄稿并所铸龙元存案呈览事致军机处咨呈》光绪二十五年五月三十日

批"前已有旨,令该省照常铸造矣"

"除江南湖北两省所铸者不至贬价外,他省如广东所铸大龙银每圆必短少钱八十五文……若以小龙银十枚换墨西哥银,需贴钱七十文;换中国大龙银,贴五十文;若以小龙银易钱江南、湖北所铸者,每枚仅换九八钱八十五文。"

——《申报》光绪二十五年(1899)

与此同时,工业化制钱的情况却并不乐观。在计重的既有观念下,超出铜钱本身价值的铜币与银元一样在市场流通时被折价使用,然而清末时期全球银价下跌铜价高涨,铸铜钱不仅不盈利,铸造的工艺成本还会导致亏损,引进机械尝试铸造铜钱的亏损甚至比原有方法更高:

"……铤杆上下与钱模互相磨触,最易伤损,每日每座机器模撞修换数次及十余次不等,人工既费,成数亦少……按制钱一千五百文合银一两,每造钱一千约需工本制钱二千二百三十七文七厘……现用土法鼓铸,计每铸制钱一千文不过赔贴三百文左右。"

——《直报》光绪二十五年(1899)

于是,与铸造银元的措施相似,很快各地开始不再制钱,转而铸造铜元。光绪二十六年(1900)底,广东省第一次铸造了铜元,不久沿江沿海各省开始铸造铜元。江南铸造银元制钱总局自光绪二十七年(1901)二月用西厂闲置机器铸造铜元,并从光绪二十七年(1901)七月起根据苏州的方式,以原有铸钱机器改装后铸铜元,形成了东厂铸造银元,西厂为宁、苏二地铸铜元的模式。

光绪二十八年(1902),因角洋滞销,铸铜元获利颇丰。十月,添购铸机 5 架,每日可铸铜元 28 万枚,每月可铸 700 多万枚。十二月,东厂本已时断时续的银元铸造也告停止,改铸铜元。当时每解铜元 200 万枚可解回铸本银 1 万两,月终核算的盈余作兴学练兵之用,拨给高等学堂学务处、官招局、商务局、将弁学堂、三江师范学堂、保甲巡警局、牛痘局并各津贴等款。同年,开始筹建中厂,初始计划在西围墙外填塘建屋,更换主事人后,考虑到"填地不固",最终决定将厂区南侧的物料库、工匠房拆除重建,添造新厂,又将西围墙外填塘添建煤厂并加筑围墙,总共约用工料银 33 500 两。光绪二十九年(1903),中厂竣工。东、西两厂每日可加工铜元 100 万枚。同年四月,清政府设立中央财政处,并在天津设立户部造币总厂,仍留南洋(南京)、北洋(天津)、广东、湖北四局作为分厂,次年(1904)江南铸造银元制钱总局改名为"江南户部造币分厂"(图 1.4)。

光绪三十年(1904)九月,钦差铁良至宁,奏明江南铜元之盈利,每百万枚约得银 3 200 余两。同年,时任两江总督周馥曾于四月和十一月派人在上海制造局和扬州地区筹办铜元局,后因"上海制造一局本为制造枪炮而设,目前添建新厂之策既未定议,而操防所需制械之事仍不可缓。该局事极繁重,若再使之分任铸钱,深恐难以兼顾。至于扬州,地方远在江北,考察工作鞭长莫及,而多一局厂多一烦费,且恐各局所铸成色参差,于民用转

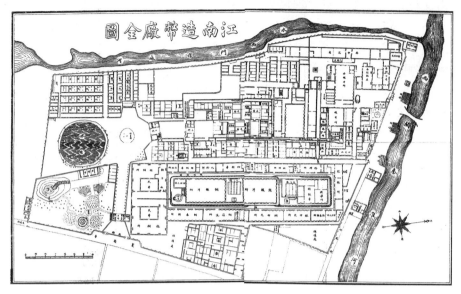

图 1.4 厂区平面图

多不便,尤不可不加审慎",遂与司道筹商,于当年十二月,上奏清廷:"仍就金陵原有之局添厂扩充,俟新购机器交齐全行运宁建设,统为一局鼓铸"。遂将上海制造局所购铸机45部,扬州筹建局订购铸机16部,归并宁厂。为扩大铜元铸造产量,很快淮安清江浦亦设造币厂铸造铜元。

光绪三十一年(1905),江南户部造币分厂收地77亩,向南东两面拓展,东至菱角市街,北至回龙街,南至土墙,购地费银27 000余两,建筑费用银312 000两,更名为江南银铜元总局。同年,南京铸币厂铸造乙巳"光绪元宝"("SY"版)。次年(1906),新厂竣工,三月新厂开铸,五月南厂开铸,可日出铜元200万枚。截至当时,造币厂合计用地121亩,约为74 334平方米(清,1亩=614.4平方米),购地建厂共计用银456 000余两,形成了东、西、中三旧厂加南侧新厂的整体格局,工人约五六百人,有时增至千人。

铜元在初始发行时余利甚大,由于利益驱使及各地多铸争销,加上私铸、减重等现象,使铜元"铸造日多,行销日滞,法价已不可保",之后由于供大于求,铜元急剧贬值,导致币制愈发混乱①。因清廷建制改变,光绪三十二年(1906)初造币厂再次改名为度支部江南造币厂。光绪三十二年(1906)七月,邮传部尚书陈璧受命到各省考察铜币铸造,历时七月,结束后上奏关于各省钱局状况及其后划一章程。据记载,当时江南造币厂虽规模较大,且章程随广东、湖北已有先例,但存在贪腐等行政问题,且老厂机器已然较旧,需要整顿,于是令停用老厂,仅以新厂铸币。

"……江宁旧厂乱杂无序,新厂仿照广东,尚属完好,机器铸数几埒湖北,惟从前经理未善,余利短绌……

查江宁造币分厂自光绪二十三年十一月奏设,在省城回龙街原建东、西两

① 中国第一历史档案馆.晚清各省铸造铜元史料[J].历史档案,2010(1):15-34

厂，东厂铸造银元，西厂铸造制钱。次年因制钱亏本停铸。二十七年秋间，苏州藩司拨款，就制钱机器代铸铜币，继江宁司局亦仿照办理。二十八年复因银元利薄，东厂亦改铸铜币，归江宁藩司代销。二十九年又建中厂，共三厂，名曰老厂，革除代铸名目，三厂所铸均归江宁藩司销售。复奏于扬州添一分局，又议就上海制造局附铸。三十一年奏明归沪、扬两局机器另建一厂，固扬局机器先到，暂借金陵机器局安设，冬间建厂工竣，名曰新厂，规模比前为大。四厂共计厂房七十八间，员司办公、住房、库房等二百二十六间，熔铜、烘片、烘饼、烘模等炉二百九十五座，水池一口，水柜四具，大烟筒四座，引擎十三副，锅炉二十一座，辗片机五十架，春饼机二十七架，光边机十六架，印花机九十七架，电灯机三架，各项零星机件皆备，另存锅炉引擎在外。每日可铸当十铜币四百余万枚，以前提借成本，现尚欠银一百五十四万余两，系由筹防局上海制造局息借，应令在本省应提余利六成内陆续归还。现在铜价昂贵，余利无多，此项银两均系官款，并令止利还本，以期逐渐清偿。该厂铸造除银元已停，并西厂代铸铜币不计余利外，自二十八年东厂改铸起，至三十二年十二月底考查之日止，铸造当十铜币十六亿三百九十八万四千八百五十枚，均交官局如数行销，厂中无存。

查该厂开办日久，厂机之多与鄂省相伯仲，章程、规制亦有可采，而委任未能得人，以致弊端百出。前经升任兵部侍郎臣铁良于光绪三十年查办案内查明，该局余利亏短，历任总办刘思训等五员有中饱情事，部议交两江督臣分别查参。此次臣往考查，查明已革道员潘学祖浮冒巨款，奏奉电传谕旨，交两江督臣端方查抄押追在案。是该厂厂务之败坏已非一朝一夕之故，整顿更不容缓。该老厂厂机布置均未合法，新厂尚属完善，已令将老厂全行裁停，专用新厂。"

——《邮传部尚书陈璧为遵旨考察各省铜币事竣复命事奏折》

光绪三十三年(1907)五月初八

在奏章中可以看到，各地铸制铜元时并没有以市场、经济观念进行考虑，且地方各自为政，在没有统一规程和有效监管的情况下虽一开始解决了一些现实问题，包括补充地方财政、一定程度上驱逐私铸，但对经济系统及人民生活产生了影响，各厂工人待遇也大相径庭：

"……各分厂从前余利指拨之款太多，如湖北一厂共获余利银五百五十六万余两，除全数动支外，计尚不敷银四十九万余两。江宁一厂共获余利三百十万余两，除全数动支外，计尚不敷银六十一万余两……以有限之余利，供无穷之拨支，实足为厂务之累。除以前提拨不敷之款应援照光绪三十二年九月初十日臣会同前财政处、户部奏准续拟办法第二条，由该省自行清理……

从前各厂余利先尽拨款，转置本厂欠项于不顾，如江宁一厂新旧借款积欠至一百五十四万余两之巨，其他各厂所欠款项亦复不少。前项借款均作建厂、购机、采运物料等项成本之用，获有余利自应首先清还，乃因拨款太多，尽数提用，以致厂中负欠巨债无款归偿。嗣后应在六成余利项下，分年陆续归还，以清积欠……

花红一项为奖励员司之用，必须各分厂成数一律，方昭公允。从前各省自分吩城,各不相谋,花红成数参差不一……江宁提银六厘,除一厘二提存备用外,实奖给银四厘八……嗣后拟定划一数目,通行各厂,概按五厘提奖。至前项五厘花红内,奖给员司银若干,提存备用银若干,应视铸数之多寡,厂务之繁简,由各省体察情形,报明度支部核定。"

从清末至北洋政府时期,水西门周边的社会及建成环境——城市肌理、文化氛围、居民构成等——与江南造币厂的故事彼此交织,共同形成南京近代转型的历史故事。江南造币厂成立之初,其地块东北角就有一清真寺,在厂区建成后即与之构成了尺度、方向不同的两个分离区块。这样的肌理从十九世纪末一直延续至民国建立后(约1930年后),其影响亦是延续至解放后的厂区布局,对比历史肌理可以看到,如今略呈角度的小尺度建筑与厂房从清末至今保留了下来。

宣统二年(1910)二月,清廷先后颁布《大清银行则例》,从法律上确立了银元的主币地位,同时将户部银行改为大清银行,作为发行货币、主导币制改革的中央银行;四月十六日颁布的《币制条例》,规定:"中国国币单位,着即定名曰圆,暂就银为本位。以一圆为主币,重库平七钱二分。"在此之后,新币铸造已在筹备中,但次年十月,武昌起义掀开了辛亥革命的序幕,其后各省宣告独立,清朝即告覆灭,币制改革也从未真正得以实施[①]。1912年1月1日,孙中山在南京就任中华民国临时大总统,江南造币厂也随之被国民政府接收。仅两天后,余成烈被任命为"中华民国江南造币厂"监理,仍以清代旧模铸银元以济军需。1月20日,财政部部长陈锦涛令改厂名为"中华民国财政部江南造币总厂",并呈报民国政府;1月23日孙中山批复令称:江南造币厂为"民国特设鼓铸机关,应归财政部管理",并于2月10日更换关防,3月任命前清总厂任事的王兼善为厂长。由于时间仓促,江南造币厂原有的机器老旧等问题没有得到解决,王兼善于4月《条陈津厂为造币总厂理由致财政部呈》中提出,前一年铸币时"该厂所铸壹圆新币,曾由前清度支部考验拾万枚,其中重量出乎公差以外者,实占十分之七,至花纹不清、裂币众多",并于次年3月14日辞职。其后赵家蕃被任命为代理厂长,4月临时政府迁往北京后,又以军法科科长张孝准兼厂长,开铸孙中山像"开国纪念"铜币。5月又铸"壹圆"纪念银币,正面为孙中山像,上铸"中华民国"四字,每日4万枚,同时收旧币改铸新币。8月续铸二角金币和二角银币,以银币一千枚、金币十枚呈财政部。10月每日限额铸币14万枚,以后随银价涨落而时停时铸,铸数也时多时少。

北洋政府时期,财政部与钱业公会等继续推动银元的使用[②],如1913年财政部要求:

"盐务收款各处不同,或收银两,或收钱文,错杂参差,莫可究诘,非特核算为难,抑且易滋弊窦,现在整顿伊始,应将各项盐务收款,无论向用银两或系钱文,一律按照各处市价折合银圆收缴,以树划一之基础。其商民卖买盐斤,亦须按照市价折用银圆,此后无论官局商民并遵照。"

——《财政部盐款折收银圆训令》

① 熊昌锟. 清代币制改革的酝酿与纠葛[J]. 清华大学学报,2019(3):118-130
② 熊昌锟. 良币胜出:银元在近代中国市场上主币地位的确立[Z]. 国家社科基金青年项目"近代中国市场上的外国银元流通研究(1843—1923)"(批准号:17CZS028)

　　1914年2月8日公布的《国币条例》规定，新开铸的"壹圆"新银币主币为国币，即本位币。对币型、成色、分量(由"铜一银九"改为"铜十一银八九")等有了统一的规定，且一切税收和财政收支都要用国币，不用外国钞票及生银，在少数边远地区准许延用的旧银币、银角及铜元制钱等，均照市价折合新币计值。1914年9月，财政部以"各分厂关防颇不一律"，特刊颁关防"财政部江南造币厂"(图1.5)。1915年后，各省根据规定实行，新银币发行后很快在全国各地通行，银元在货币体系中的地位逐渐提高。中国银行和交通银行是国币条例的主要执行者，回收旧银币运交天津、南京、武昌、杭州等地造币厂，改铸银元，新银币流通数量日见增加。据1922年《文史资料》统计，"当时全国流通新、旧及外币数额，共计七亿八千四百五十六万元，其中新主币流通额达五亿九千二百三十四万元"，已占75.5%以上，对国民经济发展起着主导作用；又据《金陵掌故》统计称：南京造币厂"仅1915年初到1923年底的九年中，就铸造壹圆主币四亿零八百三十四万五千八百枚"，占当时市场流通主币的68.9%(图1.6)，可看出其在金融领域中的作用。

　　实际上，北洋军阀统治时期的货币制度依然是清末币制的延续，从货币种类上来说，银两、银元、铜元、制钱、各种纸币仍为交易媒介，同时各地几乎都有特色的货币制度，如上海的规元、东北的小钱、汕头的七兑银，而地方军阀多以铸币为财政来源控制铸币权限。1921年以前，江南造币厂银元为自铸，原料自筹，因厂存基金为财政部和军阀提用，厂长赵恩涵于1922年11月11日与中交行订立"铸币扣厘作价合同"，为银行代铸，所需生银均由中交、中南等五行供给，"厘少则停，厘大也不见盈，盖为合同束缚"。这也是当时在外商银行与钱庄掌控金融的情况下，银行从买卖银元入手开始经营生意所致，中国银行与交通银行还曾垫借铸币、建厂所需资金，参与造币厂管理。从北洋政府时期到20世纪30年

图1.5　财政部江南造币厂照片

南京造币厂铸造银铜币数目表（1912-1928年）

年份	铸成银币数目				铸成铜币数目		销毁一元旧币数目
	一元银币	中元银币	二角银币	一角银币	当十铜币	当二十铜币	
1912年	23 124 509枚		123 600枚		306 378 000枚		
1913年	10 741 407枚				49 377 400枚		
1914年	2 785 100枚		32 000枚	47 200枚			94 500枚
1915年					15 893 395枚		12 168 757枚
1916年	24 464 250枚		2 005 000枚	590 000枚	13 925 000枚		14 651 815枚
1917年	19 980 000枚	227 000枚	166 000枚	193 000枚	40 000枚		9 394 934枚
1918年	34 891 500枚	10 000枚			5 965 000枚		4 540 543枚
1919年	37 860 000枚	10 000枚			306 500 000枚		2 703 099枚
1920年	52 150 000枚				367 267 666枚		1 464 081枚
1921年	19 336 000枚	16 000枚	7 500枚	21 000枚	132 731 695枚		1 557 384枚
1922年	25 673 800枚		50 000枚				2 085 000枚
1923年	58 017 000枚	2 209 086枚	3 547 888枚	401 919枚	1 383 400枚		1 687 004枚
1924年	7 401 087枚				44 160 000枚	58 500 000枚	360 000枚
1925年	31 379 800枚						19 580枚
1926年	28 796 000枚						140 000枚
1927年	46 696 500枚						292 900枚
1928年	58 622 000枚						190 000枚
合计	511 758 226枚	2 472 086枚	5 931 988枚	891 391枚	2 163 506 035枚	58 500 000枚	51 519 597枚

造币厂	铸造时期	折合当十铜元
清江浦造币厂	光绪三十一年正月至三十二年七月底	740 085 585 枚
江苏铜币旧厂	光绪三十年正月至三十二年五月十二日	529 430 867 枚
江苏铜币新厂	光绪三十一年五月至五月二十五日	354 812 089 枚
安徽银元局	光绪二十八年四月至三十二年四月十六日	519 361 334 枚
江西铜币厂	光绪二十九年三月十六日至三十二年十月底	379 722 376 枚
浙江造币总局	光绪二十九年至三十二年十二月	821 107 384 枚
浙江造币分厂	光绪三十一年四月至十二月	163 253 380 枚
湖南造币旧厂	光绪二十八年六月至三十二年八月底	179 959 100 枚
湖南造币新厂	光绪三十一年六月至三十二年十二月初	632 356 825 枚
河南造币厂	光绪三十年十月至三十二年十一月二十九日	230 545 880 枚
湖北铜币局	光绪二十八年八月至三十二年十一月二十五日	2 548 327 055 枚
湖北银元局	光绪二十九年五月至三十二年三月初一	1 211 653 299 枚
湖北兵工厂铜币	光绪三十一年二月底至三十二年二月止	527 544 700 枚
江宁造币厂	光绪二十八年至三十二年十二月底	1 603 984 850 枚
广东造币厂	光绪二十六年至三十二年年底	958 606 000,枚
福建造币南局	光绪二十六年至三十一年底	347 248 868.5 枚

图1.6 银铜币铸造统计

代,这种由大银行主持的银元铸造改善了地方严控的局面。北洋政府时期铜元仍旧存在滥铸现象,据北洋政府财政部答复法国调查,民国前五年铸造铜元数目为当十铜元10 579 000 455 枚,估计民国前十六年间流通的铜元数量总计达 400 亿枚,其中江南造币厂约铸 16 亿枚铜元。至 1917 年铜元已基本上取代原来制钱在流通中的地位,当年南京铜元流通约 300 万枚,而制钱仅 40 万文[①],在整个北洋政府时期江南造币厂约铸当二十铜元 5 850 万枚,当十铜元 40 亿枚[②]。

1927 年,北伐军到达南京,于 4 月 18 日成立南京国民政府,南京造币厂遂改铸孙中山像银元。国民政府成立后,于 1928 年即提出了《废两用元案》,1929 年即请美国货币专家甘末尔筹划中国币制改革,提出实行金汇兑本位、推行新币制、统一货币发行的方案,3 月时任财政部部长宋子文即提出将上海造币厂作为中央造币厂,以掌握经济核心,银行业亦因受制于地方造币厂有利则铸、无利则停的模式,对此表示支持。按《南京第二机床厂志》记载:民国十七年筹备中央造币厂时,监理委员徐堪、杨骏来宁接管造币厂,因遭工人反对,未能如期执行。1929 年时,全厂职工约 540 人,机器约 100 余台。当年 6 月 4 日晚,造币厂工人已全部下班,各处铁门全部上锁。19 时 30 分,烘化室突然起火,波及全厂,消防队员、工人和附近居民闻警纷纷前来救火,但工厂所有大门均被锁闭,因"恐有人趁机哄抢银元",救火人员被拒于门外,只好在厂外用水龙往里喷射,终因不能接近火场而无法扑救,熊熊大火燃烧两小时。徐堪在向财政部的报告中称:工厂厂房 99 间中,火毁房屋 58 间,仅毁屋顶者 23 间;设备 100 多台中,全毁 33 台,半毁 50 台;虎钳及钢质工具均退火,厂外办公处获保全。火后不久,工人纷纷要求尽快复工。南京《民生日报》曾于 6 月

---

① 戴建兵. 白银与近代中国经济(1890—1935)[D]. 上海:复旦大学,2003

② 南京第二历史档案馆藏《南京造币厂自民国元年四月起至十七年十二月止铸造银铜币及销毁旧币数目表》中记载:自民国元年(1912)四月至三年九月铸江南旧模银币 3 665 万多枚;自民国四年二月至十六年二月止铸造袁模银币 38 584.5 万多枚;自民国十六年六月至十七年十二月止铸总理开国纪念币银元 8 926.2 万枚。仅袁像币和孙像币两项,南京造币厂就铸造了 495 107 210 枚,占当时市场流通量的 63%。

24 日报道此事,并宣告三月之内准可恢复开工。但从当时经济条件及币制改革趋势来看,重启铸造所耗经费既多,又有将造币收归中央统一、改革币制的前提,无论如何造币厂复建、复工都不符合当时财政部的计划及之后的经济发展趋势。

不久后,财政部下令:"宁厂结束停办,俟上海造币厂建成后,即将全部设备移交上海。所有未经铸造的铸银六十余万两,托中央、中国、交通银行运往杭州造币厂改铸。"事后主要设备迁到上海中央造币厂,未铸银 60 余万两运往杭州造币厂改铸。江南造币厂的铸币历史宣告结束,并迎来了它的第二次工业转型。

1.3.2　度量衡制造所时期

在北洋政府时期,度量衡立法水平还处于较低层次,这一时期的立法活动又都以行政机关法令的形式推动实施,农商部作为度量衡法律行政管理部门,其总长职位更迭频繁,无法保证度量衡法规的正常执行及相关立法工作的完善,又采用以北京地区先行、继而推广全国的方法执行,存在一定的立法缺失和立法空白,因此统一度量衡在地方无法推行,虽有《权度法》但没有达成划一度量衡的目标[①]。

1928 年 7 月 18 日,国民政府颁布《中华民国权度标准方案》,定米制为中华民国权度之标准制;另以吴承洛、徐善祥所拟,与标准制成"一二三"比率之"市制"为辅制,即一公升为一市升,一公斤为二斤,一公尺为三市尺,交由工商部赶制标准器推行全国,完成了中国度量衡单位制与国际权度制的接轨。

1929 年 2 月,国民政府制定《度量衡法》,定于 1930 年 1 月 1 日实施,并依交通及经济发展差异,计划将全国各区域划一度量衡分三期完成。同时设立"全国度量衡局",掌理全国度量衡行政;扩充度量衡制造所,赶制各类标准、标本器颁行全国;设立"度量衡检定人员养成所",训练检定人员,将其分至各地从事度量衡相关工作;地方各级设立"度量衡检定所"或"检定分所",专司各地划一事宜,且地方负责人员、一二级检定员需至中央经过培训,以三月为一期,期满后才能得到认定,如工商部 1930 年《全国度量衡会议汇编记录》中办法"第一款　训练人才",即要求"请已送学员至本部度量衡检定人员养成所训练之苏浙闽皖赣粤湘鄂辽黔热鲁十二省及京沪汉清广五市考送一、二两养成期未足额之各级检定学员,在第三养成期开学前如限送部饬所训练"(如图 1.7,按记载"全国度量衡会议闭幕特请全体会员到局所参观并分赠三折尺市尺各一支,随后摄影以留纪念",此照片地址应是度量衡局门口)。

1929 年 6 月,国民政府工商部为进行度量衡制度改革,推行度量衡新制,将已倒闭的南京造币厂全部接收,中央工业试验所与全国度量衡局先入驻原造币厂,养成所则于三月租香铺营十五号(原铁道部卫生处)用于办公,1929 年 6 月移至旧造币厂内中央工业试验化工机械厂办公。1930 年 2 月,调北平度量衡制造所工务科科长钱汉阳至宁,任南京度量衡制造所第二厂主任,这样南北两个度量衡制造所分头制造度量衡标准器,并颁发至全国使用。

选择造币厂作为新址的决定,虽在当时看来是经费紧张下的选择,但同时意味着对造

---

① 吴泽. 南京国民政府时期度量衡立法研究(1927—1937 年)[D]. 呼和浩特:内蒙古大学,2021

图 1.7　度量衡检定人员养成所第三养成期开学摄影

币厂厂址再利用性的认可,如高秉坊在 1935 年发表演讲时说:

> "接收造币厂旧址,以为开办全国度量衡局及中央工业试验所之用——这又是我们部里一种'废物利用'的精神,本来这个造币厂旧址,是一所碎瓦颓垣,不堪回首的地方,经我们部里接收之后,就逐步整理,由部里节省下来的钱,逐步加以扩充。好比中央工业试验机械处规模逐步扩大,窑瓷厂亦不日完工,而同时各部分亦正在大兴土木,前途正未有涯。至度量衡制造厂移并北平厂办理,似乎缩小范围,其实也是时会使然,万不得已。因为北平厂的设备到底比首都厂强一些……现在正与成局长商议于京厂旧址,再筹办关于科学上应用度量衡器的制造所,也须到了明年的今天,总可以看到成绩,并此附带的报告。"
>
> ——《实业部全国度量衡局度量衡检定人员养成所第二次报告书》

又如孔祥熙所说:

> "当开办之前,尚未觅得适当地点,有一天本人因事出水西门,偶见水西门之旁,有一片颓废房屋,面积颇广,询系已被火烧毁之造币厂旧址,其中尚有搁置旧机件等项,颇合试验所之用,因商得财政部宋前部长同意,向行政院提议,当经决议,拨为所址。"
>
> ——《工商部中央工业试验所概况》

事实上初始的办公条件确实算不得适宜。1931 年养成所第三养成期开学典礼时,成嶙所长曾鼓励同学:"又诸位不要以为我们学校里的房子不好,规模不见得富丽堂皇,比不起中山马路旁的高大洋房,只要大家能做实际的工作而且不折不挠地坚持下去,以做到成功为止,则救国的工作,仍是不落人后的。"中央工业试验所亦持续购入设备仪器,扩大试验范围,如在 1934 年购入瑞士 Amsler 万能材料试验机及 30 余件其他仪器。据 1942 年至 1981 年在度量衡局工作的张烈文先生回忆:"当时造币厂亦称洋钱厂,占地约 1 万平方米,院子里有花园、假山、水池、凉亭等,办公室、检定室、工厂、职工宿舍等建筑面积4 000 平方米。"①可见在国民政府接收改造原造币厂后,保留了原有的总体布局,并根据中央工业试验所、度量衡局、养成所三方需求分期逐步扩大(图 1.8)。

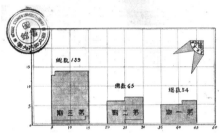

图 1.8 养成所报告照片

1933 年 4 月,北平度量衡制造所按照全国度量衡局的要求由北京迁入南京下浮桥菱角市五号,两所合并,与全国度量衡局合为一体,所长改由局长兼任。度量衡制造所掌制造之职,全国度量衡局掌颁发之责。北平度量衡制造所迁入南京后,规模扩大,产品主要有三大类,除标准、标本和检定等用于推行度量衡统一之标准用器外,还承接制造各种新式度量衡器具和各类科学仪器、测量仪器、教育用器以及其他精密器具。工业试验所在1930 年代的试验也颇有成效,1932 年曾试制出几种木炭瓦斯代油炉,1933 年证明了酒精代替汽油作为燃料的可行性,1935 年为华成电气厂试验国产电动机和电扇,为度量衡局和竞成铁工厂制造钻床,也曾研制出小型三轮汽车,为中国首次试制汽车及其发动机②。

为加快全国度量衡划一进度,全国度量衡局局长兼度量衡制造所所长吴承洛于1933 年 12 月出版《全国度量衡划一概况》一书,其中强调:"此次划一度量衡必可求得成功。然苟或不能成功,则将来永无成功之望""故全国度量衡之划一,势难延缓""此次编订概况一书,蒙国府主席、行政院长、军事委员会委员长以及各院长、部长、委员长,并各省主席,各特别市长,一致赐题,足徵度量衡之划一,已能全国上下,认为要政矣"。在《全国度量最近办理概况》编订成册时,提到"首列总理天下为公、世界大同之遗训,次列各级最高行政及军事长官(题词),对于度量衡之推崇,以资表率"。制造所经过连年增添机器,极力扩充,制造技能渐臻提高,产品逐渐增多,产品计有标准器、标本器、检定用器、制造用器、调查器、检查器、测量仪器、链尺、钢卷尺、台秤、案秤、普通天平、精细天平、计量器、精细仪器等 50 余种。

———————————

① 张烈文. 抗战时期的北碚全国度量衡局[J]. 中国计量,2006(8):45-48
② 张柏春. 中央工业试验所的机械工程试验、设计与制造[J]. 中国科技史料,1980(2):66-72

到 1936 年底,总计制造度量衡器 10 余万件,对统一全国度量衡,提供标准用器起了关键作用。当时海关、铁路、税务、邮政、盐务、工业检验、市政等各公务机关及公共事业单位均采用公制和市制,民用度量衡划一也取得较大成效:全国除新疆和西藏外,上海、汉口、青岛、南京、北京和浙苏鲁冀绥十省市的市县城镇,普遍使用市制,基本完成了度量衡划一;豫赣鄂湘闽桂皖七省的省会和各县城及大集镇,改用市制,全国度量衡划一稳步推进[1]。在历史意义上,到 1937 年,立法院及工商、实业部制定了 30 余部度量衡领域法律法规,包括了度量衡自身根本法、实施细则、组织规程、检定规则、检查规则、划一程序等,法律法规间联系紧密,涉及度量衡领域广泛,形成了较为完整的度量衡法律体系,在中国近代史上第一次实现了度量衡的法制化[2](图 1.9、图 1.10)。

1937 年 7 月,抗日战争全面爆发,度量衡制造所随全国度量衡局和中央工业试验所携带文件档案和仪器设备(据回忆:主要是标准器天平与几台机床)于 11 月底撤离南京,经水路到武汉,再由武汉经长沙去重庆,于 1938 年底抵达重庆。由于吴承洛兼任中央工业试验所所长,两所内迁设备均由中央工业试验所的沙延奎和沙启华父子等人参与拆卸装运;中央工业试验所时任所长顾毓瑔得到长江流域最大的航运企业民生公司董事长卢作孚先生的支持,在交通运输困难的情况下转移了设备、书籍等资料。1938 年,武汉吃紧,度量衡制造所又分三批迁到重庆上清寺中山路 318 号,仍与中央工业试验所毗邻。后重庆市区连遭日机轰炸,1939 年 5 月,工厂又一分为二,大部分人员与设备再迁至北碚全国度量衡局所在地。此时,北碚厂有 40 余人,主要从事度量衡标准器与检定用器制造;上

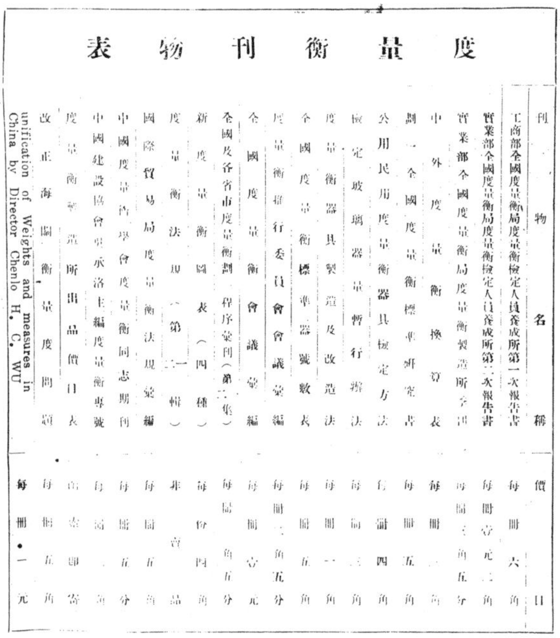

图 1.9 关于度量衡的法律法规及刊物

① 孙毅霖,邱隆.抗日战争时期的度量衡划一[J].中国计量,2005(10):45-46
② 吴泽.南京国民政府时期度量衡立法研究(1927—1937年)[D].呼和浩特:内蒙古大学,2021

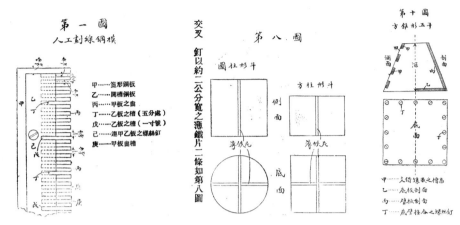

图 1.10 度量衡局推出的标准衡器图片和名称

清寺设一办事处和修理所,约 20 人,主要从事民用器具(台秤)的制造与修理,两处合计不足 70 人,设备不足 10 台。当时主要民用产品为 300 和 500 千克台秤,最高月产量仪 20 台。

抗战胜利后,全国度量衡局委派任佩章、翁仲衡回宁接收南京度量衡厂,郭春熙负责押运机器随船回宁。1946 年初,度量衡制造所随全国度量衡局迁回南京菱角市五号(现六十六号)工厂原址,于当年年底恢复工作。据张烈文先生回忆:"1946 年 3 月返回南京时共分两路,不乘木船的乘汽车,沿公路经广元,越秦岭到西安、洛阳、徐州,然后换乘火车到南京,大约半个月的时间,结伴而行,限期到达。回到南京后还是在原来全国度量衡局的地址,这个地方也是汪伪时期的全国度量衡局,除几间旧房外什么都没有。"[1]在回到度量衡局原址后,中央标准局曾在花园内建了面积约 500 平方米的小楼,但其后被拆除[2]。中央工业试验所则未回原址,部分试验室迁往上海,南京处则在铁管巷设厂,并于解放后改为南京机械厂,1951 年与大光路的南京机器厂合并为南京机床厂。据记载,解放前的度量衡制造所:

> "所内有一排加工车间和散落在车间前后的几所老平房、两座四合院。车间一条石子路通到厂门口。门口有一小幢老式二层楼,青砖木结构。车间西侧还有两座四合院平房。院内有几十棵老树,其中三棵国宝——银杏树,还有一批白杨、松树,办公楼前栽有一排冬青。厂西北处被菜池、水塘等包围。周边景观参差不齐。"

鉴于全国各省、市、县均已普遍建立度量衡器检定所或检定分所,度量衡标准器已基本制造颁发完毕,公市制度量衡基本确立,全国度量衡局推行新制的使命业已完成。1947 年 3 月,全国度量衡局与工业标准委员会合并,改组成中央标准局,局长戴经尘常年在上海,每隔一段时间来南京处理公务,向贤德为副局长,专门筹办工业标准,度量衡制造所为中央标准局的附设机构,局长兼所长,其度量衡标准则由局内设科兼办,局秘书为黄

---

① 张烈文.抗战时期的北碚全国度量衡局[J].中国计量,2006(8):45-48
② 徐连保.建国初南京度量衡工作接管前后[J].中国计量,2013(1):64

季伟。局总人数不到 40 人。局机关回宁的人很少，只有第二科检定室由重庆迁回宁[①]，仅剩 8 名工人，大部分人员留在重庆。复工不久，通过对外招工，工人数量又重新达到 70 余人。

度量衡制造所隶属中央标准局后，生产性质随之发生变化，不再以推行度量衡新制为目的，开始由非营业性的生产机构向营业性企业转变，经常以台秤、案秤、天平、砝码和少量的检定用品等民用衡器为主要产品。制造所需原材料与普通机械厂相同，主要有铸铁、铸铜，各种钢棒、烟煤、木材、油漆等，均可在南京、上海二地采购。其时，所出产品大多由政府机构、军事机构购买。邮政局所用的邮秤以及联勤司令部、粮食部仓库所有的台秤（300 千克、500 千克、1 吨、2 吨等），铁路公路矿场上所用的台秤、地秤等均向其定制。虽受工人太少、设备不足及物价不稳等影响，生产上也有淡旺时期，但由于当时政府对度量衡器的制造、贩卖及进口有严格规定，即全国度量衡器的制造须经过各省市县检定所或检定分所检定员的检定，贩卖者须向检定所或检定分所申请登记转送中央标准局核发许可执照方可营销，外国度量衡器其未经中央标准局许可不许入境等，制造所具有国营企业的优势，各地公私营厂不易与之竞争，每年均有大批订货，销路几乎没有阻碍。所内职员薪金及办公费大部均由标准局预算内开支，平时可以自给自足。

1949 年 1 月上旬淮海战役后，南京政府机关内一片混乱，对公职人员发了遣散费令其各回原籍，中央标准局副局长向贤德带着廖定渠、翁中衡、娄执中去了湖南，之后前往成都，局里的仪器则由段维纯押运到了广州[②]。当时留下来未及运走的切削设备只有 10 台，计车床 5 台，钻床 2 台，牛头刨 2 台，龙门刨 1 台。这些设备状况不佳，不是超过使用年限，就是破旧不堪需要修理。解放后，厂里只剩 8 名工人、9 名职员，机床残缺，工具不全，生产现金分文全无，还欠了几个月的水电费，加上工厂无确定名称，不能对外营业，恢复生产尚有困难。

1949 年 5 月，南京市人民政府成立，度量衡工作由市工商局市场管理科负责，南京市军事管制委员会接管了中央标准局和度量衡制造所。按《中央对华东局关于接管江南城市指示草案的批示》，像中央标准局这类属于官僚资本的企业：

"考虑到军管会能接收，但不能经营企业和工厂，应迅速地将企业、工厂和物资分别交给各适当的负责的机关管理和经营；官僚资本企业中一般均有大批冗员和官僚制度，故确定工厂管理关系后即可进行改革，以利生产。"

5 月 8 日，军管会向工厂派出了军事联络员耿鹤年、余茂江、李惠伦、沈友立等前来接管移交。军管组进厂后组成了工厂管理委员会，郭福增、李英等五位老师傅成了管委会成员，民主推选了前中央标准局技术室主任、工程师曹强为代理厂长。其余原中央标准局的工作人员有不同去向，郭春熙、齐钜康等 7 位员工留厂工作，沈友立前往南京机床厂，也有人员继续学习或不再工作的[③]。厂长曹强向上级提交的《工作报告》中，在阐述度量衡制造所的历史沿革、隶属关系、性质、地位、作用、业务范围之后，建议恢复中央标准局名义，

---

① 徐连保. 建国初南京度量衡工作接管前后[J]. 中国计量,2013(1):64
② 同上.
③ 同上.

保持原中央直属机构的隶属关系,请求确定工厂名称、性质、业务范围,拨给少量经费,以减轻复工困难。工管会是当时厂里最高权力机构,厂里的一切大事,都要经过工管会讨论决定,通过每周开一次会的方式指导全厂的恢复工作。1949 年 7 月 1 日,度量衡厂正式复工生产,定名为"南京公营度量衡制造厂"。

与此同时,南京市特别度量衡检定所(现为南京市中医院)于 8 月由南京市工商局派沈德炎接管、张烈文负责移交。据 1949 年 8 月统计,此时职工仅有 36 人,其中职员 9 人,技工 18 人,学徒工 4 人,小工 5 人。工商局让张烈文负责组建并于其后临时负责新的南京市度量衡检定所,新所于 1950 年 7 月成立,有工作人员 9 名,位于成贤街碑亭巷 113号,一年后南京市工商局委派殷荣亚为南京市度量衡检定所所长,共有人员 14 人,恢复对外工作①。

在运营生产方面,解放初期各行各业都在恢复,衡器销路不畅,业务清淡。工厂复工后,经济仍然困难,资金拮据。1949 年 6 月 23 日,经工商局介绍向人民银行折实贷款人民币一百万元(旧币折实 3 333 单位),成立职工消费合作社,贷款 81 万元,购入米、面、油、盐等日用生活物资存储,作为半月开支的准备,其余为水电过户、刊登广告、伙食周转及杂项开支。在生产工作上,一面继续修复必需的生产工具、机器,一面赶制成品与装修半成品。在营业上,开始调查市场价格、厘订章则,向本市及外埠推销。初期营业状况不佳,折实贷款直线上升(最高时 100 万涨至 300 万)。这时是生产管理最困难的时期,工厂处在两难境地,既无客户又无产品,而前来询问的客户常常坚持要现货,不肯接受一至两周的交货限期。而后经过全厂职工的努力,有计划有步骤地修复生产工具和机器设备,利用废旧材料造产品,派出人员四处推销,到 12 月份时,月产 300 千克台秤 50 台,超过了解放前的最高月产量。营业收入也逐步提升,第一月营业收入 80 余万元,开支 250 万元,职工工资依靠消费合作社所控制的物资,以一半实物折发工薪;第二月营业收入 120 余万元,开支约 200 万元,亦以一半实物折发工薪;第三月营业收入 420 余万元,开支 150 万元,全部现金实发工薪,九月底偿还人民银行折实贷款 200 余万元。总计三个月,收支相抵,达到保本经营,但无剩余资金发展生产,于是商请市政府担负九、十、十一月三个月工资计 865 万元(旧币),作为政府增资,企业以此作为生产资金,加大生产投入,结果第四个月收入 500 万元,经济状况好转,年底共盈利 1 400 余万元。

1950 年 3 月,制造厂接到皖北行署粮食部门的订单,要求在三个月内提供 300 千克台秤 600 架,铁砝码 30 余吨,是解放后最大的一笔订单,相当于以往一整年的产量。量大人少,工厂通过招收临时工与学徒、改造厂房、添置设备等方式努力提高产量,使月产量达到 200 台以上。随着工农业的发展,特别是粮食机构的普遍建立,台秤需求量逐渐增大,销售渠道增多。工厂在产量逐步增加的情况下,为加快生产进度,出现了质量问题,当时工人曾向厂领导提出意见,未能引起重视,且那时军代表常调换、对生产不熟悉,质量低劣的台秤仍被交予客户。

质量问题是因人员和技术限制引起的,解放后的生产在没有原度量衡局机械、图纸、技术的情况下全凭工人师傅经验进行,在任务量小、老师傅制作的情况下,产品质量还能

---

① 徐连保.建国初南京度量衡工作接管前后[J].中国计量,2013(1):64

保持,但在任务量大、新工人增多的情况下,质量问题变得明显。当时制造厂的情况可概括为以下三个方面:在厂区环境上,由于忙于经济的恢复和发展,厂容厂貌没有多大改观;在硬件配备上,则是设备陈旧,操作方式落后,操作不按图纸,交代尺寸用手比画,只要差不多就行了;在生产管理上,没有工艺标准及管理制度,生产凭经验、检验凭实样,零件没有公差标准,以手工业作坊的方式进行生产。这也是当时普遍存在的现象,直到20世纪50年代后期江苏省的机械制造企业才开始陆续执行国家机械工业部发布的标准[①]。

1952年1月,陈问就任厂长。在企业未来得及采取有效措施进行生产改造的情况下,面对供不应求的市场,大力抓任务的完成,产量从每月200台提高到800台,月月超额完成任务,成为地方工业局所属各厂的模范,各厂还纷纷来参观学习。正当大家欣喜自己取得的成绩时,皖北来信反映了600架台秤质量问题,广西蓉县与河南许昌也来信反映。由于质量低劣,信誉受损,企业从1953年开始销路堵塞,厂领导陈问、刘湘来前去北京,恳请中财委帮助,但未获解决。至此,企业决定将技术改造和改进产品质量的工作提到首位。

1953年,面对企业困境,厂里多次开会分析研究,认识到急需提高产品质量、降低生产成本,决定动员全厂开展"提高品质,降低成本"运动。一方面,利用停产整顿时机,发动工人清理垃圾,整治环境,扩大场地,将厂区内的一座小山挖掉,填平一个污水塘,使厂容厂貌焕然一新;另一方面,组织技术人员和工人老师傅钻研技术,并以1 000千克台秤为突破口,重新设计,摸索台秤生产规律。

在质量提升进程中,制造厂一面对职工进行教育,一面组织专门队伍进行深入研究。副厂长李文范、老师傅李学发等在车间不断实验摸索。经过3个月的努力,终于试制成功了1 000千克新台秤,并正式投入生产。经过提高产品质量的斗争,台秤质量提高,赢得了信誉,销路畅通,已超过了上海东方厂生产的名牌。到1953年下半年,我国西南地区已大部分改用本厂的台秤。此时人们已对质量有了一定的认识,但是生产问题还是没有得到彻底解决,例如仍不按图标准化生产,产品质量尚不稳定。

1953年5月,厂里接受了南京科学仪器厂委托制造教学仪器上的架盘天平和托盘测力计1万多台的任务,要求当年交货。按当时手工业生产方式,据一位八级师傅的估计一天一人能完成七八架已算不错,若依此标准,一万台所需时间要三年以上。厂里立即开会研究,打算通过改落后的手工业生产为现代化生产的方式解决问题,首要的则是标准化生产。但标准化生产的开始就遇到难题,那时全厂职工文化程度低,只有一个大学毕业的技术员,其他都是中、小学文化程度的学徒出身的技术员,绝大多数工人连图纸都看不懂,很难按图生产。针对这样的实际情况,厂里提出了"技术与劳动相结合""发挥群众智慧"的方针,将全厂技术员和五级以上老工人组织起来,成立了标准化生产委员会,下设图样审核及工具模具样板研究组、定额研究组、制度规程研究组,在工业局派来的工程师的指导下,制订图纸公差和零件标准,编制定额,制作生产急需的工具、模具、夹具和样板,订立检验规范,充实检验力量,加强技术准备工作,为生产逐步走上标准化打下基础。在十多次的试验后,厂里成功自制出一台压铸机,解决了生产上的关键问题,采用漏模造型代替手

① 江苏省地方志编纂委员会.江苏省志:标准化志[M].北京:方志出版社,2001:105

工造型,加工过程实行流水作业,提高了生产率。与此同时,将全厂职工组织起来,举办短期训练班,由技术人员讲解台秤结构原理、零件作用和识图知识,提高操作工人的技术水平。操作方式的变革使全厂管理水平和职工技术水平有所进步。整个加工过程全部采取了流水作业方式,操作者根据蓝图、工艺卡及各种样板、模具,按图按工艺生产标准化零件,装配工人按零件结构装配,只需简单的几个步骤即可完成。产量从一人每天只能生产七八台架盘天平提高到 100 多台,台秤月产量增加到 1 300 台。度量衡制造厂经过几年的恢复性建设,逐步完成了从手工作坊向现代标准化机械工业的转型。在产品制造上,以生产民用衡器——台秤、案秤、天平、精细天平为主,产量逐年提高,1954 年又增加 5 千克、10 千克弹簧秤及药物天平两项新产品,还承接南京教学仪器厂蒸汽机、内燃机等教学模型的生产,并与南京水工仪器厂建立协作关系,生产能力又有了进一步提高。1955 年,公私合营开始,九家私营企业与度量衡厂组成南京机械厂,次年易名为南京第一机械厂。产品则由衡器类转向现代机械设备,标志着厂区进入了第三次工业转型。

1.3.3 南京第一机械厂时期

南京第一机械厂从 1955 年 10 月公私合营开始至 1959 年 9 月,时间虽不长,但见证了"大跃进"和人民公社化运动,并在机械制造、工业技术上随时代变化转变、发展,具有重要的历史意义。其间为适应国民经济发展需要,一方面,试制出普通机械产品,促进了工农业生产,向社会扩散、提供样品和生产技术,促进了地方工业的发展,开发、测绘、仿制了小车床、农用灌溉水车、三爪卡盘、起重葫芦、医疗牙科椅子、手扶拖拉机等产品;另一方面,为开发新品而进行的技术改造也给自身的发展奠定了物质技术基础,实现了从简单产品向综合性机械企业的过渡,如成功试制并批量生产出 1617 型车床,为跨进机床行业迈出了重要的一步。

第一机械厂在第一个五年计划至第二个五年计划的时代背景下成立。从 1955 年底至 1956 年初,从中央到地方,各级开始制定近期和远景规划,但是所定指标并不合理,经济建设出现冒进现象,虽在讨论决策中被一时抑制,但是冒进的倾向并没有被完全消除[①],从 1957 年开始在各种因素,尤其是政治氛围的影响下,以不科学的方式制定发展计划。在地方企业层面,则处于民主改革和生产改革的进程中,表现为企业内部的管理构架变动、政治运动以及包括生产、核算、财务制度在内的企业制度建设[②]。在 1955 年末至 1956 年的全面公私合营大潮中,根据国家对私营工业社会主义改造的决定和国营工厂的发展要求,中共南京市委决定以地方国营南京度量衡厂为基础,在统筹兼顾的原则下,以产品种类、服务对象为主线,通过"分类合并、成串改造"的方式,吸收鼎丰机器厂、振丰机器厂、京昌机器厂、新华仪器厂、中新机器厂、新中翻砂机器厂、协兴锅炉厂、新亚铁工厂、荣昌电镀厂共九家经营条件较好的私营企业进行合并合营,集中技术力量以便更好地承担国家的建设任务,纳入国家计划经济的轨道。

1955 年 2 月,由南京市地方工业局局长段骏任主委,度量衡厂厂长陈问,市工商联康

---

① 茅坚鑫.1958—1960 年间的工业"大跃进"[D].南京:南京大学,2013

② 林超超.效率、动员与经济增长:计划体制下的上海工业[D].上海:复旦大学,2013

永红、徐佩荣,资方代表徐谋全、厉鹤皋任副主委,成立了有 23 名成员的合营筹备委员会,开展筹备工作,下设办公室,分秘书、生产、清产、并厂 4 个组。3 月,市委统战部部长王昭铨主持,在傅厚岗礼堂召开合并合营会议,进一步落实地方国营度量衡厂与九家私营厂合并事宜,并抽调干部组织学习,制定合并工作施行规划。针对合营工作中出现的问题,合营筹委会以搞好生产为中心,坚持以正面教育为主,分别做好深入细致的思想教育工作。在度量衡厂方面,主要通过深入地进行党在过渡时期总路线和对资本主义工商业进行社会主义改造的必要性、重要性的教育,以增强员工对社会主义改造事业的责任感;认真学习有关政策,正确理解政府对资方人员的人事安排、工资福利等方面所采取的措施。在私营厂方面,抓住"公私合营是改变所有制的重要步骤"这一内容,提高职工的思想觉悟,使合营工作变为职工的自觉行动。

1955 年 10 月 1 日,在南京人民大会堂召开的庆祝公私合营大会上,公营南京度量衡厂正式与九家私营厂合并,组成"公私合营南京机械厂股份有限公司"(简称南京机械厂)。原度量衡厂两名正、副厂长作为公方代表留任,另增徐谋全(鼎丰厂经理)、厉鹤皋(新亚厂经理)等两名资方人员为副厂长,分管生产和供销工作。党组织相应由支部扩大为总支,由徐彬任书记。行政组织也由原来的计划、生产、人事、总务、技术、检验、供销、会计等 8 课,适当调整,扩充为计划、生产、技术、检验、供应、业务、会计、秘书、保卫、人事等 10 课。职工人数达到 720 人,各种机器设备 116 台,进一步增强了企业的经济实力,为以后新产品试制打下了物质技术基础。

1956 年 6 月,全行业实行公私合营后,出现许多机械工厂,为避免厂名混淆,经上级指示,"南京机械厂"易名为"南京第一机械厂",须向新的方向发展。在生产方向尚未确定时,工厂就已走向市场,主动开始了积极探索。除成立衡器车间继续生产台秤、天平等传统产品外,为适应新产品开发,改变组织机构,按机械加工工艺性质建立铸工、铆锻、机加工、钳工、机修、表面处理、准备等车间,陆续试制一系列机械产品,探索前进方向,拓宽产品范围。在此期间,因为生产规模扩大、速度加快,工厂开始更多地培养新员工,并缩短了培训期限,1956 年招收的学徒中就有 50% 升为正式工人[①]。

从 1956 年至 1959 年间南京第一机械厂制造的代表性产品如下:

(1) 起重葫芦:在一次全国性会议上有一个 2 000 个手拉起重葫芦的订单,上海五金公司一家无法完成。当时第一机械厂公私合营不久,生产方向未予确定,于是主动采纳郭春熙引进的样品,开始试制生产 1 吨、1.5 吨仿英内齿传动起重葫芦,1956 年、1957 年产量分别为 1 639 只和 7 046 只,后来也成为第一机械厂生产时间最长的一种机械产品。1958 年 3 月,试制成功新型的 2 吨葫芦(后因材料缺乏未生产)。同年,又试测生产 82 型 3 吨葫芦(仿日本"鬼头"公司)。当年共生产各种葫芦 11 180 只。1959 年因产品转让给南京起重机厂而停止生产。

(2) 小车床:1956 年初生产小车床,俗称"小呆子"车床,产量 22 台,后因集中力量试制 1617 型车床而停止生产。

(3) 水车:是为农业生产服务的抗旱灌溉用具。1956 年第二季度,为响应国家号召,

---

① 季解. 新老工人关系中的一个问题[J]. 劳动,1958(1):17

支援苏北农业生产,与本市第三机械厂共同生产 2 万架水车。

(4)牙科椅子:原为私营新华仪器厂产品,属于医疗器械,经常由口腔医院、上海中国牙医公司等订货。1955 年合营后,未再生产。1957 年因医疗单位的要求,又恢复生产一批,当年生产 157 套,1958 年为 201 套,以后未再生产。

(5)卡盘:1957 年生产机床专用附件 200 毫米卡盘。1958 年 4 月,又生产 165 毫米卡盘。在对卡盘结构设计进行改进时,魏海如等技术人员将原有 6 个爪子(正反各 3 个)改进设计为 3 个爪子(正反两用),从而节省了大量材料,提高了工效,使用时更为方便。1957 年、1958 年产量分别是 640 只、1 757 只。在此之后转给南京机床附件厂生产,成为该厂生产机床附件的主产品。

(6)万能耕耘机:又称丰收牌 KH-25 型小型拖拉机。1958 年由魏海如等技术人员在农业科学研究所参照日本"久保田"产品仿制而成,具有耕地、抽水、脱粒、剥壳、碾米、磨粉、饲料粉碎等多种用途,试制 2 台后转给第三机床厂生产(现为南汽第二发动机厂)。

(7)1617 型车床:是第一机械厂最为重要的机械产品之一,该机床的生产改变了企业的产品结构,使企业生产步入新阶段。

1955 年 12 月 30 日,第一机械工业部第二管理局(55)器二计生字第 385 号文"给南京机床厂并抄送本厂函"称:"南京市委已决定南京机械厂转产 1617 型普通车床"。普通车床结构较为复杂,技术含量高,社会需求量大,通过试制生产能够促进企业的全面进步。遵照一机部二局和中共南京市委的指示,1956 年 9 月试造委员会成立,组织人员去南京机床厂学习车床制造过程。为保证试造顺利完成,国家投资 138.62 万元用于基本建设,这是新中国成立后历年投资总和(48.69 万元)的 285%,为本厂原有全部资产的 115.52%(全部资产 120 万元)。在设备方面,增加了 64 台金切机床,包括龙门刨床、镗床、铣床、大钻、滚齿机、插齿机、磨床、铲磨床、刀具磨床等生产车床必需的重要设备。在厂房方面,新建、改建了 1 500 平方米的生产车间,成为一个完整的厂房,初步改善了设备、厂房的状况。

试造工作一开始,江苏省工业厅和南京市地方工业局都派了工程技术人员组成的工作组到厂具体指导。南京机床厂也给了大力援助,除将 1617 型车床的图纸、工艺装备以及其他有关技术资料整套移交外,还代为加工受设备限制而无法加工的零件,经常派熟练技工来厂实际操作、传授技术、表演先进切削方法、指导工作、解决问题,终于在年底装配成功 10 台合格的 1617 型车床。短短的一年时间里,在造台秤的工厂里,在造台秤的工人手里,首次造出了有型号的普通车床,使企业产品、管理、生产技术都上了一个台阶,并为南京第一机械厂今后向机床方向发展奠定了基础。

1957 年,1617 型车床投入批量生产后,正式改名为 C618 型车床。由于生产车床的时间短,经验不足,且设备条件、技术力量与机床厂相差甚远,按厂志记载,制造同样一台车床需要 1 200 小时,而机床厂只要 500 小时左右,差距在一倍以上,每台成本也比机床厂高出 1 000 余元。1958 年,第一机械厂增加 C618D 型车床(亦称六尺车床),并革新机床结构,将工人生产机床的经验及技术人员设计经验结合起来,对 C618 车床加以改进设计,简化复杂结构,试制出 C618-2 型车床。1960 年,停止生产 C618D 车床。1962 年,将 C618-2 型车床改进设计为 C618-1 型,并正式定名为 C6136A 车床。此后,该机床成为工厂的传统产品,并在此基础上派生出许多型号的车床。

第一机械厂在"大跃进"期间由于指标不断增加,出现了生产能力不能适应跃进形势的状况,没有足够的资金订购设备,又没有足够的订单支撑。在"大跃进"运动期间进行技术革命时,按厂志记载,厂里主要经历了以下三个阶段。

第一阶段:自制工模夹具。因不确定能否自制所需设备,厂里提出了"工艺装备为主,平衡设备为辅"的方针来提高生产能力,但紧接着制造工艺装备和生产任务的矛盾使得厂里又被迫"退一步,进两步",即1958年5月份产量减少,匀出人手来制造工艺装备,待制造完成后于6月份再赶上生产计划。然而5月生产暂停后,6月份的生产指标没有达到跃进的目标,以当时的条件在一个多月的时间中只能制造20余套工模夹具和1台土镗床,设备不足的问题仍没有解决。事实上,在厂区既有条件和人力有限的情况下,无论如何动员群众或努力改变生产技术都是无法完成"跃进"目标的。

第二阶段:大搞土设备。土机床的制造在1958年末因全民炼钢、农业"大跃进"带来的设备需求而在全国范围内加以推行,第一机械工业部于11月在上海召开华东地区土机床经验交流现场会议:"许多机械厂今年以来发动群众,打破迷信,自力更生地制造了许多土机床……归纳成了六十三种土机床、土设备和制造经验,各地代表表示回去立即动手,开展一个轰轰烈烈的大造土机床的群众运动。"[①]"破除迷信、解放思想、明确方向、提高认识为开展大搞机床运动打下了思想基础,提供了技术方向与技术条件……条件论者和伸手派的思想本质是什么呢?实际上也是一种迷信。这种迷信是见物不见人的,他们迷信设备、材料、厂房等物质条件,迷信少数工程技术人员、专家、学者,迷信图纸、工艺等技术条件……"[②]这种极具时代特点的思想和运动是由于当时国家条件不足以支持大规模机械化技术革新,研究单位、企业没有足够的物质基础和经费,投资周期成本高,因此在阶级斗争仍然存在、物资供应紧张的实际情况下,为求多、求快所做的选择,但它的成效在基层单位中是有限的[③]。

8月份,第一机械厂党委在总结经验后确定了"放手发动群众,大家动手搞"的方针,在增加生产任务的基础上搞土设备,要求"各车间、小组缺什么,搞什么,自己设计,自己制造,自己使用,因陋就简,就地取材,尽可能地武装自己"。全厂掀起了一个大搞土设备的热潮,在两个月的时间里,共制造各类土机床65台。由于土机床都是操作者针对自身需要制造的,生产率提高了80%,从月产180台车床提高到月产300台。在技术和机械成果上,1958年内第一机械厂就研制并发表了《齿轮火焰淬火用的传动装置》[④],年底在《机械工人》[现《金属加工(冷加工)》]上发表了《土无心外圆磨床》[⑤]《多刀宽刃精刨床身》[⑥]《简易滚齿机》[⑦],在现代工业发展史上留下了属于机械厂的印记。

---

①　开展全民大造机床运动:一机部在上海举行现场会议总结推广制造土机床经验[J].机械制造,1958(11):1

②　充分发挥工人智慧,造出更多更好的土机床:第一机械工业部第二局安铁志副局长在华东地区中小型机床土法制造和土机床现场会议上的总结报告[J].机床与工具,1958(6):18-21

③　林超超."土洋之争":技术革命的愿景与现实[J].史林,2017(5):169-178,221

④　侯俊豪.齿轮火焰淬火用的转动装置[J].机械工人,1958(5):42

⑤　南京第一机械厂.土无心外圆磨床[J].机械工人,1958(12):41-43

⑥　南京第一机械厂.多刀宽刃精刨床身[J].机械工人,1958(12):44

⑦　南京第一机械厂.简易滚齿机[J].机械工人,1958(12):47-48

第三阶段:制作大型土设备。第一机械厂在解决了部分工种不平衡的矛盾后,主要设备不足的矛盾仍然未能解决,例如大型平面加工设备技术薄弱,当时小型加工设备月产400台左右,而大型设备最多只能生产180台。11月,在省、市委提出"大搞土设备,自力更生武装自己"的指示以后,工厂分析了生产情况,预估了未来发展情况,提出"发动群众,全面开花和集中领导突破重点相结合"的方针制造大型土设备。厂党委召开了一次有厂领导干部、老工人、青年工人、技术人员等50多人参加的"理想会",畅谈各自对制造大型设备的设想。其后在厂领导组织与支持下,余宽福、马锡昌、杨泽勋等同志与工人师傅一道设计制造了包括2米、3米龙门刨,2米大头车,4米车床,组合龙门铣,三臂六头立铣等许多复杂、高效率、高精度的大型机床,尤其是装备了十九把刀的组合龙门铣的诞生,促进了以后机床的批量化生产。

据厂志记载:"一年来,全厂共制造各种土机床、土设备计371台,其中金属切削机床160台,其他如铸、锻、热处理、冶炼等机械211台,还有一批炊事机械和其他设备,生产能力提高了两倍,C618车床由1957年的200多台猛增到1 000台。经过工程技术人员的评定,可以列为技术比较先进的有组合龙门铣、半自动刻度机、光学半自动对接焊机等,其中邵帮富等人设计制造的自动刻度机,据苏联专家评价,已达到国际水平。"1959年,在全国土设备、土办法展览中,第一机械厂制造的各种土设备有6种获奖,其中赵维琴设计制造的齿轮倒角机获得了一等奖。

在生产改革时期,劳动竞赛是生产动员的一种方式,通过改变工人的劳动强度来提高生产效率[①]。在这种背景下,第一机械厂在全市纪念"二七"罢工的大会上,由大轴工段镗刨组首先提出向"机床厂(镗刨组)学习、向机床厂(镗刨组)挑战"的倡议。接着装配工段刮研组同机床厂刮研组签订了竞赛合同,参加的有孙振发、朱牙宝、翟广林、周自才等同志,市总工会派专人负责组织两厂竞赛情况汇总,用板报公布在工人文化宫会堂门口,以促进两厂竞赛的发展。《南京日报》对竞赛作了多次跟踪报道,引起了市内工矿企业的关注。竞赛促进了两厂生产力的发展。这场自发的群众竞赛运动,对两个厂各项工作都有较大的影响,例如当时第一机械厂工人柯子山就曾表达:

"我们是一个刚生产机床不久的地方厂,它在两年前还是一个专门制造衡器的工厂……虽经过去年一年的生产,月产量由35台提高到60台,但由于底子不厚、技术水平不高,任务的翻倍总是不能令人满意,经过不断地向南京机床厂学习、拜他们为师……今年三个季度的月产量已经从60台提高到110台。"[②]

而南京机床厂也记录下了这次劳动竞赛所得的经验和进一步研究改进的建议:

"我厂生产的C618型机床所有的刮研工序要占到整个机床装配总工时的32%,甚至达到42%。在设备不完整的条件下,整个床面的几何精度完全是靠体力一刀一刀刮出来的。……在生产'大跃进'的鼓舞下,与南京第一机械厂装配刮研小组开展了厂际友谊竞赛(该厂也是生产C618型普通车床的)。在这种形势下,我厂全体同志在政治思想和技术水平上都得到了不断的提高。例如:

---

① 林超超. 效率、动员与经济增长:计划体制下的上海工业[D]. 上海:复旦大学,2013
② 柯子山. 土设备武装了我们[J]. 机床与工具,1958(12):12-13

过去刮研一台床面总工时是 23.45 小时,后压缩到 11～15.4 小时,通过竞赛又不断地改进操作和找窍门,又压缩到 7～8 小时。在这个基础上大家又鼓足干劲,以致达到了 2.5～3.5 小时。"①

后来第一机械厂的孙振发在竞赛中以 2 小时 45 分刮研一台的成绩,创造了最高纪录,被评为 1958 年市"先进生产者",刮研组被评为 1959 年江苏省"青年红旗突击手"。

对第一机械厂来说,劳动竞赛的成果首先是提高了技术水平,很多工人不仅学会了掌握"洋"设备,而且还学会了高速切削、多刀多刃操作方法,学会了制作关键件,提高了生产效率,解决了独立制造 C618 车床的难题,其次是压缩了工时定额,降低了成本。据记载,生产一台 C618 车床的总工时从 1957 年的 1 200 小时到 1958 年一季度的 780 小时,二季度又进一步降到 520 小时;单位成本也从 1957 年的 4 728 元降到 4 491 元。不仅如此,企业管理也有所改善,学会了编制生产大纲,初步建立了一套生产管理方面的规章制度。南京第一机械厂和南京机床厂围绕 C618 车床开展的劳动竞赛,起到了共同提高的作用,加强了两厂之间的协作关系。此后两厂也保持着相互学习、支援、协作的关系,例如在 1989 年两厂铸工车间合作发表了关于注塑机模板铸件常见质量问题的文章②。第一机械厂和院校、其他工厂、机构等也有合作,与南京航空学院、农业机械厂协作进行了高硫高磷土球墨铸铁试验③,并将其转化成了可应用的成果,针对江苏地区土铁的特点试制了对应的高磷、硫土球铁机床④;经过实践的技术成果也被整理成可传播的资料,例如 1958 年交由冶金工业出版社出版的《凿岩破碎简易设备经验交流会议资料　简易矿石破碎机》。

除了在"大跃进"背景下的技术努力外,在 1958—1959 年第一机械厂对厂房布局也进行了改进,比如锅炉间的平面根据工艺需求、流程动线进行了调整,改善了通风、温度等工作条件⑤。在文化方面也有极具年代特点的资料留下,在"大跃进"期间产生的全民造诗运动——"新民歌运动",时间虽短,影响却很广泛,南大、南京图书馆收藏的 1958—1960 年的民歌集就有 305 本⑥,第一机械厂收集了工人所作诗歌后编著的《工人诗选　红旗歌》就于 1959 年 1 月由江苏人民出版社出版、新华书店发行。厂区在 50 年代占地约 45 400 平方米,建筑面积约 25 000 平方米,于 1955 年新建 642.5 平方米建筑,产权有近 40% 属于房地产局。员工则居住在厂南侧合院式平房及周边的平房、竹棚中,后来租云台地 10 号,仓顶 25、27、29 号,柳叶街 35 号,双乐园 136 号,凤游寺 3 号,又通过自筹资金加银行贷款在 1952 年购买铜作坊 77 号约 1 200 平方米,改善员工住房条件。当时员工用餐在面积约 600 平方米的竹棚里,亦有根据回民习惯设置的特殊灶台。

1.3.4　南京第二机床厂时期

"一五"与"二五"期间,机床产业已经初具规模,进入了由仿制到自主制造、由普通到

---

① 南京机床厂合理化建议室. 提高刮研工作效率的方法[J]. 机床与工具,1958(6):15-16
② 赖涤桂,陈德炳. 铸态 QT50-5 大断面铸件常见的质量问题及防止[J]. 机械工人(热加工),1989(1):20-24
③ 南京航空学院金工教研室冶炼厂. 高硫高磷土球墨铸铁试验报告[J]. 铸工,1959(7):25-28
④ 赖涤桂. 高磷、硫土球铁机床试制成功[J]. 铸工,1959(7):41
⑤ 赖涤桂. 小型熔铜炉的改进[J]. 铸工,1959(9):36-37
⑥ 史星宇. "大跃进"时期的新民歌运动[D]. 南京:南京大学,2014

精密机床发展的阶段①。1959年9月13日,南京市机电工业局通知第一机械厂正式更名为"南京第二机床厂",转而生产中等规格型号系列的圆柱齿轮加工机床,自此迎来了第四次转型。初期以仿制重庆机床厂Y38-1型滚齿机为主,为了适应新产品的试造和工艺装备的制造工作,首先调整了生产组织,新添了四车间(工具试造车间),集中一、二加工车间的装配力量,恢复了装配车间;以技术管理为中心,全面加强企业管理,陆续恢复科室,整顿改进技术检验工作,调整检验体制,制订检验制度,整顿工艺纪律,规定按工艺生产的制度,建立工艺装备设计会签验证、设备维护检修管理和工卡量具检验等技术制度,提高了企业管理水平。

1960年至1964年,根据中央一机部"努力开发我国自己的齿轮机床"的部署,第二机床厂集中力量,重点测绘、仿制不同型号和种类的齿轮机床,相继试制成功了Y5120A插齿机、Y31125滚齿机、Y9380倒角机、Y42125剃齿机、Y4232A剃齿机、Y4480连轴剃齿机等齿轮机床,并配合珩齿工艺的推广,首次自行设计制造Y4632珩齿机,奠定了齿轮机床的生产基础,成为当时全国为数不多的齿轮机床制造厂家之一。1960年,国家要求第二机床厂在完成批量生产滚齿机的同时,还要使老产品C618车床产量翻番,因此厂里首先对铸造车间进行了技术改造,通过提高生产效率的方式减少在铸造环节投入的劳动力;其次对原有的两个机加工车间进行改造,将生产手拉起重葫芦的二加工车间也改为生产车床。

> "南京第二机床厂职工发扬独创精神,创造出一系列新型的、高效率的、专用组合机床。用这些机床组成一整套加工C618车床床身等八大零件的生产流水线,使车床制造的工艺、设备、生产路线、调度管理工作实现了一系列的变革。这一重大变革,不仅使该厂今年跃进计划的实现有了保证,而且为多快好省地发展机械制造工业开辟了一条新的道路。工人们歌颂道:土洋结合显神通,八条钢龙舞东风。专用组合路子好,生产奔向新高峰。"
>
> ——《南京日报》1960年6月5日《二机床厂C618车床生产大革命的故事》

在生产技术和产品上,1963年,铸造车间对冲天炉预热装置进行改造,使铁水温度由1 340 ℃提高到1 400 ℃。1964年,铸造车间又继续用了一年时间改造冲天炉热风带,经过多次试验制成了有中国特色的"倒置式大排距双层送风冲天炉",1978年获全国科学大会奖,并被编入高校教材。1964年,不仅在艰苦的条件下完成了国家的珩轮中间试验,还成功试制了两台Y4632珩齿机。1965年至1982年应国防建设需要加入了军工生产,其间建立了高射机枪瞄准器生产线,成立了专业的军工生产车间及6个民用品车间,改进了生产线,解决了技术问题,为国家提供了当时急需的军工装备。

"文革"期间,二机厂及时制定了工作措施,尽可能在混乱的情况下保持产能、减少损失。当时厂中成立了革委会,原有管理架构变为四大组,车间以连、排、班划分,直到1972年才恢复为职能科室与车间。"文革"结束后,厂里根据工艺、生产特点,改善质量管理制度,并逐步从以生产为中心转为以经营为中心,加强产品设计,于1980年后开发了更

---

① 江苏省地方志编纂委员会.江苏省志:机械工业志[M].南京:江苏人民出版社,1998

多具有市场需求的机床产品,远销海外。1984年,厂里租用了江东乡土地筹建分厂,又于1992年、1995年增加其他分厂及生产基地。

从20世纪60年代起,厂区根据生产需要和工业标准经历多次改造建设、管理提升,按时间顺序如下:

1960年代:新建了13 811.6平方米的建筑,在1969年又征用厂区南侧土地12 000平方米用于建造军工生产车间,在西侧城墙遗址上也建造了靶道和设备。在城墙脚下时称饲养场的地方新建7座二层砖混建筑作为宿舍,即现在的来凤新村,建筑面积约2 800平方米。1964年,在北部建成承担食堂、礼堂、会堂功能的多用建筑,约600平方米。新建单层浴室约100平方米。

1970年代:开始改造厂区北部,拆除芦席棚,建造大型工业厂房,当时改动建筑面积约12 000平方米。先改造原浴室为三层,顶层设招待所,后加建一层扩大招待所面积。

1979年5月,二机床厂作为江苏省机械系统的试点企业,开始推行全面质量管理。在试点的基础上,同年8月成立质量管理办公室,检查科科长沙启华任主任,配备3名专职质量管理员,加强现场管理。质量管理机构直属厂长领导,并由总质量师协助厂长具体领导质量管理部门及质量检验部门。

1980年代:把留存下来的原造币厂大门拆除,按厂志记载:"墙体多处出现裂缝,实属险房,与工厂企业管理在全国的知名度不相称,决定拆除新建。自己设计,自己建造,用三个多月的时间,建成一座美观、气派的大门。"该门在国创园改造中已被拆除。

拆除配电房,建成花园式办公区;在大门北侧新建恒温车间综合楼,面积3 790.2平方米;拆除二车间、机修车间、二层洋楼(解放前中央标准局所建的小楼),新建产品试制车间、净化车间。

新建来凤新村38、40、36号,来凤街27、25、54号,及来凤新村内简易二层建筑、来凤街周边几十间砖木平房作为员工宿舍,又购入来凤街20号原南京商标带厂,改造回龙街13号原厂内托儿所为职工宿舍。在原有多用建筑的北侧新建二层砖混建筑,建筑面积约1 320平方米,下设食堂。改原招待所三楼为大学生集体宿舍,招待所迁至回龙街宿舍一层。

1980年总厂成立以修旧利废为主的分厂,1981年安排分厂从事纺织机械设备配套、织针生产,织针下马后,又转为机床备件生产、零件加工、机床维修、珩磨轮制造等。分厂由于效益始终上不去,1988年7月和厂劳动服务公司合并,成立集体事业部,从此,经过市场调研,开发了多种系列产品并形成批量生产。

1980年推行"两图一表",按照"PDCA"四个阶段层层落实,建立质量保证体系。从1980—1982年,以全面质量管理为指导,对企业各项基础工作进行全面整顿,开展"全员""全过程"和"全面的质量管理"。1983—1988年,在全厂中层以上干部及质量管理骨干中,通过学习瑞典质量管理专家桑德霍姆有关"公司范围内质量管理理论"的知识,落实八大质量职能,围绕质量环,逐步制定十九个专业职能工作质量保证系统。

1990年代:拆除军工相关车间,扩建铸造车间,将厂南侧约13 500平方米土地转让建为民用住宅。至1990年代末配套设施已有2个食堂、3个餐厅、1处职工医院、1个幼儿园、10座库房。在景观上则由绿化组负责管理,总体绿化率约26.7%,2个花坛、3处假山,草坪约 2 000 平方米,乔木 20 多种共 1 485 棵,灌木 50 多种、绿篱 2 万余株。经过多次改扩建,厂内医院为四层,占地 660 平方米,建筑面积约 1 800 平方米。

自 1990 年开始,工厂把贯标工作纳入工厂方针,逐步建立质量管理体系。1990 年 8 月发布依据 GB/T 10300 标准编写的第一版《质量手册》,1993 年 10 月发布依据 GB/T 19000-ISO 9000 系列标准编制的第二版《质量手册》和相应质量程序文件(表 1.1)。

表 1.1 国创园前身各建筑的用途(二机床厂)

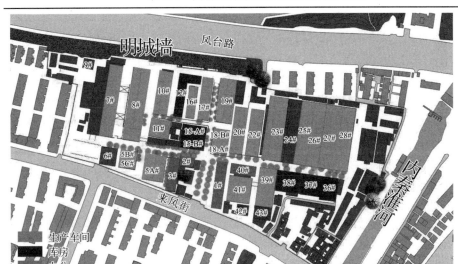

楼幢号	用途
1# 3#	工厂办公室
2#	花园会议室/销售部
5#	辅助车间
6#	原材料堆场
7# 8#	铸造车间/加工
9#	油库
10#	铸铜工段
11#	锻工车间/保卫处
12# 15#	库房
16#	木模工段
17#	热处理车间
18# 19#	工具车间
20# 22# 25—26#	机加工车间
23#	装配车间
27—28#	机加工/大件车间
36—38#	库房

续表

楼幢号	用途
39#	油漆车间
40#	办公
41#	机加工车间
42#	库房
43#	医院/技校

因厂内很多老员工都经历了第一机械厂、第二机床厂两段历史时期,他们对厂区的印象、对那个时代的感受更为深刻。在各时期建成环境所留存下的物理遗产层面,厂区的每一次转型都伴随着政治、经济、工业技术、社会背景的变化,到 20 世纪 80 年代时已然大多转为现代工业及其配套建筑,因此国创园历史虽久,如今能够感受到、保留下来的主要是南京第二机床厂的车间、厂房、附属楼房、机械设备。总的来说,在改造为南京国创园前,这片土地随着时代变化一次次地转型,由清末的官方造币厂到民国的中央工业试验所、全国度量衡局,再随着解放的到来迅速顺应国家工业需求转为地方工业场所,它的变化、肌理脉络、与它联结的人们无一不是历史的重要部分,见证了南京工业发展的变迁。

第二章

南京国创园工业遗产价值评估

2.1 综合价值评估

2.1.1 综合价值评述

当前对工业遗产综合价值的研究,主要考虑其独有的建筑功能、规模体量和在城乡环境中的独特位置。工业遗产综合价值的评估指标构成可以归纳概括为历史价值、科学价值、艺术价值、环境价值、社会价值及文化价值等六个方面。

1) 历史价值

历史价值包括建造年代、类型价值,与历史人物、事件的关联度以及对所在时期历史信息的记录。其中,建筑遗产始建年代以及重要时期的改扩建,是时间这一维度的基础。一般来讲,年代越久远,建筑越稀有,历史价值也越高。类型价值是指建筑遗产的类型也决定其是否具备稀有性。同时期的建筑遗产,不同类型的建造总量差异巨大,而保留到现在的同类型的建筑越少,那么其稀有性和代表性便越突出。同时,建筑作为载体,反映了人与事件的过往。对于某些重要意义的事件、人物来讲,与其关联的建筑也具有纪念性。建筑遗产从建成到现阶段对历史信息做了忠实反映,不仅完整,而且信息可靠。国创园的历史价值在于建造年代、相关历史名人与事件以及反映地方文化特色和历史背景。

(1) 建造年代

国创园原为南京第二机床厂,二机厂的前身则可以追溯到南京第一机械厂、南京度量衡厂以及江南造币厂,其历史年代可以追溯到光绪二十二年(1896),其历史沿革见图 2.1。尽管国创园所在地历史悠久,但由于江南造币厂因一场大火被烧毁,大部分原有建筑损坏,厂区一度荒废,直到后来的度量衡厂开始重新利用,并于 20 世纪 50 年代开始建造现有的厂房建筑。因此如今能够感受到,保留下来的主要是二机厂的车间、厂房、附属楼房、机械设备,这些工业建筑物、构筑物大多建造于二十世纪五六十年代。

图 2.2 显示,园区历史最为久远的建筑是 8 号、11 号、19 号楼,这三栋建筑均建造于 20 世纪 50 年代;其次是建造于 60 年代的 7 号、10 号楼等建筑。建筑物的建造顺序受生产工艺、厂区空地规划、生产能力、生产生活配套等因素影响,从图上可以看出,标志着年

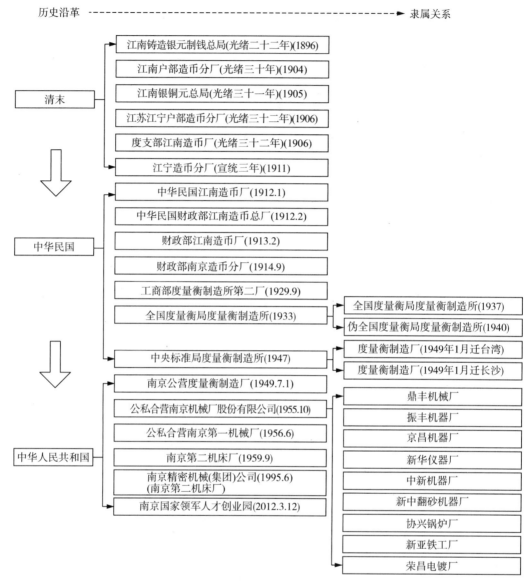

图2.1 国创园历史沿革

代的颜色由南至北逐渐减淡,由此得出园区的建筑最开始是从南至北依次建造,这也与二机厂老工人对于厂区从南向北建造的口述相符。

(2) 相关历史名人与事件

鸦片战争后大量外国货币涌入我国,因外国货币价值与作为计重单位的银两之间价值与购买力不匹配,我国的货币制度受到影响并开始崩溃;为补救该情况并支撑财政,清廷开始在各地设立造币厂铸造银元、铜钱、铜元;但当时我国工艺粗糙,银元易被伪造。当时正值洋务运动,且为了抵制洋元入侵,捍卫金融主导权,洋务派开始引进西方工业制钱技术,上奏请求购买机器、设立钱局,开启了钱币制造的工业化,进而出现了最早的一批制币工厂。国创园历史上的第一次工业转型在此背景下发生,晚清政府由此设立江南铸造

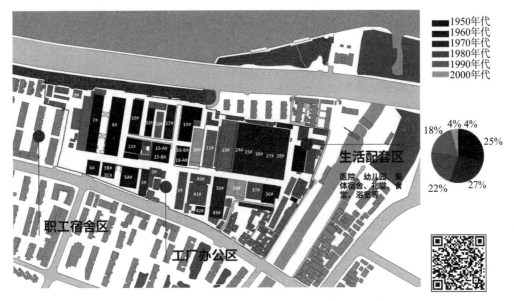

图 2.2 建筑建造年代及占比

银元制钱总局。1912 年改称中华民国江南造币厂,铸造金、银开国纪念币。随着时间发展,造币厂的银元铸造规模变大,认可度提高,遂成功捍卫本国金融主导权。

然而造币厂在一场大火中被燃烧殆尽,后来在原址上建造的度量衡厂为度政新制推行全国起到了决定性作用,但由于抗日战争的爆发,几经搬迁,元气大伤,南京解放前夕,众多精密仪器和图纸被席卷一空。在新中国成立初期,中国正处于向社会主义过渡阶段,在总路线的指引下,根据对私改造的政策,公私合营,以公带私,吸纳九家私营企业后成立南京第一机械厂。南京第一机械厂存在的时间不长,从 1955 年 10 月公私合营到 1959 年 9 月,但在这一期间开发研制出很多产品,技术改造也实现从简单产品向综合性产品生产的过渡。

1959 年南京第一机械厂正式改为南京第二机床厂(简称"二机厂"),以适应国民经济发展需求。二机厂在其存在的几十年里,自力更生、自我发展,不断创新,促进生产力发展,其生产的产品多达 120 多种,出口 40 多个国家和地区,成为国家大型骨干企业。1950 年代后,厂区的面积不断扩大,各种生活配套设施和休闲娱乐设施在不断完善和改进。二机厂时期也是整个厂区的发展巅峰时期。

(3)反映地方文化特色与历史背景的程度

"大跃进"时期的南京第一机械厂进行了一场技术革命,分为三个阶段:自制工模夹具阶段、大搞土设备阶段以及制作大型土设备阶段。其中在第二阶段的时候,全厂掀起了一个大搞土设备的热潮,在两个月的时间里,制造出多台适合操作者个人需求的土机床,使得生产力提高了 80%。南京第一机械厂在技术和机械的改进上也是硕果累累,并在《机械工人》上发表了相关改进的制造技术的文章,在中国现代工业发展史上留下了属于南京第一机械厂的印记。这些内容在第一章已有阐述。

二机厂初期建造房屋的条件较为艰辛,建造于二十世纪五六十年代的建筑以及 70 年代的部分建筑采用了最易烧制的红砖、青砖砌筑,在没有建筑材料的情况下,甚至用湿润泥土混合芦苇席来做厂房墙体。整个园区保留建筑的屋顶形制均为坡屋顶,这也与江南气候湿润多雨有一定的关系。

2)科学价值

某个时期艺术风格和技术特征的代表,作为具象的历史形态,使文明留下了空间实体的印记,因而具有"标本"的留存和研究价值。科学价值包括空间布局、结构与构造、施工工艺水平以及建筑材料、材质。建筑规划是"外在",建筑与规划的发展水平会落实在具体建造的空间布局中,也会反向印证建筑所处的社会关系;结构是建筑的筋骨,构造是关节,这两项均是建造体系中的关键部分;建筑营造需要一定的技术支持,施工工艺的水平反映了建筑在当时的受重视程度和那一时期施工技术的发展;材料运用体现了设计思维,材质选择体现了施工工艺。国创园的科学价值体现在建筑结构的合理性与独创性以及建筑材料的合理性与独特性,得益于其平面布局、结构形式、建筑材料,国创园也被称为工业遗产建筑的露天"博物馆"。

(1)建筑结构的合理性与独创性

国创园的建筑结构例如牛腿柱、拱券、过梁,原木、方木屋架等都有保留。保留建筑的结构类型有砌体、混凝土排架以及框架结构,其中砌体结构大多建于 20 世纪 60 年代,混凝土排架与框架结构主要建于 20 世纪 70 年代至 21 世纪初。建筑结构中保留的吊车梁和立柱类型包括钢吊车梁和钢立柱、混凝土吊车梁和混凝土牛腿的两种搭配;其中混凝土吊车梁大多存在于混凝土排架结构中,与主体结构紧密相连;钢吊车梁大多位于砌体结构中,并支撑于附加型钢立柱上。混凝土牛腿预留是为扩建留有余地,双牛腿结构是考虑有室外堆场的起吊。

国创园的建筑保留的屋架类型包括木屋架、钢屋架、钢木复合屋架、预应力混凝土薄腹屋架、预应力混凝土折线屋架等,其中圆木屋架大多被方木、木屋板代替,所以保有大量圆木屋架的建筑的结构价值更高,更具有独特性和稀有性。例如,园区 19 号楼便保留了原始的圆木屋架,其结构柱也都有保留;19 号楼也是园区年代最久远、保留最完整的建筑,因此该楼的结构价值也相对较高。所有屋架形制中,混凝土屋架是园区建筑大量使用的建构类型,其大尺度和纤细感具有一定的美感和艺术价值。例如从外部看,8 号楼"铸造车间"可谓平淡无奇,水泥抹灰墙面上开方窗,朴素而略显单调;而在内部,三列砖拱砌体在形式上具有强烈的韵律感,清水砖砌叠涩和拱券呈现出砌体结构特有的建构美感,内部的"拱"形要素将空间划分为三部分,拱券设计手法充分呈现出"砖拱吊车梁"工业结构的建构之美。

(2)建筑材料的合理性与独特性

二机厂考虑材料运输、冶炼用水等因素,选址在秦淮河畔,在建造新厂房和生活区时,其择水选址的原因,除了临河的地理区位优势为获取建筑原材料提供便利外,也在于方便材料运输、冶炼用水等。将开采的河底淤泥作为主要原料,经搅拌成可塑状态,用机械挤压成型;挤压成型的土块称为砖坯,经风干后送入窑内,在 900~1 000 ℃的高温下煅烧即成砖;然后将烧制成型的黏土红砖用于厂房砌筑。

20 世纪 70 年代后,厂房建造便用上了混凝土。有了水泥原材料后,1 号、36 号、37 号楼厂房建筑外立面也从最原始的红砖材质更换为水刷石。水刷石施工工艺简单,原料运输快且方便,相较于红砖更加节省施工时间。故在70年代,二机厂厂区北部进行了改造,拆除原有芦席棚工房,建造大型工业厂房,改动建筑面积约12 000平方米;而采用水刷石饰面更能节省施工时间,进而提高了二机厂的产能。

在混凝土使用熟练后,在水泥外立面经过一系列的前期处理后铺贴小砖,其中小砖的形制可分为面砖和马赛克,这是20世纪80年代后被工业建筑广泛采用的外立面饰面。其中20号、22号、23号楼部分墙面采用面砖;40号、41号楼檐口与外墙部分则采用陶瓷马赛克。马赛克或面砖相较于水刷石更具有光泽感,颜色款式更丰富,更易清洁和更换损坏部位,且更具经济性(图2.3、图2.4)。

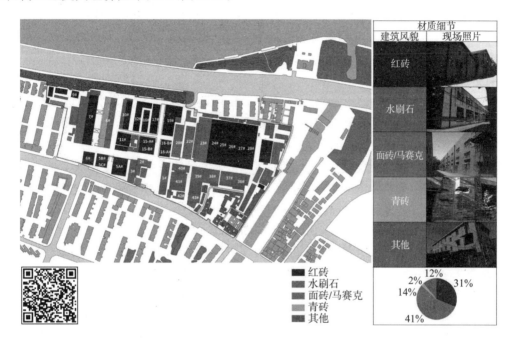

图2.3 国创园原有建筑材质分布图

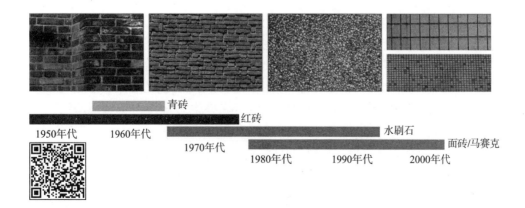

图2.4 国创园建筑外立面材质年代展示

（3）建造工艺

工业建筑的建造工艺与工业生产工艺相统一。园区建造工艺由南往北按铸工、生产、大件、油漆工艺的顺序逐渐递进，当年造币厂改度量衡制造所就发生在园区北侧。国创园的柱子主要为混凝土柱和钢柱。混凝土柱的形制大体可以分为工字形截面柱以及牛腿柱；钢柱主要有起承载作用的承重柱和维持稳定与加固的非承重柱。承重柱实际是原有混凝土柱的拓展，施工时按照混凝土柱的尺寸，两根高截面工字钢中间以角钢进行三角格构，形成立体结构。非承重柱则是在施工时将工字钢柱设置在两根承重柱中间。

厂房车间的吊车梁体现了设备与建筑结构的一体化。园区厂房的吊车梁分为混凝土与钢结构两种。混凝土吊车梁大多采用非鱼腹梁结构，其余普通矩形混凝土梁按施工年代可分为早期整浇和后期简支两类施工方式。钢结构吊车梁在施工时则采用与普通混凝土吊车梁相似的尺寸，将钢板焊接成工字形截面并在腹板上再用缀板焊接进行加强。

厂房屋顶主要作用为覆盖，荷载小，结构较为轻盈。屋顶内部均由桁架所支撑，桁架之间大多较为独立。施工时隔若干榀桁架或者尽端桁架的桁架之间加上斜撑，以提高稳定性或抵抗侧向推力荷载。施工时将大多数桁架直接搁置在对应的柱子顶端，但若是车间每两根柱子之间有额外一榀桁架的话，要通过设置额外结构实现荷载的横向传递，将荷载均分到两侧的柱子上。尽端山墙因为有屋面坡带来的侧推力，所以在屋架当中设置了沿纵轴线方向的斜撑，利用内墙的稳定能力消解侧推力。

除了建筑结构的建造工艺外，建筑材料也值得提及，尤其是水刷石外立面的建造工艺。水刷石作为一种人造石料，制作过程是用水泥、石屑、小石子或颜料等加水拌和，抹在建筑物的表面，经半凝固后，用硬毛刷蘸水刷去表面的水泥浆而使石屑或小石子半露，也叫"汰石子"。水刷石饰面是一项传统的施工工艺，能使墙面具有天然质感，而且色泽庄重美观，饰面坚固耐久，不褪色，也比较耐污染，相较于红砖后期可能会"析霜"不耐脏，水刷石是一个不错的饰面选择。地面上，采用的是水磨石，这是一种比较耐磨、耐腐蚀的地面，较为美观，需要将水泥、石子按照一定比例混合后浇筑在地面上，待其凝固后还需要进行打磨、抛光等处理。

3）艺术价值

艺术价值包括造型色彩、细部装饰、其他特有的艺术形式以及外部环境。其中，建筑遗产的造型色彩是外观风貌的直观表现，同时也反映了一定时期内的时代特征；建筑细部装饰提升了建筑品质，包括有特色的装饰及雕饰等；其他特有的艺术形式指建筑是否存在独特的艺术装饰或风格；周边环境与建筑遗产是共荣共生的关系，外部环境的优劣反映了建筑的生存状况。

国创园的艺术价值主要体现在两个方面——空间布局和细部工艺。

（1）空间布局

位于东入口的建筑群[图 2.5(a)]，交通便利，沿园区主道路分布，景观以及建筑风貌较好；入口处自然形成广场，建筑沿着道路带状分布，形成一系列的空间小节点。明城墙东侧的建筑群[图 2.5(b)]，位置较为幽静，明城墙成为建筑之间的借景，建筑尺度较小，显得较为亲切。城墙东侧另一建筑群[图 2.5(c)],东临次入口,交通便利,工业构筑物较为集中,且建筑尺度较大,易形成大型集散场所。紧邻东入口的建筑群[图 2.5(d)],西临厂区主要林荫大道,东临来风街,北面是内秦淮河,风景较好,交通便利。建筑群东西向纵深较浅,单体建筑体量不大,且建筑一般是多层,空间布局相对灵活。西北角的建筑群[图 2.5(e)],为清水红砖墙面,风貌较好,东临园区主要林荫大道,景观好且交通便利,建筑空间较为完整,尺度较大,内部空间可自由分割。西北角原有的建筑群[图 2.5(f)],建筑北面向内秦淮,景观较好,建筑布局分散,尺度较小,功能独立,具有一定的私密性,原有功能是二机厂的生活区,包括职工宿舍、游泳池、舞池等,现已被拆除。

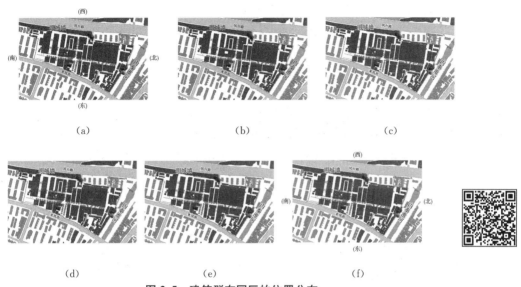

（a）　　　　　　　　　　（b）　　　　　　　　　　（c）

（d）　　　　　　　　　　（e）　　　　　　　　　　（f）

图 2.5　建筑群在园区的位置分布

（2）整体造型

保留的厂房建筑体现了其当时作为机床厂的生产特点。由于机床体量大,生产设备多,生产联系紧密,操作空间需求大,建筑内部大多是宽敞的大空间体。厂房宽度一般较大,且有些保留的混凝土结构的厂房,由于其跨度较大,多为多跨厂房;为了满足采光通风的要求,会在顶部开设天窗或者在外立面开侧高窗,例如园区 24—28 号楼（图 2.6）。砌体结构的厂房跨度较小,但单层建筑净高也都在 8 米及以上,多层建筑（除最上层）净高能达到 10 米左右,底层的净高也能达到 4 米多;相较于一般公共建筑其尺度显得较大,结合大尺度的开窗形制,室内空间给人一种通畅明亮之感。国创园保留的多跨厂房屋顶高度呈现出一种节奏性变化的跳跃空间,例如 24—28 号楼的屋顶（其中 26—28 号楼是历史建筑）。

为了满足大跨度空间厂房的采光要求,建筑立面开窗较多,尺寸较大,汇集了多种排列形制,模数尺寸和开窗方式有一定的秩序感以及工业感,如 1 号楼外立面窗户形制（图 2.7）。更具特色的是 8 号楼的外立面,采用了连续的拱券形式,既生成了大空间,又丰富了空间形式。

图 2.6　24—28 号楼屋顶示意图

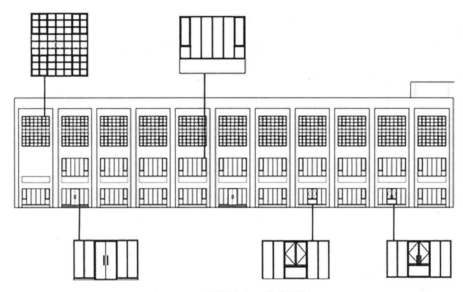

图 2.7　1 号楼外立面窗户形制

（3）细部工艺

风雨飘摇数十年,原二机厂有些厂房的外立面早已斑驳,红砖饰面也已泛白。通过重新打磨,让其焕发本色。厂房建筑因为功能需求,内部空间较大,层高较高,宽度较大,且园区有多跨厂房,其屋顶形制均保留下来,形成独有的韵律与节奏感。后建建筑通常采用平屋顶,与原有坡屋顶形制形成对比。厂房建筑为了保证内部空间通风良好(尤其是厂房建筑内部空间尺度较大),会在山墙上开通风口;拥有通风口的厂房建筑被保留的同时,通风口也同样被保留。

园区大片原有建筑的坡屋顶或许有些单调,现在屋顶上开天窗或者架构玻璃盒子和构架,形成新旧结合的新外观。由于原有二机厂厂房内部需要充足的采光和通风,建筑立面的窗洞比较多且大,排列较为整齐划一。根据园区功能划分,将部分建筑山墙拆除改造为整片玻璃墙,与周围清水红砖墙形成强烈视觉冲击和对比。建筑上很大部分的窗洞都有保留,窗户还是多格窗户,在装修材料上选用较为现代工艺的风格。既有建筑保留原有结构的同时,通过各种设计处理手法,打造出不同的艺术氛围。譬如,18B 号楼建筑结构完全保留,但是建筑的原外墙仅保留部分,形成从室内空间绵延到室外的变节奏空间序列(图 2.8)。建筑外墙也不是循规蹈矩的矩形,给人一种建筑未完待续的延伸感。相较于这种半暴露在室外的结构,大多数保留建筑的结构都在室内。厂房中所有的结构构件都暴露在外,不加装饰,展现工业建筑中所特有的结构美学。桁架自身由于构件多样的组合角度而具有几何美感,在统一模数,快速复制蔓延数十米的尺度中,对人的感官予以强烈冲击。后续改造时将原有结构包裹在现有建筑外面,形成稳定感和结构主义风格,例如9-3号楼。各种装修手法的叠加使得整个园区建筑产生了变化的节奏和韵律,在统一中也有着丰富的层次,给人多样的感受。

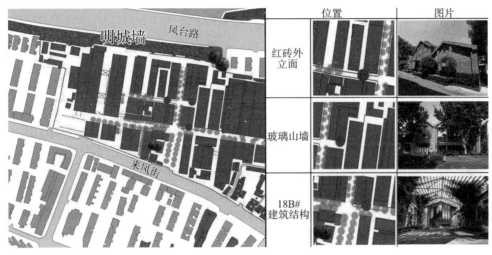

图 2.8 国创园细部装饰与装修工艺

4)环境价值

建筑遗产在历经漫长的时空变迁后,其价值认识中所依存和发展的背景环境已成为不可分割的内容。国际社会早在遗产保护之初就意识到遗产环境的重要性,如《雅典宪章》就意识到遗产环境具有一定的美学价值,保护遗产的同时也要求保护其环境。国创园的环境价值主要在于城市环境中的协调性和内部景观的配置。

(1)在城市环境中的协调性

机械时代的生产空间是指利用机械化的工具进行大规模产品制造的场所。人类生产活动自古有之,农业与手工业的生产支撑起古代文明社会。工业革命之前的生产空间是以家庭为单位的作坊,生产空间与居住空间的分化并不显著,也就是家庭式生产关系。利用水力的高效纺纱机器出现后,相应产生了能集中进行大规模制造的工厂。18世纪英国运输系统的效率大幅度提升,蒸汽机的出现使得工业场地转移到交通更为便捷、劳动力更低廉的城市郊区。

清末工业场地的选址因为工业类型不同而差异极大,所以对于当时新引进的工业类型,其厂址均经过慎重考虑,根据保密需求、原料、运输、地价以及成本、政治、城市条件等因素最终选择合适的地段进行初创。江南造币厂选址在西水关云台闸南侧是出于对交通、成本、防卫的考虑,清末南京各城门临水处,大多有重要的工业厂房分布。造币厂选址在明城墙东侧,内秦淮南岸,不仅有着城墙关隘的保卫,其安全性得到保障,而且沿着内秦淮河进入秦淮河再北上进入长江,可通过水运将大批货物送至各地,减少陆地运输成本。

民国时期的浦口火车站位于长江北岸,通过水运可快速将生产的产品送至火车站,并通过铁路运输到全国各地,减少交通成本。新的机械产生,成了工厂选址的重要因素,在阿克莱特的水力纺织机牢牢占据统治地位的时期,只有在水流能转动织机的地方才能建厂开工。造币厂在生产过程中需要大量的水来冷却,厂区靠近内秦淮河,秦淮河为其提供了大量的冷却用水,减少了一定的人工和生产成本。水西门周边的人口密集,也为厂区生产线提供了大量的劳动力,劳动力短缺的问题得到解决。同时劳动力充足,便会导致劳动力价格便宜,降低人工成本。厂区提供很多就业岗位,导致人口聚集,这块区域人口也越来越密集,周边的商业随之发展起来,带动周边经济发展。

正如英国新型纺织机改变了纺织业的家庭手工业属性,传统乡村建筑空间已无法容纳不断增多的工人数量,于是逐渐产生了专门为生产而设计建造的工厂建筑,以及容纳大量工人所需的住宅宿舍。随着二机厂的工人增多,需要更多的厂房与宿舍。20世纪60年代,在城墙脚下新建7栋二层砖混建筑作为宿舍,即现在的来凤新村;80年代建造来凤新村36、38、40号楼,来凤街25、27、54号楼等,并将部分来凤街原有建筑收购并改为工人宿舍。为提高员工的生活质量,60年代又在北部建成承载食堂、礼堂、会堂功能的公共建筑;90年代又陆续建造了一些住宅和生活配套设施,至90年代末已建有2个食堂、3个餐厅、1处职工医院、1个幼儿园、10座库房。此时的国有企业代表国家为满足员工生活实际需求而提供多种生活服务设施,工厂承担了本应由社会化经营主体或公共机构承担的各种社会服务职能,专门的食堂、宿舍和医院等附属建筑出现,体现了工厂不仅是一个生产实体,同时也包含了居住社区的部分结构,体现了当年的大型国有企业大都是一个"五脏俱全"的"小社会"模式。

国创园位于南京市秦淮区秦淮旅游风光带中,紧邻秦淮河畔和明城墙,东临来凤街,西至凤台路,北近升州路,三条主干道紧密环绕于园区四周。同时,由地铁1号线、5号线(在建)、集庆门大街、水西门大街等快速交通干线构组形成便捷的交通网络。周边的产业园区以及商业综合体会带来大量人流,项目周边的低层级商业态会被市场逐步淘汰,园区内部工作人群也具有一定的消费能力,通过宣传同时可以吸纳全市范围内的一些商务消费人群。

(2)内部景观的配置

工业厂区作为一个特殊的物质性场所,在其基础上衍生出环境景观价值、建筑技术价值、空间使用价值,逐渐产生生产模式价值、社会价值与文化价值。二机厂停办后,厂区内留下了许多曾经使用过的工业设备(图2.9、图2.10)。这些老式设备被保留下来,改造为街角小品、装饰物或者路桩、绿化池等,转化成国创园景观的组成部分,这是一种记忆存续,也是一种景观特色。零散的工业设备、代表性的工业装置、带有工业记忆的建筑、历史悠久的古城墙……以历史时间来梳理、串联,呈现其百年历史文脉,构建"江南近现代工业遗存公园",也是向世人展示曾经的辉煌岁月,见证着城市的发展和二机厂的变迁,记述南京的历史故事。

5)社会价值

工业遗产历史建筑的社会价值一方面在于对一定历史时期社会状况的反映,另一方面在于对当今以及后世社会的价值体现。社会价值包括对社会关系、生活习俗的反映,功

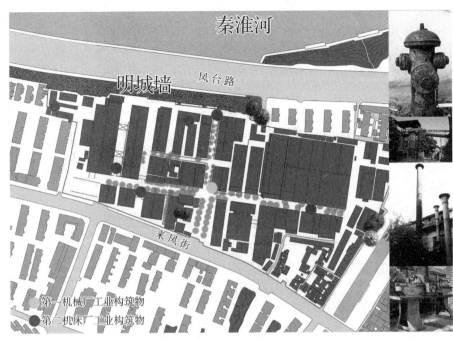

第一机械厂工业构筑物
第二机床厂工业构筑物

图 2.9 原有工业构筑物分布

图 2.10 工业设备和产品改造

能的良性延续以及建筑的影响力和情感认同度。国创园的社会价值主要体现在社会情感归属方面。

(1)社会影响力

国创园保留了二机厂的一些生产机械和工业产品,或露天展示,或被放进露天玻璃展示柜,或成为路桩、绿化池等,具有浓郁的人文气息和年代感,它们所形成的环境氛围与保留的厂房建筑遥相呼应,向世人诉说着它的前身,展示着它曾经的辉煌时刻。清水红砖的外立面、鲜红的劳动标语、斑驳的工业设备以及独特的法国梧桐林荫大道,营造出别有格调的艺术氛围。正是这种独特的氛围,让园区成为网红拍照、婚纱摄影、休闲娱乐的热门地点,且在年轻人中颇有人气,如 11 号楼的长桥飞荫、舵手红墙、红院聚落等(表 2.1)。其中,位于国创园东门入口的百年银杏树,被园区打造为国创八景之一的"梧桐迎凤",在此建成的银杏广场成为园区一个重要的历史文化展示点。国创园将文化、休闲、商业、办公等诸多功能需求加以整合,提升了园区活力。节假日时,在园区可以看到很多慕名而来的年轻人,或者是前来商务会谈和参加酒宴的人群,与此同时,还会有不少的摄影爱好者组队前来拍照练手,园区现已成为婚纱摄影网红打卡地之一。园区餐饮店沿来凤街西侧布置,用餐时间有较大的客流量,周边居民甚至其他区域居民都会前来用餐,带动周边消费。不仅如此,园区还有很多氛围感十足的店铺、充满工业氛围的艺术装置等,在网红经济的影响下,很多人会前来拍照打卡,通过朋友圈等自媒体进行传播,使得国创园的知名度得到很好的提升。

表 2.1　国创园特色景观与景点

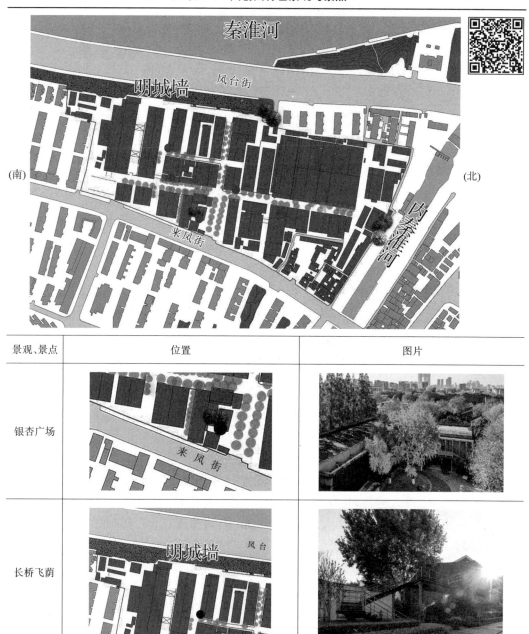

景观、景点	位置	图片
银杏广场		
长桥飞荫		

续表

景观、景点	位置	图片
时光轴		
舵手红墙		

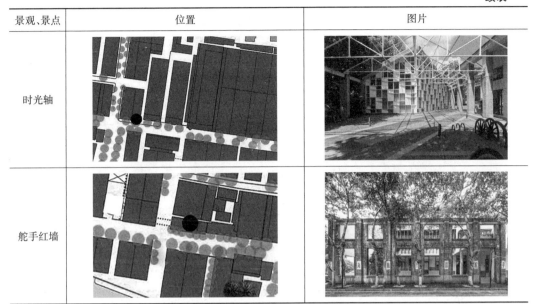

（2）社会情感归属

工业遗产作为普通人生活的记忆具有社会价值，并且提供了非常重要的文化认同感。在制造、工程、建造的历史上具有技术和科学的价值，同时也包含其建筑、设计或规划品质中相应的美学价值。这些价值是遗产地本身固有的价值，即建筑组成、生产部件、机械和布局等，或展示在工业景观中，或记录于书面文档中，或包含在人类记忆与习俗的非物质记录中。

本书采访了国创园的老员工瞿伟（53 岁，1988 年入职二机厂，2015 年 6 月入职国创园）、韦健军（54 岁，1987 年入职二机厂，2016 年 1 月入职国创园）和徐金磊（56 岁，1984 年入职二机厂，2014 年 1 月入职国创园），他们纷纷表示自己家里几代人都在这里工作和生活，这里对于他们而言，不仅是一个厂房的工业遗产，而且是他们的整个青春，他们从年轻到年迈，整个青春都给了这里，所有的人生大小事都在这里发生，这里已经融入他们的生命，不可切割：

徐金磊表示现在每次来到来凤街的时候，都会回忆起当年厂里下班的场景。当时厂里有四千多人，一下班外面道路两边都交通堵塞，场面十分壮观，尤其是每年的元宵节去夫子庙参加花灯比赛的时候，整个厂里的人都会出动，那人山人海的场面依旧历历在目。韦健军说："现在厂里保留的那些工业产品和设备，其中还有自己制作出来的产品，每次看到都会想起曾经的岁月，自己手工操作，原料—加工—组装—成品一条龙的机械加工，现在都能回想起车钳铣刨镗磨一套流程。"韦健军和徐金磊表示看到 20 号楼南面底楼保留的机床设备时，仿佛依稀闻到当年自己身上的柴油味。他们回忆起自己当时做加工，搞得自己满身的柴油。当时他们还都是年轻小伙子，手上也都是柴油，想了很多方法也没洗掉，比如当时用木屑和肥皂混合洗手，也没洗掉。韦健军回忆起当时做加工的时候厂里都不能戴手套,曾经有人戴手套,然后手被机器卷进去了,整个手臂的筋都给抽掉了,当时的女同志们不留长头发,都怕头发卷进去。瞿伟表示现在看到以前的厂房,想起自己在里面工作的日子,尽管当时环境比较艰辛,但只要领导一声令下,大家齐心往上冲,有着几天几夜不回家的干劲。至今想起都热血沸腾,仿佛自己还是当年二十几岁的小青年。他们表示当年年轻人只要在这个厂里工作,娶亲都比别人容易,在当时,二机厂工人的身份是十分令人自豪的。直到现在,他们每每谈起过去的日子,都是意气风发,荣誉感十足。

改革开放后,计划经济的时代结束了,在大环境的背景下,工厂逐步转型。三位老员工现在都是干的临时工的活,但是能在这个厂里继续工作,还能和以前的老同事继续共事,心中还是欢喜的。徐金磊说起多年不见的老同事从国外回来,看到原来的厂区改造后焕发新的生命,激动得潸然泪下。他们老一辈们在这里寄托了很深厚的情感。

几代人在此生活和工作,形成了稳定的社区结构,成为南京现代城市史中重要的记忆承载场所。其独特的产业社区、园区社群、主理人联盟以及完善的社区配套,使得国创园成了南京的名片之一。厂区内公共设施的广泛设置、居住条件的提升和平等化是一种乌托邦式的、集体主义的对普世劳动者的关怀和尊重。工业遗产比较特别的地方在于它和它的工业文化与员工之间的强烈联系——不像一般的公共建筑自带的社会性集体记忆,某个工厂的员工在其自我身份认知上是无法离开"某某厂员工"的。这些老员工本身就是国创园工业遗产体系的一部分,他们所携带的记忆也是工业遗产的非物质记录。

国创园从制造到创造的新型转变过程,正是近现代民族工业的真实写照,其工业遗产的留存、物质遗产的传承,见证了工业的发展变迁。

6)文化价值

建筑遗产是某种情感、理念、信仰、境界等观念形态的载体,作为一种文化符号,被赋予了相对恒久的意义,具有文化象征价值。国创园文化价值主要体现在厂区生活文化方面。新中国成立后,群众性文化娱乐活动蓬勃发展。从20世纪50年代开始,二机厂先后组建了篮球队、足球队、乒乓球队、羽毛球队、象棋队、桥牌队、锣鼓队、划船队、钓鱼队、文艺宣传队等文体队伍,其水平在当时的南京也比较出名。其中篮球队在市级比赛中多次获得冠军,群众性的业余剧组编排的《沙家浜》多次在厂区内表演并获得好评。"广陵派"第十一代宗师梅曰强先生也在当时的二机厂工会做过统计及美术工作。随着二机厂的发展,宿舍、浴室、食堂、幼儿园、医院、技工学校、游泳池、舞池等生活设施逐渐完善,工友们的娱乐生活日趋丰富多彩。

1970年代后期,二机厂还成立了厂体协,担负组织全厂群众性文体活动的任务。厂体协通过全厂比赛,选出优秀运动员组成代表队去参加省、市、区的比赛,取得了良好的成绩,如乒乓球队在1983—1985年连续三年荣获市"跃进杯"男女团体冠军。

元宵节闹花灯,二机厂每年都做好花灯去参展,当时花灯有"电光声"的要求,二机厂的灯笼连续三年第一,时任国家主席杨尚昆还与二机厂制作的虎灯合影。1984年二机厂还成立了俱乐部联合会,进一步加强体协的管理。当时每周都会在生活区的舞厅里举行周末舞会,全厂有三分之一的车间有活动室和小型卡拉 OK 室,每个部门每年都要组织职工利用节假日外出旅游,在外出时开展针对性趣味活动,陶冶性情、交流感情,增加企业凝聚力。二机厂的文体活动做到制度化、经常化、规范化,已经成为精神文明建设的重要组成部分,当时每年各部门的活动都有三四次,参加人数均在百人以上。如此丰富多彩的活动值得留恋,于是国创园延续了这些传统,连续多年作为南京夫子庙元宵节灯展的重要分会场举办地,并组织开展园区文化博览等活动。

2.1.2 综合价值评分标准与方法

评分标准是某一评估项目的某一指标的状况与分值的关系,表达的是某一评价指标达到某种情况时所应得的分值。评分标准应在评估前,由有关专家按照不同地区、不同建筑类型分别制定。此外,不同类型建筑遗产的同一指标的特点也会有所不同,如针对工业建筑需要关注其结构形式的独特性和鲜明性、建筑物主体结构的质量与安全状况等。

评分标准根据指标特点,再分成若干档,以便区分差异,而分多少档以及各档的标准由评估主体讨论决定。一般情况下,根据操作的便利性以及是否有利于将评估价值客体区分出差异,一个指标分作三档到四档不等。最后根据打分结果与评估体系,判断出某一价值客体在同一类价值客体中的地位。

基于成熟的历史建筑综合价值评估体系,以国创园为研究对象,制定一套简单易行的工业遗产价值评估体系。本次价值评估以六大价值类型为基本价值体系因素层,通过德尔菲法(专家咨询法)建立整个因子层、选项层与分值体系(详见表 2.2)。

评估步骤主要包括:

(1) 由评估技术人员确定参加评估人员,人员要尽量有代表性,一般由政府相关职能部门人员、有关专家学者及与评估项目有利益关系的居民代表组成;

(2) 由评估技术人员介绍评估目的,发放评估表,解释评估表的使用,着重解释评估表中评价指标和评价标准的含义;

表 2.2 工业遗产综合价值评估体系

因素层	因子层	选项层	分值区间范围	备注
历史价值	始建年代	明代及以前	20～28	
		清代	18～22	
		清末与民国前期	12～16	
		民国中后期	10～15	
		解放后	5～10	
	相关历史人物与事件	全国知名人与事	10～15	
		地方知名人与事	5～10	
		一般人与事	3～5	
	反映地方文化特色与历史背景的程度		2～12	

续表

因素层	因子层	选项层	分值区间范围	备注
科学价值	建筑结构的合理性与独特性	合理性较高	5～7	
		有一定的合理性	3～4	
		合理性一般	0～2	
		独特性较高	5～7	
		有一定的独特性	3～4	
		独特性一般	0～2	
	建筑材料的合理性与独特性	合理性较高	5～6	
		有一定的合理性	3～4	
		合理性一般	0～2	
		独特性较高	4～5	
		有一定的独特性	3～4	
		独特性一般	0～2	
	建造工艺	工艺水平较为突出	3～5	
		有一定的工艺水准	1～3	
		工艺水平一般	0～1	
艺术价值	空间布局	艺术特征明显、具有较高的艺术美感	8～10	
		具备一定的艺术特征	5～8	
		艺术特征一般	0～3	
	整体造型	艺术特征明显、具有较高的艺术美感	5～8	
		具备一定的艺术特征	3～5	
		艺术特征一般	0～2	
	细部工艺	艺术特征明显、具有较高的艺术美感	5～8	
		具备一定的艺术特征	3～5	
		艺术特征一般	0～2	
环境价值	在城市环境中的协调性	较为协调	3～5	
		一般协调	2～3	
		略不协调	−1～0	
		明显不协调	−3～−2	
	内部景观配置	好	3～5	
		较好	2～3	
		一般	−1～0	
		较差	−3～−2	

续表

因素层	因子层	选项层	分值区间范围	备注
社会价值	社会影响力	好	11~15	
		较好	7~10	
		一般	4~6	
		较差	0~3	
	社会情感归属	好	11~15	
		较好	7~10	
		一般	4~6	
		较差	0~3	
文化价值	反映文化传承	好	11~15	
		较好	7~10	
		一般	4~6	
		较差	0~3	

（3）在评估技术人员的指导下，请参加评估的人员对评估项目进行试打分，掌握评估表使用方法后，再开展全面的现场打分工作；

（4）现场评估结束后，立即回收评估表格，以便进行数据计算。

其中，我国的建筑遗产综合价值评估通常是以地方政府、当地居民等群体为价值主体的。在实践中，不同的价值主体有着不同需求。由于需求不同，评估标准也就不同，也会直接导致评估结果的不同。

在国创园综合价值评估实践中，邀请了评估项目所在地的区政府、街道办事处、社区的工作人员，当地居民代表，相关投资开发公司的代表，以及市、区两级文物、城建、规划方面的管理人员和专家。体现出广泛代表性，尽量避免以个人或小团体的需求代替社会群体的需求而导致结果偏差，且需要提醒其评估思维不能仅局限于当代人群的需求，要扩展到未来的需求广度上。

2.1.3 综合价值评估结果

评估结束后，数据回收处理的步骤主要包括：

（1）及时回收评估表，当场检查有无明显漏填或误填；

（2）去除无效评估表后，逐份登记与统计；

（3）计算每个评估项目的综合价值得分，得到价值排序表；

（4）参照同类建筑遗产得分标界分值，进行分级统计。

国创园基址的历史价值、科学价值、艺术价值、环境价值、社会价值以及文化价值分析详见前节。最终，关于国创园综合价值分值如下（见表2.3）

表2.3 国创园综合价值分值及评估结果表

名称	历史价值	科学价值	艺术价值	环境价值	社会价值	文化价值	综合分值
国创园	24	10	21	8	16	12	91

工业遗产综合价值评估就是对工业建筑的外在效用价值进行衡量排序的过程,是用量化手段将人类主体对客体事物的普遍认知度反映出来。这种社会普遍认知度也会因众多外界因素的影响而产生变化。评估结果就是全面考虑各因素的影响程度,综合反映出不同的工业遗产对人类主体的效用价值高低。工业遗产综合价值评估是一项多角度、多方位的复杂工程。

2.2 可利用性评估

2.2.1 建筑遗产可利用性评估的定义及意义

后工业时代背景下,社会经济转型和产业结构调整使越来越多的工业厂房、旧工业区面临转型更新的要求。在此过程中,如何留住曾经辉煌的工业时代记忆,如何实现功能转型提升与活力赋能,如何实现工业建筑向复合建筑、工业区向生活区的转变,是亟待解决的问题与挑战。通过建立工业遗产可利用性的评估体系,了解现存工业遗产的使用状况,并对其可利用潜力进行客观量化评价,使其作为工业建筑遗产合理利用的依据和选择,进而可以作为判断其保护等级与利用优先级的重要依据,充分发挥其在现代生活中的作用。

根据建筑遗产可利用性分级,可以将潜力大的建筑作为规划中的重点进行改造和利用。从利用的角度进行功能延续或赋予新功能,继而挖掘利用潜力,节省成本,保留历史街区原有的历史风貌,还原其丰富的功能属性,改善当地居民生活质量。

工业遗产的可利用性评估分析可划分为现状分析和潜力分析,应该遵循以下原则:

(1) 以建筑遗产保护为目标,以保护建筑遗产的真实性为基本要求。对建筑遗产可利用性进行判断时,结构安全性、基础设施完备性程度等是反映建筑本体现状保存状态的主要指标,是建筑遗产可利用性评估的决定性因素;

(2) 以保护建筑遗产所处环境的历史风貌为目标,保持与周边历史风貌相协调的建筑形式和风格,保护现存的街道格局、空间肌理和环境要素等,人们对这一地区的情感寄托是地区的生命力所在;

(3) 以地区持续发展为目标,对作为历史信息真实载体的建筑遗产进行保护,延续地区的传统风貌,满足人们的日常生活需求,适当引入商业等振兴经济,提升地区活力;

(4) 以合理引导使用者为目标,不同层级与类别的使用者或消费人群给地区遗产利用带来不同的社会经济效果,甚至影响城市区域发展方向,所以在利用改造的一开始就应给予合理定位、宣传、鼓励和限制等。

2.2.2 二机厂国创园改造利用概况

国创园平面图见图 2.11,园内建筑的可利用现状调研汇总见表 2.4。

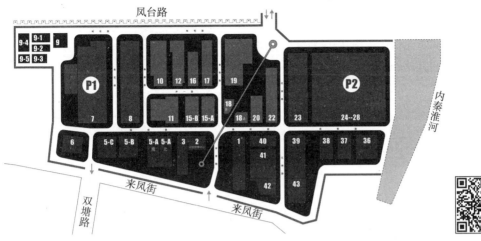

图 2.11 国创园平面图

表 2.4 国创园建筑可利用现状调研汇总表 (时间:2023 年)

楼号	建筑现状			建筑使用情况	配套基础设施
	利用原有建筑	利用原有结构	利用原有屋顶		
1#	✓	✓	✓	办公功能	警卫、保洁
2#	✓	✓	✓	展示(办公)	警卫、保洁
3#	✓	✓	✓	办公功能(原厂办公楼)	警卫、保洁
5A#	✓	✓(内部加建)	✓	商业功能	警卫、保洁
5B#	✓(外部加建)	✓(内部加建)	✓	商业功能	警卫、保洁
5C#	✓	✓	✓	商业(超市)	警卫、保洁
6#	×	×	×	新建,商业办公	警卫、保洁
7#	✓	✓(内部加建)	✓	总部办公	警卫、保洁
8# (历史建筑)	✓	✓(内部加建)	✓	总部经济	警卫、保洁
9#(多栋)	×(部分重建)	✓	✓	基础服务、商业	警卫、保洁
10#	✓(拆除新建)	✓(拆除新建)	✓(拆除新建)	办公功能	警卫、保洁
11#	×(只保留山墙)	×	×	办公功能	警卫、保洁
12#	✓(保留)	✓(内部加建)	✓	办公功能	警卫、保洁
15A#	✓(外部加建)	✓(内部加建)	✓(部分后建)	办公功能	警卫、保洁
15B#	✓	✓(内部加建)	✓	企业孵化	警卫、保洁
16#	✓	✓(内部加建)	✓	办公功能	警卫、保洁
17#	✓	✓	✓	办公功能	警卫、保洁
18#	拆除新建	部分新建	部分新建	文化展示	警卫、保洁

楼号	建筑现状			建筑使用情况	配套基础设施
	利用原有建筑	利用原有结构	利用原有屋顶		
19#（历史建筑）	✓	✓（原基础上加建）	✓	办公、文化展示、活动厅	警卫、保洁
20#	✓（部分拆除）	✓	✓（部分拆除）	企业孵化	保洁、设备间
22#	✓	✓	✓	办公、文化展示	警卫、保洁
23#	✓	✓（内部加建）	✓	办公功能、商业配套	警卫、保洁
24#	✓	✓	✓	办公功能、商业配套	警卫、保洁
25#	✓	✓	✓	立体停车、办公功能	保洁、警卫
26—28#（历史建筑）	✓	✓（内部加建）	✓	立体停车、办公	警卫、保洁
36#	✓	✓	✓	总部经济、服务功能	警卫、保洁
37#	✓	✓	✓	总部经济、服务功能	警卫、保洁
38#	✓	✓	✓	办公功能	警卫、保洁
39#	✓	✓	✓	办公功能	警卫、保洁
40#	✓	✓	✓	办公功能	警卫、保洁
41、42#	×（正在重建）	×	×	文化展示、商业	警卫、保洁
43#	✓	✓	✓	综合服务	警卫、保洁

2.2.3 国创园的可利用性评估

（1）园区概况

国创园位于南京市秦淮区，主城区西南部，内外秦淮河交界处，与水西门一同作为老城区的西门户（图 2.12）。国创园功能定位以创意办公为主，登记建筑面积 50 924.59 平方米，改造后厂区总建筑面积 68 341.06 平方米，项目地块目前建有 40 余栋厂房、办公建筑。园区西侧紧邻明城墙，环境优雅别致；东侧为来凤街，历来都是繁华的商业和居住区；北侧为回龙街，紧邻秦淮河支流，景观价值潜力巨大；南侧与居民区连接。目前厂区已经完成更新改造，大部分建筑修缮后主要作为办公、企业孵化、商业配套、文化展示等，部分大开间厂房作为停车场使用。国创园的道路系统主要沿用了原二机厂的道路体系，主次出入口的位置也未做改变。另外，对场地内具有历史意蕴的古树和工业遗产构筑物进行了保留处理。二机厂也于 2017 年被认定为南京历史风貌区，其中有 5 幢建筑物（8 号楼，19 号楼，26—28 号楼）被列入南京市工业遗产类历史建筑名录。

（2）交通状况

国创园设计为一个开放式园区（图 2.13），有多处出入口，与外界联系密切，通达性强。改造后的园区车行系统为环形系统与树状结构道路相结合的方式，考虑到园区与明城墙相邻，围绕北部原大厂房片区形成交通环路，靠近明城墙区域依据园区现有道路形成树状结构道路，结合消防需要和功能需求新增机动车道路及回车场地。园区设置了两个

图 2.12 国创园概况图

停车区域,一个是机械式停车区,一个是地面停车场地,使用者可以依据办公需要停靠于不同区域。每个停车场地服务半径控制在 50 米内,保证停车系统既满足功能需求,又满足便利可达性要求。

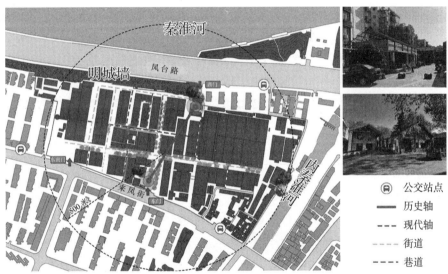

图 2.13 国创园道路、交通状况图

　　改造后的国创园实现部分人车分流,步行系统主要围绕 4 个主广场以及各个办公组团内部公共绿地展开。园区创造出更多的街巷和低层、屋顶开放空间,并将增加的竖向交通空间独立于建筑物之外,与室外步行系统结合,形成了立体的步行交通体系,使人们可以自由穿越室外街道和室内公共区域,并且可以利用竖向交通系统到达屋顶的开放平台。

　　(3)建筑现状

　　国创园在二机厂原有工业建筑基础上进行了更新改造。二机厂是新中国成立初期国内机床的顶尖生产厂家,厂区内建筑主要由生产车间建筑、办公建筑和生活区其他建筑构成。其中混凝土结构主要建于 20 世纪 70 年代至 21 世纪初,已经出现一定程度的碳化、裂缝、锈蚀等问题,使得构件耐久性降低;砖墙结构主要建造于 20 世纪 60 年代,材料性能已较原设计值降低。总体来看,原有厂房的建筑结构有不同程度的耐久性退化(图 2.14)。

　　根据建筑外墙体、结构以及屋架的不同状况,国创园在改造过程中进行了更新处理。

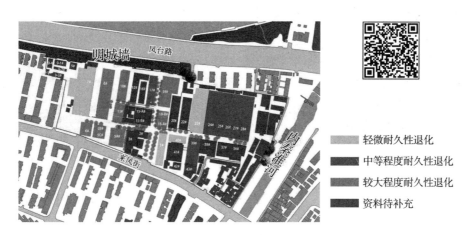

图 2.14 改造前结构耐久性价值评估

针对部分年代久远的建筑,由于无法利用原有建筑结构进行改造使用,所以将大部分建筑体拆除,只保留部分外墙体作为二机厂老厂房的历史见证。例如 11 号楼,是二机厂年代最久远的建筑之一(表 2.5),建于 20 世纪 50 年代,改造前建筑结构有较大程度的耐久性退化,屋架损毁严重,保留价值较低。改造后 11 号楼的原建筑主体基本被拆除,只保留了较完整的两面外墙体。在原位置进行重建,重建建筑与保留的墙体用构筑物相连,形成了原有部分完全脱离新建部分的现状,并建有垂直交通钢质楼梯、天桥穿插建筑内外。

表 2.5 11 号楼可利用性调研表格

国创园可利用性调研表格	
调研对象:11 号楼	调研时间:2023-12-24
区位	
总述:建筑完全新建,只保留原来建筑两面墙体	

建筑现状:原有建筑厂房的保留和利用情况	利用原有建筑	是	否✓	
	层数:3F	层高		
	柱	是	否✓	
	墙	整片墙	片段墙✓	
	结构体系	原有		
		新建✓	在原有基础上贴近	
			远离原有结构✓	
	屋顶	原有屋顶		
		后建屋顶✓	整片屋顶✓	
			屋顶意向	
	材质	砖石✓	混凝土✓	钢结构＋玻璃✓
建筑使用状况	使用功能定位	办公✓	商业✓	文创
		停车	其他	
	功能	面积 3 724 平方米	层数 3F	采光✓
		通风✓	层高/层	3.2 米
	配套	给排水	电力✓	厕所✓
		安全	电信✓	
交通状况	位置	距离东门	147 米	
		距离西门	248 米	
	对外交通的便利性	便捷		
	配套停车	停车位 40 个	停车场	

续表

配套基础设施	市政	园林绿化	面积	
		垃圾回收、处理√		
	公共安全	警卫	安保	其他
	公共服务	保洁√	其他	
情感因素	是否与历史衔接	保留老建筑片段墙体,形成了对历史的见证		
	是否满足人的精神需求	是		
	使用者的认可度	使用者对该建筑的改造持满意的态度		

针对建筑结构耐久性退化程度较低且屋架保留价值较高的这一部分建筑,其结构、外墙体和屋顶基本完整保留。根据改造后建筑在使用上的需求,只在内部空间进行装修改造,其中大部分建筑内部进行了承重结构加建,将内部空间改建为两层,形成适宜的3.5～4米层高的办公空间,扩大了建筑的可使用面积。还有部分原建筑只存在局部的损坏,或者在功能上需要扩大其内部空间,这类建筑在保留大部分结构、外墙和屋顶的基础上进行了部分加建扩建,使建筑在外形上保持完整性,构成新旧建筑融合的整体形象。

(4)建筑使用状况

通过更新改造,国创园的功能主要有七大部分,分别为技术服务区、综合服务区、艺术展示区、配套商业区、创业孵化区、企业加速区、总部经济区(图2.15)。其中技术服务区和综合服务区主要是国创园运营管理部门,基本上沿用了原有的办公建筑,内部空间未做过多改动。总部经济区主要集中在7号、8号、26号、27号、28号、36号、37号、38号楼,

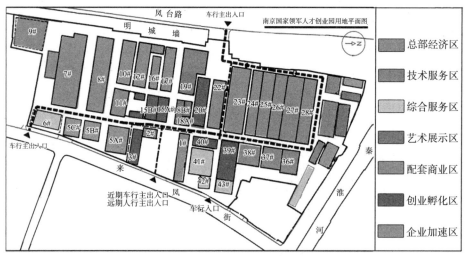

图2.15 国创园各建筑功能示意图

其中 26 号、27 号楼作为大型厂房,内部空间高达 10 米,在对加建架构拓展办公空间的同时,一层改造为垂直停车库,以容纳更多的车辆。企业加速区和创业孵化区,租给建筑设计、摄影等创作设计类公司用于办公和创业,这类企业的进驻也为国创园增添了新鲜的现代文化血液。配套商业区主要沿来风街分布,同时服务于园区内外人群,为商务活动、观光、摄影人群提供休憩和餐饮场所。艺术展示区是园区历史的凝结,内部展示了二机厂的历史沿革、重大历史事件和重要成就等,是展现二机厂历史文化的中心。国创园的更新改造不但提倡产业的多样性,也给不同建筑赋予了新的功能,融合形成了以办公空间为主,展览、餐饮服务和文化设施为辅的创意型综合型办公园区。

就建筑类型来说,功能的注入是根据内部空间的形势特点进行划分。大部分大型生产车间整栋建筑包括建筑结构框架都予以保留。大型生产车间由于层高可以采用垂直停车体系,其一层改造为停车场;小型车间对内部空间进行适用改造,增加可使用面积;部分建筑内部改建两层。目前的使用者主要包括建筑设计公司、摄影公司、餐饮店、餐厅等。二机厂的原办公建筑更新修缮后基本上都沿用了原有立面,但承重结构进行了重新置入。

本书对改造后的使用者满意度进行了专项调研。82.8% 的使用者认为,再利用的二机厂工业建筑本体满足了日常的光照和通风要求,有较好的建筑物理环境(图 2.16)。

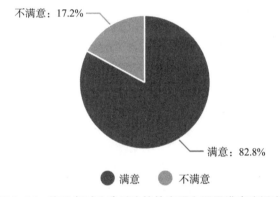

图 2.16 使用者对改造后建筑的光照和通风满意度调查

更新改造之后,二机厂的建筑风貌在一定程度上得到了更新,并改变了原来老旧的现状,加之现代元素的融合,使国创园成为充满现代设计感的新型园区。

本书以"是否认同国创园内历史底蕴的延续、国创园内是否满足情感寄托和情感需求、是否会选择来国创园进行休闲活动"三个问题设置调查问卷,调研对象为国创园周边居民、国创园使用者和前来观光游玩的人群。

经调研发现,受访者 95% 以上认为国创园改造很好地延续了二机厂的历史底蕴;经现场访谈,绝大部分附近居民或原二机厂老员工们都认为,当下国创园风貌现状满足了他们对于二机厂的情感需求,产生了强烈的历史共鸣。有近八成的受访者会将国创园作为休闲活动的选择。具体的调查统计结果见图 2.17。

(5)配套基础设施

本书对国创园的相关人群以投放调查问卷小程序的方式,进行了较大基数的问卷调研和整理(图 2.18)。

是否认同历史底蕴延续情况
否:3.4%
是:96.6%
● 是 ● 否

是否满足情感需求情况
否:6.9%
是:93.1%
● 是 ● 否

是否来国创园进行休闲情况
否:20.7%
是:79.3%
● 是 ● 否

图 2.17　使用者的情感因素调查统计图

国创园可利用价值调查问卷

* **01** 您认为改造后的国创园是否延续了原来的历史底蕴?

　○是　　　　　　　　○否

* **02** 觉得改造之后的国创园是否满足了适应需求?

　○是　　　　　　　　○否

* **03** 您对改造之后的国创园在整体上是否满意?

　○是　　　　　　　　○否

* **04** 是否会选择国创园来进行休闲娱乐活动?

　○是　　　　　　　　○否

* **05** 您在国创园工作的过程中,认为您所在的建筑是否满足采光通风?

　○是　　　　　　　　○否

* **06** 您在使用该建筑的过程中,认为以下哪些配套设施满足使用需求?

　多项选择,没有满足使用需求的,请简述存在的问题

　【多选题】

　□排水
　□电力
　□厨厕
　□安全
　□电信
　□其他

* **07** 抵达的过程中,您所在的建筑是否对外交通便利?

　○是　　　　　　　○否

* **08** 在接下来的发展中,您期望对现有建筑的功能有怎样的规划?

　【多选题】

　□延续原来的功能
　□改变为新的功能
　□其他

* **09** 您觉得国创园接下来有哪方面的发展潜力?【多选题】

　□商业体闲娱乐中心
　□高端餐饮中心
　□多功能办公区
　□其他

* **10** 您的职务是

　　　　　　　　　　　　　　　　　

* **11** 您的性别是

　○男　　　　　　　　○女

* **12** 您的年龄是?

　　　　　　　　　　　　　　　　　

* **13** 您来国创园工作的时间?

　　　　　　　　　　　　　　　　　

* **14** 您家的位置是?【多选题】

　□国创园附近
　□南京市
　□其他市区
　□外省

图 2.18　调查问卷表

国创园目前基础配套设施相对齐全,基本满足基本使用要求。园内占比最大的办公建筑都有完备的配套设施,包括相应数量的卫生间、保洁人员、供员工日常餐饮的食堂,以及垃圾回收处理设施等。另外,配有停车场的建筑一般都有警卫安保管理人员,其他建筑诸如商铺、展示建筑都配有足够的卫生间和保洁人员。国创园公共场所的监控、配电设施集中设置在 20 号楼内,20 号楼主要承载整个国创园的后勤管理职责和任务。

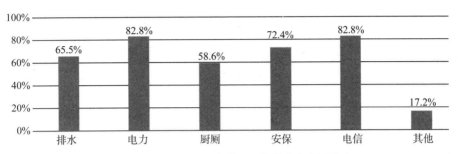

图 2.19 使用者对配套基础设施的满意度调查表

由图 2.19 看出,82.8%的使用者对国创园建筑的电力、电信配置表示满意,72.4%的使用者和 65.5%的使用者对园区内的安保和排水系统感到认可,58.6%的使用者认为国创园内部餐厨等配置仍有待提升。

(6)发展规划

国创园目前的功能定位为以引进国家领军性创新型创业人才为重点,以培养发展"面向世界、辐射全国、引领未来"的创新型经济实体为宗旨的创业办公园区。通过问卷的形式调研周边人群和内部办公人员发现,69%认同并希望国创园能延续现在的功能,即以创业办公空间为主体,配有辅助餐饮空间和文化展示空间的开放园区。部分人群希望国创园发展为高端餐饮中心和商业休闲娱乐中心。配合国创园的未来招商发展预期规划目标,"在为项目确立科技、文化为主体产业引导下的发展前提,其中科技企业以软件与电子商务为主,文化类企业以传媒和设计为主,在此基础上制定相匹配的定向招商策略,寻找最直接的企业来源",在未来发展中,可以在主体办公空间的基础上加以配套的休闲娱乐和餐饮功能,打造集办公、休闲、餐饮于一体的高端多功能园区。

2.2.4 国创园的可利用性评估结论

(1)根据实地调研,进一步了解了国创园工业遗产的使用现状,为全面地对国创园内建筑的可利用性进行准确评估,以下采用了东南大学朱光亚教授《建筑遗产保护学》[①]中列举的可利用性评估体系,详见表 2.6。

① 朱光亚,等.建筑遗产保护学[M].南京:东南大学出版社,2019

表 2.6　建筑遗产可利用性评估指标体系

序号	因素层	说明	因子层
1	建筑保存情况（房屋结构安全性）	房屋质量安全情况、修复情况、修复时间等。以木结构为主的中国传统建筑可利用性评估指标体系和以砖石结构为主的近代建筑可利用性评估指标体系	房屋结构安全性（建筑质量状况）
			修复维护情况
			修复时间
2	建筑修缮状况	建筑形成后，历史上是否有过翻建、改建、重大修缮以及重大装饰装修，这反映了建筑存续的历史记录，特别是近十年	
3	使用状况（功能状况）	建筑延存至今的原始功能的完整性与真实性。评判房屋使用功能、基础设施的指标。房屋使用功能包括面积、层高、采光、通风等；基础设施包括给排水、电力、电讯、厨厕、安全措施等因素。表现为功能状况能直接反映出房屋所在地区和房屋使用者的生活质量和水平	建筑原始功能的完整性与真实性
			使用功能及配套保存情况
			现状使用情况
4	交通状况	现有的交通格局及其便利与否，直接关系到建筑遗产保护的价值和再利用的灵活性	对外交通通达度
			公共交通便利度
			配套停车设施
5	配套因素	与功能相关的基础配套、公共安全设施、公共服务配套设施的完善程度	市政配套设施完善度
			公共安全配套设施完善度
			公共服务配套设施完善度
			与区域功能配套的设施或环境完善程度
6	情感因素	这是一种人们自发的、出自内心的对历史和传统的怀念与继承。成为群体共有的情感趋向	
7	实用价值	建筑遗产作为物质实体而具备的实际功能，即表现为在遵循建筑使用功能文化属性的前提下，通过创造性再利用，赋予建筑新的功能，为人类特定的活动提供室内外空间的能力；规划对功能使用的限制，是否能改造	建筑产权复杂程度
			规划对功能的限制
			功能发展潜力
			对商业化的管理措施

（2）根据建筑遗产可利用性评估指标体系，制定了工业遗产使用价值评估指标的评分标准体系，详见表 2.7。

（3）本书根据前期对国创园的调研结果，结合评估指标标准表，进行了针对性的研究与打分，对其可利用性使用价值进行评估，详见表 2.8。

表 2.7　工业遗产使用价值评估指标体系

因素层	因子层	选项层	分值区间范围	备注
使用价值	近代工业遗产保存现状（安全性）	原貌基本保存完好	4～10	
		改造后保存完好	0～7	
		建筑损坏较大	−7～0	
		濒临坍塌	−10～−7	
	历史修缮情况	近年经过翻建、改建	0～5	
		近年经过重大修缮	−5～10	
		近年经过重大装饰装修	−5～5	

续表

因素层	因子层	选项层	分值区间范围	备注
使用价值	近代工业遗产使用现状	正常使用、现有功能合适	2~5	
		正常使用、现有功能不宜	-4~-2	
		空置	-2~0	
	规划使用功能	调整使用功能	-3~0	
		保留原有功能	1~2	
		改为展示功能	0~1	
	基础设施与公共配套设施	较为便利	5~8	
		正常无影响	0~2	
		对使用有影响	-5~0	
	交通便捷度	较为便捷	2~5	
		正常无影响	-2~0	
		对使用有影响	-4~-2	
	停车状况	多个停车位	2~5	
		一个停车位	0~2	
		无停车位	-5~-2	
使用保护限制或鼓励条件	历史地段保护规划对使用限制	历史地段整体保护限制对其影响	-3~0	
		环境风貌限制	-3~0	
	产权与使用限制或鼓励	使用功能限制或鼓励	-3~3	
		产权人或使用人的相关限制或鼓励	-5~5	

表 2.8　国创园工业遗产可利用性(使用价值)评估表

名称	保护级别	保存状态	使用功能	社会影响力	文化属性	综合分值
南京国家领军人才创业园	南京市工业遗产类历史风貌区	优	综合性创业园区	较强	办公/创业	19

　　根据综合价值、可利用性分级两个评估结果,综合得出工业遗产项目的保护等级分级,作为工业遗产保护利用的依据。另外,根据工业遗产可利用性分级,可将再利用潜力大的建筑加以重点改造和利用。这不仅保护了近代工业遗产,延续了地区原有传统风貌,还有利于丰富地区功能,改善人民生活质量。

2.3　管理评估

2.3.1　建筑遗产管理评估的定义及意义

　　2015 年版《中国文物古迹保护准则》中提出,对文物古迹的评估包括现有的保护和管理措施是否能够确保文物古迹安全,可见遗产保护的管理评估与其本体的安全性有着直接关联。因此,遗产管理评估作为价值评估体系中不可或缺的组成部分,其重要地位愈加凸显，须积极创新和不断实践，以适应新形势下建筑遗产保护发展的需求。无论是《中华人民共和国文物保护法（2017年）》《中国文物古迹保护准则（2015年）》，还是《实施〈世界遗产公约〉操作指南（2017年）》，其中都涉及了多项对于建筑遗产的管理办法和要求。例如，建立相应的规章制度，每一处遗产都应有适宜的管理规划或其他有文可依的管理体制；对遗产定期维护，保障其安全，及时消除隐患，建立规划、实施、监测、评估和反馈的长效循环机制；确定保护范围和建设控制地带，控制保护范围内的建设活动，划定边界是进行有效保护的核心要求；培养高素质管理人员，并由使用人或所有人负责专业的修缮、保养；提供高水平的展陈和价值阐释，挖掘多种形式的、现有和潜在的利用方式，提高所在社区的生活质量；保证必要的经费来源；资源配置和定期评估；等等。

为促进工业遗产保护利用，建立科学化、规范化的工业遗产保护利用机制，工信部颁布的《国家工业遗产管理暂行办法（2018年）》规定，所有权人承担加强国家工业遗产保护的主体责任，应当设置专门部门或由专人监测遗产状况，划定保护范围，保持遗产格局、结构、样式和风貌特征，采取有效措施保护遗产的核心物项；应当在遗产区域内设立标志及相应的展陈设施，宣传遗产的重要价值、保护理念、历史人文、科技工艺、景观风貌和品牌内涵；应当建立完备的遗产档案，配合工信部建立和完善国家工业遗产档案数据库；应当按要求及时向相关部门或单位提交遗产保护利用年度工作报告，对遗产核心物项损毁等重要情况应在30个工作日内按程序提交报告；等等。

《江苏省工业遗产管理暂行办法（2019年）》中指出，江苏省工业遗产管理主要涉及遗产保护、利用以及相关管理工作，坚持政府引导、社会参与，保护优先、合理利用，动态传承、可持续发展的原则；工业遗产所有权人应当在遗产区域内醒目位置设立标志，且应当在不影响原遗产核心区风貌的前提下，在遗产区域内设立相应的展陈设施，宣传遗产重要价值、保护理念等；鼓励各地将工业遗产保护利用纳入政府相关规划，并通过设立专项资金（基金）等方式支持日常保护和利用；工业遗产应定期由专业部门或专人监测保护状况，确保核心物项不被破坏；建立完备的遗产档案，记录其保护、收集、维护修缮、开发利用、资助支持等情况。

南京市规划局委托东南大学城市规划设计研究院、南京市规划设计研究院有限责任公司、南京工业大学建筑学院共三家单位联合编制《南京市工业遗产保护规划》（宁政复〔2017〕11号）获市人民政府批准。规划按照"找出来、保下来、活起来"的工业遗产合理保护和发展利用总体思路，从综合价值、格局与风貌、工业建筑、再利用潜力四个方面进行打分评估（图2.20），选取了40处工矿企业，将其纳入《南京历史文化名城保护规划（2010—2020）》并进行分类保护（依次为历史文化街区、历史风貌区和一般历史地段）。其中，国创园所在二机厂为新增的6处历史风貌区之一，在保护管理措施上，要求重点保护整体格局和传统风貌的延续；保护更新方式宜采取小规模、渐进式，不得大拆大建；注重工业遗产技艺的保护。将二机厂8号楼、19号楼厂房，26—28号楼大厂房列入《南京历史建筑（工业遗产类）保护名录》。

综上，目前关于建筑遗产管理要求主要包括以下内容：

（1）建立完善的保护规划；

（2）建立完善明确的管理制度；

（3）建立各利益方协调与沟通机制；

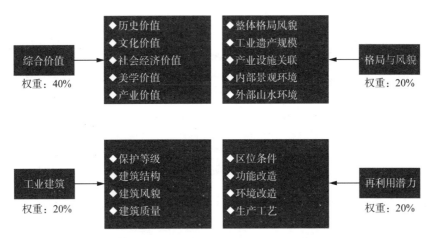

图 2.20 南京工业遗产价值评估体系（图片来源：《南京市工业遗产保护规划》）

（4）划定保护区划、设立保护标志、设立保护机构或专人负责、完善记录档案；

（5）对保护区划内外的活动有效监督与执行；

（6）建立高素质的管理人员队伍，继续培训教育；

（7）提供展示宣传、价值阐述或其他合理利用机制等；

（8）提供必要的经费保障；

（9）定期检测与报告。

2.3.2 国创园的管理现状

（1）建筑保护规划

2017 年南京第二机床厂被市政府认定为"南京市历史风貌区"，其中 8 号楼、19 号楼、26—28 号楼三处老厂房被认定为"南京市工业遗产类历史建筑"。南京市政府《关于公布南京市工业遗产类历史建筑和历史风貌区保护名录的通知》中指出，规划、文物、房产、国土、工信等部门应根据各自职责制定保护与利用的鼓励、激励措施，调动工业遗产所有人、使用人、管理人保护与利用的积极性和主动性；各级宣传部门应加强对工业遗产保护与利用的宣传，增强全社会保护历史文化名城的意识。

《市政府关于公布南京市工业遗产类历史建筑和历史风貌区保护名录的通知》（宁政发〔2017〕68 号）中指出，各区政府及工业遗产所有人、使用人、管理人应当加强对工业遗产的保护和利用，做好工业遗产的测绘建档、挂牌展示工作。在企业转产、改制或者拍卖、置换资产等过程中，应当将工业遗产的保护要求写入，充分发挥工业遗产在我市历史文化名城保护中的积极作用。

国创园目前已为被认定为"南京市工业遗产类历史建筑"的三处老厂房设置了专门的保护标志（图 2.21）。

（2）管理制度

二机厂应当建立完备的遗产档案，记录国家工业遗产的核心物项保护、遗存收集、维护修缮、发展利用、资助支持等情况，收藏相关资料并存档。工业和信息化部负责建立和

| (a) 8号楼保护标志 | (b) 19号楼保护标志 | (c) 26—28号楼保护标志 |

图 2.21　国创园历史建筑标志

完善国家工业遗产档案数据库,由二机厂改建的国创园应当予以配合。

工业遗产应划定保护区划、设立保护标志、设立保护机构或专人负责、完善记录档案。对于园内重要的工业遗产建筑,国创园应当在遗产区域内醒目位置设立标志,内容包括遗产的名称、标识、认定机构名称、认定时间和相关说明。国家工业遗产标识由工业和信息化部发布。

建立专门的工业遗产管理部门,定期进行工业遗产保护知识的培训,对国创园工业遗产有定期的检查和质量现状情况评估,确保工业遗产得到合理的再利用,并保证园区历史风貌不会被破坏。

(3) 展示、宣传、价值阐述或其他机制

国创园应当在遗产区域内为重要的工业遗产零部件设立相应的展陈设施,宣传遗产的重要价值、保护理念、历史、人文、科技工艺、景观风貌和品牌内涵等。

国创园 19 号楼设置了创意研发中心,有多功能秀场、公共阅览区、咖啡休闲区等不同规模和空间特点的功能组团,提供多样的工业遗产交流展示的机会;1 号楼北侧配有信息广场。当有大型展览活动时,室内大型秀场和室外休闲广场共同构成宣传展示空间,人们穿梭其间,在历史的沧桑之下感受时尚的气息。

(4) 定期监测与报告

国创园委派专人监测遗产的保存状况,划定保护范围,采取有效保护措施,保持遗产格局、结构、样式和风貌特征,确保核心物件不被破坏。国创园在完成对二机厂的更新改造之后,暂未设立非常完善的工业遗产管理体系,在工业遗产保护上是一个欠缺,所以建筑遗产管理体系的设立是非常有必要的。

2.3.3　国创园的管理评估

2015 年版《中国文物古迹保护准则》将管理条件评估作为文物古迹评估的重要组成部分。在我国出台的与古建筑保护相关的法律法规中都有与管理机制相关的条款,在相关的规范性文件与技术标准中也有与管理条件评估相关的要求。

(1) 综合该方面研究成果,《建筑遗产保护学》中制定了建筑遗产管理评估指标体系,见表 2.9。

(2) 本书提出表 2.10 所示的近代工业遗产管理条件评估指标体系。评估的指标权重、分档原则可以通过与前述的评估体系类似的方法确定。

表 2.9 建筑遗产管理评估指标体系

一级指标	二级指标	说明
保护规划	保护规划的制定(有没有)	组织编制和实施建筑遗产保护规划,按规划实施保护工程,确保建筑遗产得到有效的保护
	保护规划的实施情况(执行没执行)	
	保护规划内容的完整性(内容全不全)	
管理制度	保护规章制度的制定情况	制定明确的规章制度,组织研究,协调各方利益,对建筑实施遗产保护、监测,接受社会监督
	是否有完善的研究体系	
	各利益方协调与沟通机制(建立相应机制,以有效吸纳并协调各类合作伙伴与利益相关方的活动;各利益方均透彻理解遗产价值)	
	社会监督机制(保护规划的公示、实施监督、意见反馈的公众参与机制)	
保护区划、标志、档案管理	划定保护区划	
	设立保护标志	
	完善记录档案	
保护区划内外活动的监督与执行	保护区划外的建设与其他活动的影响程度	
	保护区划内的建设与其他活动是否都能按制度进行	
	没有按制度进行的活动是否得到监督与纠正	
管理机构与人员	保护管理机构	
	管理专门人员	
展示、宣传、价值阐述、合理使用等机制	宣传与价值阐述	
	展示情况	
	保障与规范合理利用方面的规定	
保护经费	日常管理经费	建筑遗产的保护需要经费保障。管理者应做好建筑遗产保护项目储备,及时向各级政府申请保护经费,并争取社会团体、机构和个人为建筑遗产保护提供经费支持
	建筑遗产修缮和区域基础设施改造资金是否列入本级财政预算	
	经费来源的全面性	
	政府投入资金占比	
定期的监测与报告	是否对建筑遗产进行定期维护,保障安全;及时消除存在的隐患	定期评估保护规划实施效果,监测安全,及时发现并消除安全隐患。定期评估应根据规定的进度逐项评估
	是否有定期评估与监测	
	定期评估与监测出的问题是否能得到及时解决	

表 2.10 工业遗产管理条件评估体系表

准则层	说明	指标层	分值	选项与分值范围					
保护规划(12分)	组织编制和落实近代工业遗产保护规划,实施保护工程,监测安全,及时发现并消除安全隐患,确保近代工业遗产得到有效的保护,是管理工作的重要组成部分	保护规划的制定	5	近年有制定规划,清晰可行	4~5	有规划,制定时间较早或内容较粗略	0.5~4	未制定	0
		保护规划的实施	3	按规划准确实施	3	规划实施不够充分	0.5~2	基本未实施	0
		保护规划内容的完整性	2	内容完整可行	1.5~2	内容不够完整,未缺少重要内容	0.5~1.5	内容不完整,缺少重要事项	0
		保护规划的深度	2	针对对象情况有专业深入的说明	1.5~2	有一定的针对性说明,不够专业深入	0.5~1.5	没有针对性说明	0
管理制度(12分)	确定近代工业遗产保护的规划与目标,制定明确研究,组织机构,章制度,协调各方利益,实施工业遗产保护、监测	保护条例或办法的制定情况	4	当地有制定,明确分类分级	3~4	当地有制定,制定时期早或内容较粗略	0.5~3	当地未制定	0
		是否有完善的研究体系	2	有较完善配套研究机制,有专家组等	1.5~2	制定了配套研究机制,实际运作效果一般	0.5~1.5	未建立研究体系	0
		各利益方协调与沟通机制	6	建立了协调与沟通机制,机制细制规范有序 可行,运作规范有序	4~6	建立了协调与沟通机制,但实际运作不够顺畅	0.5~4	基本未制定或未实际运作	0
保护区划、标志、责任人、档案管理(9分)	划定保护区划,设立保护标志,设立保护机构或专人负责,完善保护记录档案	划定保护区划	3	明确划定,范围级别清晰	2~3	有划定,不够清晰	0.5~2	未划定	0
		设立保护标志	1	设立保护标志明确可识	1	设立保护标志,但不够清晰可识	0.5	未设立	0
		设立保护责任人	2	有设立,认真负责	1.5~2	有设立,但实际执行一般	0.5~1.5	没有保护责任人	0
		记录档案的完善	3	较为完善详尽	2~3	有,但不够完善,可以补充	0.5~2	不完善	0

续表

准则层	说明	指标层	分值	选项与分值范围		
对保护区划内外活动的监督与执行（11分）	保护区划内外的活动对近代工业遗产的影响	保护区划外的建设与活动的影响程度	5	有积极影响 4~5	基本无影响 0.5~4	有负面不利影响 0
		保护区划内的建设与活动是否按照制度进行	3	严格按照制度进行 2~3	存在一些不足 0.5~2	基本未按制度进行 0
		未按制度进行的活动是否得到监督与纠正	3	及时监督与纠正 2~3	监督与纠正存在缺陷 0.5~2	基本无监督与纠正 0
管理团队（13分）	建立高素质、专业的管理监督团队，并不断继续教育培训	建立管理团队（机构）	6	有合适的管理团队（机构）并认真运作 4~6	管理团队（机构）的建设与实行运作不够完善 0.5~4	基本无管理团队（机构）或未实际运作 0
		管理团队的专业结构	4	结构较全面 3~4	结构不够全面 0.5~3	结构单一 0
		继续教育培训	3	定期，内容专业合理 2~3	不定期或内容不够专业完善 0.5~3	基本没有 0
宣传、展示、价值阐述与利用机制（12分）	对展示性或功能性利用的综合判断，保障与规范其合理利用	宣传	4	有较好的宣传手段，效果良好 3~4	有宣传，内容简单或效果一般 0.5~3	基本无宣传 0
		展示与价值阐述	4	展示与价值阐述内容充分翔实 3~4	不予展示或展示与价值阐述不够充分 0.5~3	应予以展示，但没有运作 0
		保障与规范合理利用	4	利用合理 3~4	利用有改善余地，相关政策需要改进 0.5~3	未合理利用且无相关政策 0

续表

准则层	说明	指标层	分值	选项与分值范围					
经费保障（13分）	近代工业遗产的保护管理需要经费保障，做好近代工业遗产保护项目储备，及时向各级政府申请保护经费，并争取社会团体和个人为近代工业遗产保护提供经费支持	日常管理经费	5	经费保障充分	4~5	经费保障不够充分	0.5~4	基本没有配套经费	0
		近代工业遗产修缮和区域基础设施改造资金是否列入本级财政预算	2	完全列入	1.5~2	部分列入	0.5~1.5	未列入	0
		经费来源的全面性	3	来源多样保证	2~3	来源单一或不完全保证	0.5~2	基本没有	0
		政府投入资金占比	3	40%~60%	2~3	10%~40%或60%~80%	0.5~2	0~10%或80%~100%	0
定期监测与报告（18分）	定期评估是保证规划、验证规划和实施效果的重要措施，也是提高保护管理水平的基本方法。定期评估应根据规划定度逐项评估落实的进度情况和效果	是否对工业遗产进行定期维护，保障安全，及时消除存在的隐患	5	定期维护完善	4~5	有定期维护，不够完善	0.5~4	基本无定期维护	0
		是否对工业遗产周边环境进行定期监测	3	周边环境定期监测及时完善	2~3	有定期监测，不够完善	0.5~2	基本无定期监测	0
		是否有定期评估与监测	5	评估对象定期监测评估与监测及时完善	4~5	有定期监测，不够完善	0.5~4	基本无定期监测	0
		定期评估与监测出问题解决情况	5	及时解决，达到效果	4~5	解决的及时性效果存在不足	0.5~4	基本未解决	0

（3）本书结合评估指标因素与评估体系表，针对国创园近代工业遗产的管理条件，从保护规划、管理制度、保护区划标志等、活动监督与执行、管理团队、宣传展示利用等、经费保障、定期监测与报告等 8 个方面开展针对性研究与评估赋分，综合得出结论，详见表 2.11。

表 2.11 国创园工业遗产管理条件分值评估结果表

名称	保护规划	管理制度	保护区划标志等	活动监督与执行	管理团队	宣传展示利用等	经费保障	定期监测与报告	项目分值
南京国家领军人才创业园	10.5	10.5	8	10	10.5	7	10	13	79.5

对国创园工业遗产管理的价值进行评估，不仅可以得到对工业遗产建筑本身的保护与利用情况，为建筑的后期保护和管理措施的制定提供一定的依据，另外还有利于对工业遗产活化利用策略的分析与评估。管理条件评估结果还可以作为国创园建筑维护、发展方向与策略制定的重要依据。

2.4 价值评估结论

2.4.1 与其他工业遗产保护利用改造案例的比较

通过前期对国创园的调研，本书对其综合价值、可利用价值以及管理价值进行了综合性评估。为了进一步研究国创园工业遗产的更新改造，本书通过横向分析同类型三个工业遗产的更新改造，对其进行相同条件下的价值评估与定量分析，进而将同类型厂区工业遗产的更新改造特点分别进行对比，最后得出国创园更新改造的优劣所在。

1）南京晨光 1865 创意产业园

晨光 1865 创意产业园（简称晨光 1865 园）原为南京晨光集团有限责任公司城南老军工厂北区，其前身系清朝李鸿章于 1865 年创办的金陵机器制造局，现为中国航天科工集团第四研究院下属公司，为国有独资企业。晨光 1865 园所在区域，自 1865 年以来一直作为军工用途，历经清朝、民国、新中国等多届政府，从常规军用武器生产起步，经过几十年的发展，成为中国十大军工企业之一（中国航天科工集团）旗下重要的航天军工科研生产基地。2000 年后，因南京市政建设需要，厂区被应天大街高架分为南北两片区。2007 年，在这块区域上负责航天军工科研生产的晨光集团公司，将该区域的军工生产单位进行了整体搬迁，原有的生产厂房腾空出来，决定通过发展现代服务业的方式盘活这部分资产。于是，由晨光集团公司和南京市秦淮区人民政府共同出资，以这块厂区北区的原军工生产厂房为基础资源，打造了"晨光 1865 创意产业园"。

（1）综合价值

历史价值：公元 1865 年，清穆宗同治四年，南京设金陵机器制造局。金陵机器制造局作为晨光 1865 创意产业园的前身，开创了我国近代工业和兵器工业发展先河。从 19 世纪下半叶至今，园区历时 150 多年的持续发展，保留了各时期优秀工业遗存 40 余栋，浓缩了中国近现代工业文明的发展轨迹，其跨越历史时期之长、规模之大、保存之完好，是中国近现代工业发展的历史见证，具有重要的历史价值。

文化价值:晨光 1865 创意产业园区不同时期工业建筑保留完整,各个时期工业遗产作为各时期工业文化的物质载体,通过清代、民国和新中国成立后工业建筑的自身风貌格局、样式特色和工艺材料,一方面体现了我国民族文化、地区文化的多样性特征,另一方面表达了我国近现代各个阶段的建造观念,承载了工业化文明演进过程中深厚的记忆,延续了城市历史文脉。

社会价值:金陵机器制造局一度是当时我国四大军工企业之一,对我国近代工业发展、巩固国防和社会的发展起着举足轻重的作用。随着现代社会传统工业的转变,传统军工企业的生产日渐衰微,园区的主导产业逐渐转变为以创意产业功能为主。如今晨光 1865 创意产业园内改造后的工业建筑遗存及部分地段形成的"产业景观"是城市特色风貌的重要组成部分,是城市社会与文化发展的印证。这对城市持续发展和社会进步具有积极的意义和价值。

艺术价值:工业遗产的艺术价值主要通过建筑外观形式、风格体现,如园区晚清时期由英国工程师设计的工业厂房,外立面为清水砖墙,门窗上均有半圆形砖拱券,其砖木混合结构形式和精美的装饰细部均体现了我国 19 世纪中后期中西合璧的建筑特征,机器大厂房内部铸铁张拉弦结构和构造节点等均显示了中西方建筑艺术与技术的完美结合,具有极高的艺术审美价值。

(2)可利用性

晨光 1865 创意产业园由南京晨光集团和秦淮区政府共同打造,园区总投资额达 5 亿元,双方持股比例分别为 65% 和 35%。园区占地面积 21 万平方米,其中建筑面积约10 万平方米。尽管历经百年沧桑,园区依然保存着很多老的工业厂房,包括 7 栋清代建筑和 19 栋民国建筑,其中有些建筑还被认定为国家文化遗产,整体上看,园区建筑共40 余幢,是一座反映中国近代军事工业建筑历史演变的博物馆。晨光集团在打造晨光1865 创意产业园的过程中,对老工业厂房进行了保护性开发利用,对老建筑进行了修复、翻新、改造,使园区整体风格既不失历史厚重感又富有现代科技气息,同时具备了很高的使用价值。

截至 2018 年,园区 95% 以上的运营面积稳定实现招商和入驻,各项基础配套建设也已经全面建成。园区自开园以来举办了各项活动共计 200 余场,同时参与了多部影视剧作品的取景拍摄。园区从文化与科技、文化与创意两方面入手,着力打造成为全省乃至全国具有较高知名度的创意产业园。近年来吸引了多家知名创新创意类企业入驻,形成了创意文化产业、科技智能产业的人才集聚地,园内经常举办各种丰富的文化交流、文化展销和文化传播等活动。园区按照"文化+创意"的发展定位,引进了大批文化艺术展示、创意设计、建筑设计、数字传媒、软件开发、影视创作等文化创意类企业,聚集了大量文创人才,成为引领南京创意产业发展的桥头堡和推动地方经济转型的重要平台。

(3)管理措施

晨光 1865 园工业遗产整体性保护和多样性改造再利用为我国工业遗产的保护利用实践提供了重要借鉴。园区 7 幢清代文物建筑由晨光 1865 置业投资有限公司统一修缮,民国时期及新中国成立后的建筑则大多遵循"谁承租、谁改造"的原则,其保护利用受到相关法律法规的严格要求。

2) 十朝历史文化园（原南京手表厂）

江南造钟厂是 1955 年在 7 家私营商店合并的基础上创建的,起初主要生产闹钟,1958 年起转向研制手表,创立了著名品牌——钟山牌手表。1971 年,将手表和闹钟进行分厂经营,南京手表厂得以正式成立,并于 1986 年成立了南京手表工业公司。2009 年,南京手表厂的老厂房被改造为十朝历史文化园。如今,原南京手表厂的 9 栋旧厂房被改造成了明孝陵博物馆新馆建筑群,占地面积约 5 000 平方米,总建筑面积达 2.45 万平方米,整体建筑风格统一(图 2.22)。

图 2.22　原南京手表厂

（1）综合价值

园区主题鲜明,开放性和公益性特征明显。南京有着近 2 500 年的建城史,跨度达 1 720 年的建都史(229 年至 1949 年),素有"六朝古都""十朝都会"之称,非常需要一个地方系统展示南京历史、文化和城市性格,这就是十朝历史文化园的创意所在。园区内的主要景观如十朝鼎立、朱元璋雕像、佛光塔影、文苑英华、成语长廊等,主要展馆如十朝历史文化展览馆、明孝陵博物馆、魏猇馆等,都折射着南京十朝文化。

博览园传承了明孝陵的历史文化,但缺失对原有工业遗产场地文化的发扬。通过功能置换改造成博物馆这种新的使用功能后,与原工业建筑和用地的遗产价值明显不相同,但园区也创造一定条件保留能够记录和解释原始功能的区域,用于展示和解说曾有的工业生产用途,加深人们对原有场地的理解与认知。对于工业遗产来说,保护的不仅仅是遗产本身,还有遗产所反映的工业文化。

（2）可利用性

十朝历史文化园是完全开放性的园区,园区内设有很多的公共活动区,如户外大草坪、成语长廊等,这些区域渗透性、活跃性强,可供人们聚会交流、互相走动。园区内所有展馆都是纯公益性的,免费向市民开放。作为华东地区第一家以文化遗产为主题的博览园,这里集展示、拍卖、设计、销售为一体,很好地保护和传承了物质与非物质文化遗产。其中,整个明孝陵博物馆由明孝陵主题展厅、观朴明式家具艺术馆、360 度环幕影院、文化书吧、文化产品超市、临时展厅、大明生活馆等部分组成,采用多种形式、多种角度来展现明太祖朱元璋的传奇人生,重现明孝陵的独特文化魅力,阐释明文化的深厚内涵。临时展厅结合时代热点不定期地举办各类内容的专题展览,如青奥临时展厅,很好地充实了明孝陵博物馆的展示内容。此外,园区内还陈列了南京云锦、苏绣、红木雕刻、漆器工艺、陶艺等民间手工艺品。

（3）管理措施

十朝历史文化园以企业运作为主导,建立了以国有资本控股的混合所有制公司。2004年,南京市委、市政府启动了中山陵园风景区环境综合整治工程,南京钟山风景区建设发展有限公司为该工程的主要实施单位之一。南京钟山手表厂厂区处于整治红线范围内,钟山风景区公司明确了该区域的发展定位。为了能够成功运营该园区,钟山风景区公司以股权招标方式吸引了两家各具特色的民营企业,共同出资成立了以国有资本为主导的钟山文化发展有限公司,负责该园区后续的项目策划、投资建设、整体招商和运营管理等工作。与政府主导相比,以企业为主导对园区进行运营管理,能够更加机动灵活,符合市场发展规律。而与国有制相比,混合所有制有助于改革国有资本授权经营体制,有助于优化产权制度,有助于企业的组织制度、管理制度等的改革和创新。

3）苏纶场（原苏州苏纶厂）

苏纶厂始建于清光绪二十一年（1895），由苏州最后一位状元陆润庠得到洋务派领袖张之洞的鼎力支持而创办。它是苏州最早的机器纺织企业,也是当时中国为数不多的机器纺织企业,与南通大生纱厂、无锡勤业纱厂同为"中国纱业之先进,亦新工业之前导",见证了苏州近代民族工商业的崛起,成为展示苏州这一中国典型传统城市早期现代化的重要图景。

苏纶厂位于苏州古城南大门——人民桥的西南侧,隔护城河与古城内的南门商区（苏州城区三大商区之一）遥相互望,周边历史气息浓郁,与西侧的盘门景区近在咫尺,因而具有丰富的商业活力资源和旅游观光资源;东侧的人民路是贯穿苏州城区的南北向主干道,合理组织交通能为地区开发带来机遇,特别是附近地铁4号线站点的建设更成为此地区高强度开发的原动力与催化剂。

（1）可利用性

苏纶厂历经清末近代工业化的初创、民国民族产业的探索和新中国国营大企业的发展三个历史时期,造就了一批极具历史价值和厂房特点的产业建筑。改造时,在建筑风貌、结构质量与建设年代等方面发掘体现不同产业建筑进化特征的价值元素。对于清末民初的文物建筑（如老一纺车间、变电所和小洋楼等）,采取专业性的保护、修缮和加固措施,去芜存菁,再现历史风貌,内部则注入文化展示、精品店及餐饮咖啡等时尚功能;对于1970年代建造的单层厂房,尝试将封闭的外墙打开,通过外廊设计凸显其独特的锯齿形采光天窗和结构体系,并在扁平开敞的车间中引入儿童游乐设施与器材;对于1980年代建造的织造车间,突出其容量大（3.2万平方米）、空间高（6.8米）和结构好的特点,引进精品百货和超市等商业功能使之公共化,并在其顶部加建观景休闲空间,成为鸟瞰苏州古城与护城河风光的上佳场所。建筑底层采用小开间的立面划分,尽量通透开放,促进室内外的活力交流与互动,并利用玻璃雨篷和骑楼等方式营造舒适的、全天候的商业空间。新建筑的体块组合与界面连续,在两栋尺度与风格差异悬殊的保留建筑之间形成体量与肌理的过渡,共同塑造历史与时尚相互辉映的护城河沿岸整体景观。

(2)管理措施

2007年,嘉业房地产公司以16.1亿元拍得苏纶厂地。历经数年,改造建成一个集购物、休闲、娱乐、商务办公、星级酒店和中高档住宅为一体的商业综合体"苏纶场"。实际调研中,在工业遗产保护方面,建筑在外观上保持了原有的工业建筑特色,通过原地修缮保留的方式,达到预期的效果。例如对于原职工宿舍和医院,由于建筑年代久远,原有结构已无法满足要求,便在保持原有建筑风格和外观的基础上,在建筑内部重新搭建新的钢架结构,使新旧建筑融合共生。

4)比较结论

晨光1865创意产业园作为一个工业遗产,其在历史价值、艺术价值、社会价值以及文化价值上表现优越,但在科学价值和环境价值的表现上整体不及国创园,故综合价值的总分略低,排名第二(表2.12)。苏州苏纶厂始建于清光绪二十一年(1895),历史价值较高,见证了苏州近代民族工商业的崛起,成为展示苏州早期现代化的重要图景,故其文化价值和社会价值表现较好,综合价值评估排第三。南京手表厂建设年代晚于上述三个工业遗产,建于1971年,历史价值相较于其余工业遗产较弱,且其余各项价值也没有突出表现,故综合价值评估排第四。

表2.12 工业遗产项目横向比较评估结果表

名称	综合价值	可利用价值	管理价值	总分	排名
国创园	97	19	79.5	195.5	1
南京晨光1865创意产业园	93	17	59	169	2
苏纶场	86	12	55	153	3
十朝历史文化园	79	14	58	151	4

分析三个同类型工业遗产厂区的改造发现,在对工业遗产的改造利用方面呈现出不同的改造策略和利用方式。其中南京晨光1865创意产业园中,原老厂区历史建筑遗存较多,政府和企业联合对老工业厂房进行了保护性开发利用,使老厂区历史久远的建筑得到很好的保护性改造。而南京手表厂改造后对外界开放使用,有较强的公益性特征,但是改造后将手表厂功能转换为十朝历史文化园,使原厂区的历史文化没有得到传承和保留。苏州苏纶厂在改造过程中对建筑风貌、结构质量与建设年代等方面做过分析与评估,在此基础上对不同状况的工业遗产进行了不同类别的保护方案,保留原工业遗产的价值并加以合理利用。相比之下,国创园的改造不仅对不同类型的工业遗产进行合理保护和改造,并且在功能置入方面充分考虑了自身的历史文化特点和周边环境要素,成功实现了工业遗产改造更新利用。

在各个厂区对工业遗产的管理方面,南京晨光1865创意产业园对于年代较近的建筑大多遵循"谁承租、谁改造"的原则,对年代较远的文物建筑则统一修缮。南京手表厂是由政府和企业共同管理运营,具有一定灵活性,再加上由政府监管,后期对工业遗产的管理有一定的保障。苏州苏纶厂通过原地修缮保留的方式,促进新旧建筑融合共生。国创园由金基集团负责改造更新,厂区以创业办公园区为主题,充分引进了具有活力的创新型产业入驻,在充分保护工业遗产的基础上结合厂区周边环境,融入了秦淮风光带,如今厂区重新焕发的新活力体现了管理运营的合理性。

2.4.2 国创园价值评估结论综述

城市工业遗产保护利用是伴随城市产业结构调整后提出的城市更新课题,对城市工业遗产在保护和再利用过程的前期进行综合价值评估,可为探索结合工业遗产保护与旧城复兴,优化城市整体功能,运用城市设计手段促使历史文脉、城市环境、交通、商业等城市要素整合,提供良好的基础依据和支持。

通过对国创园进行综合价值、可利用性和管理价值的详细阐述与研究剖析,以及对现场进行的细致调研、问卷和访谈,且在金基集团的管理运营下,二机厂的保护更新再利用正在国创园中得到新生。可总结对比如下:

(1)国创园工业遗产本身的综合价值得到充分挖掘与论证,重点特色要素得到充分认同。新中国成立后的二机厂反映了一个时代的工业历史、工业风貌与地方特色,建筑本体、厂区环境、附属设施设备及工业产品等是其重要的物质要素,工业文化、工人技艺、工艺流程等是其重要的非物质要素。二机厂本身的综合价值(即历史价值、社会价值、艺术价值、科学价值等)都与城市发展和社会影响息息相关。在充分挖掘、研究与论证之后,将其承载的工业历史记忆、工业历史风貌与社会文化等价值保存、保留和传承,为之后的保护更新发展方法和路径提供有力支持。

南京二机厂具有厂区规模大、建筑体量大、空间纯粹等特点,工业构架带来的大空间尺度感是其他现代建筑不具备的。其建筑特色在国创园的改造规划中得到了充分认同,其重点要素依据建筑风貌整体控制要求得到保护,保留了典型的厂房建筑特色。国创园对建筑外立面、空间结构、门窗、屋顶、构筑物等进行评估,并以此为依据对机床厂建筑特色要素给予明确回应。

(2)国创园保护可利用更新方式的扩展,设定多重再利用混合功能定位。可利用性评估体系下,对建筑利用现状、建筑使用状况、周边交通状况、配套基础设施、情感因素等方面进行调研和调查,对二机厂建筑内部进行改造升级更新,通过并置、交织等方法,保留主体厂房形态的同时插建建筑体块,工业建筑与现代新建建筑并存成为一大亮点。

国创园在二机厂基础上,结合周边的老城区居住环境,改造成以企业办公为主的创意园区;另外在历史文化的传承方面,最大限度延续了原有的工业建筑特质,在此基础上进行现代手法的更新改造,基本上延续了二机厂的原有风貌。园区在环境设计中充分利用了二机厂的老构筑物和器械部件,与景观的塑造相融合,形成蕴含工业遗存历史延续的特色景观。

(3)工业遗产管理评估体系下,产权关系清晰明确,便于统一管理模式,并由企业引导利益更优化。二机厂产权现为金基集团所有,金基集团对国创园进行投资策划、改造运营管理,使得国创园的整体保护开发和利用做到有章可循、统一部署。

国创园的保护再生管理具有很强的公共性,打破了原有封闭的、围墙式的管理生产空间,转变为对外街区,在街区与街区之间,形成了良好互动,改变了空间关系,形成产业社区与城市的联系,促进了商业经济的发展,带动了片区活力,营造出尺度怡人的共享空间。

第三章

南京国创园工业遗产保护利用理念

3.1 国际近代工业遗产保护利用的发展历程

  "近代工业遗产"所指的遗产类别,由其名称中的"近代"与"工业"界定——前者界定了遗产的时间范围,后者界定了遗产的使用性质,是遗产中较为特殊的类型。在目前的保护实践中,因国内外现行评估标准大多基于价值(value),使得年代价值不甚突出的近代遗产的保护优先级通常低于古代遗产,同时工业遗产的价值又受其在工业文化中的特殊性、公众层面价值认同和情感联系较弱等因素影响,优先级也普遍低于传统意义上的公共文化遗产类型如寺庙会馆、名人故居等。无论是国际还是国内视野中,对近代工业遗产认定和保护都起步较晚,与传统意义上文物的保护相比还尚待完善。

  对于"近代遗产"的定义,国际与国内采用了不同的名称和年代划分。国际上较多采用"20世纪遗产"(Twentieth-Century Heritage)一词,将近现代遗产以世纪而非历史事件节点划分,例如国际古迹遗址理事会(以及与其联系紧密的国际工业遗产保护委员会)、国际现代建筑遗产保护委员会等,或如联合国教科文组织使用包括19与20世纪的"现代遗产(Modern Heritage)"一词。国内研究与历史学对近代史的划分保持一致,以新中国成立为时间节点,一般使用"近代"表述清朝末年至新中国成立前(1840—1949),用"现代"表述新中国成立至今(1949—现在),同时也会使用更为广义的"近现代"作为统称。

  谈论近代工业遗产保护,要以最早开始工业革命、最先探索工业文化遗产的英国,以及在20世纪中期出现的工业考古学作为前提。在原本辉煌的工业建(构)筑物历经战火仅剩断壁残垣时,工业及其影响以及如何对待它们成为当时热议的话题。各方开始推动调查、研究和保护以物质遗存(包括厂址、设备、建筑等在内的工业建构筑物)为核心的工业遗存代表的工业时代的历史进程。1955年,"工业考古学"一词第一次由伯明翰大学的 Michael Rix 提出并发表在 *Amateur Historian* 上,其后1963年第一部相关专著《工业考古学:导论》出版,1964年第一本相关杂志《工业考古学杂志》创刊。由此工业考古学的影响扩大至世界范围,60至70年代欧洲其他国家及美国、澳大利亚等工业水平高的国家,陆续建立了本国第一个工业遗产/考古组织。1978年,在斯德哥尔摩举办的第三次国际工业文物会议上,决定使用"工业遗产"(Industrial Heritage)代替"工业遗迹"(Industrial Monument),在原会议组织的基础上成立国际建筑遗产保护委员会,每三年举行一次会议,并于2000年与国际古迹遗址理事会达成第一次统一的备忘录,2003年通过第一个国际性保护文件《下塔吉尔宪章》,2011 年共同推出《都柏林准则》,2012 年推出《亚洲工业遗产中国台北宣言》。在国际上,英国最早开始关注和研究工业遗产,国际影响较为突出[①],其评价和研究思路值得借鉴。

由英国开始的工业遗产保护运动结合各地区的不同情况逐步演变出了多元化体系,在法律法规、执行与管理部门、价值判断标准、保护目的、保护策略、参与者等方面各地区均有不同。各地区之间的经济、文化差异使得地缘与文化相近的国家之间互相借鉴保护经验更为可行。在亚洲,对工业遗产的研究和保护起步较早的是日本,其学界在 1970 年代即对工业考古有所反映,2000 年已经有较为全面的调查研究、学科讨论和工作机制。日本研究团队在国际上持续而积极地参与交流互通,与中国的工业遗产保护团队时有合作。

欧美国家在经过了对工业遗产的定义、价值、评判(保护的必要性、可行性、原则与标准、保护的全周期运行)、监督与管理等逐步推进的阶段后,现在已处于对已有体系反思总结、完善提升的阶段。早期的成功案例包括德国鲁尔区、英国谢菲尔德、美国"锈带"等部分城市项目,它们在近三十年间的保护策略、目标是不断变化的,与国际工业遗产保护发展阶段同步衍生。而较为早期的讨论集中在启动再利用的动因、激励机制、确切方式等,诸如下列问题:

(1)工业遗产的产生原因必然涉及经济的转型,又以工业衰退、活力下降最为常见,如何以社会政策、工业遗产保护振兴区域发展;

(2)如何通过规划、城市设计等较大尺度的手段给整个区域的社区环境带来实际利好,又如何平衡保护所指向的怀旧(即天然抗拒改变的属性)和城市发展(即需要改变)之间的矛盾。

近些年随着案例的增加和工业遗产保护边界的拓展,国际工业遗产保护的讨论除了一直存在的与实际保护工程相关的议题外,更将焦点放在细分地域、扩大保护边界方面,这与古代(或传统意义上)遗产保护所涉范围越发接近。以国内讨论和引用最多的德国鲁尔区为例,其保护与再利用历程及学界反思具有一定代表性。在 1980 年代对工业遗产的保护初期,鲁尔区采用的是以工业旅游为中心的开发模式,通过规划设计将可开发成旅游景点的工业遗存进行串联,以达到塑造文化形象、刺激经济复苏的目的。在经济结构转变、城市文化确立后,转而依靠其条件吸引文化创意相关产业,引入资本和劳动力;同时通过改善环境、完善配建、制定相关政策等手段使得由旅游开始的经济复苏能够在当地以可持续的模式延续下去,各区片之间采用具有差异的工业遗产主题与功能划分,让整个地区的发展较为均衡。可以看到,不同阶段的侧重、目标、方式持续调整着该区域的整体环境以及环境和人群的关系,介入方式涵盖了从宏观到微观的规划及管理、从物质的再利用项目到非物质的地方身份认同,使工业遗存和去工业化的当下以及参与者达成共存,这个过程与当前成果是现在工业遗产保护领域较为认可的。当然,成果的显著使得对其反思也相对全面,此处仅列举近年来常见的一些探讨议题。

(3)传统意义(文化自然遗产体系)上的"价值"和"保护"在工业遗产领域中的应用是否过于注重物质性、对可能发生的变化施加过多限制,在这种情况下又该以什么样的概念

---

① 于磊.工业遗产科技价值评价与保护研究:基于近代六行业分析[M].北京:中国建筑工业出版社,2021

集合(如更抽象的概念:可持续性、可达性、技术通用性)组成评判标准才更为合适?

(4) 实际参与工业历史的群体,记录、讲述这段历史的群体和评价、规划工业遗产的人群之间存在年代、文化、社会角色之间的差异,在保护工业遗产并营销之时是否足够具有包容性,是否刻意忽略了工业史相对灰暗的部分以达到塑造某种正面形象的目的? 与工业遗产相关的群体,他们的身份认同和角色应该是什么?

总的来说,由于工业遗产天然的特殊性,国际上的近代工业遗产保护在达成共识、分享经验的同时,朝着更多元、更细分的方向发展,并以各个地方、各种类型的案例为基础推进着保护理论和标准的迭代。工业发达的国家在体系构建及保护实践上经验相对丰富,参与保护的主体类型更多,相关研究和成果涉及的领域范围较广。总体而言,工业遗产保护与传统意义上的建筑遗产保护相比,目前仍需完善之处尚多。

3.2　中国工业遗产保护利用的发展历程

中国工业建筑遗产保护需从对工业的定义及工业史研究开始,20 世纪 50 年代至60 年代开始出现系统的中国近代工业史资料汇编与初步研究,例如 1957 年汪敬虞、孙毓棠所编《中国近代工业史资料》第二辑、1957 年陈真与姚洛编《中国近代工业史资料》第二辑、1962 年彭泽益所编《中国近代手工业史资料》第四卷等,分别从不同的角度如资本来源、地理位置、行业类型等收集整理了工业相关资料。20 世纪 80 年代后,近代工业史研究进一步发展,1989 年祝慈寿所著《中国近代工业史》概括了中国近代工业发展过程;1992 年刘国良著有《中国工业史·近代卷》、1991 年范西成与陆保珍著有《中国近代工业发展史(1840—1927)》;上海人民出版社从 1980 年代末开始陆续出版的《中国近代面粉工业史》《中国近代缫丝工业史》《中国近代印刷工业史》从产业细分领域研究了近代工业发展史。以上或综合或专业的工业史与相关经济技术史专著、地方工业志,以及政府报告、行业报刊、厂志报告等共同构成了工业建筑研究的基础。

从工业类型的角度出发,中国的工业建筑遗产一般为泛指的工业类目,包括了手工业、轻工业、重工业等。具体从产业类型及时间来说,工业遗产的认定延续近现代遗产的分类,近现代工业发展历程一般被分为近代工业遗产(1840—1949)和现代工业遗产(1949 年至今)[①]。从我国工业遗产保护历程看来,有一个重要的时间节点是 2006 年。中国工业遗产保护联合会共同推出的《无锡建议》以及国家文物局下发的《关于加强工业遗产保护的通知》,在一定程度上从纲领和政策指导等层面将工业遗产保护正式纳入了主流保护体系中,使其成为有文件可参照的保护对象。

国内近代遗产保护的萌芽虽可追溯至梁思成先生在 1940 年代对清末民国建筑的研究。但由于其后社会环境变化、政治因素对学术领域带来的重大打击等历史原因,关于近代遗产保护的研究、评议、制度建设等直至 1990 年代前后才渐渐在国内学术讨论中成为遗产保护下具有明确上层指引的次级议题,而新中国成立后的近期遗产则仍处于认知尚

---

① 俞孔坚,方琬丽.中国工业遗产初探[J].建筑学报,2008(8):12-15

浅、无大规模研究和保护机制的状态[①]。1988 年建设部与文化部联合发出《关于重点调查、保护优秀近代建筑物的通知》,1991 年由国家文物局与建设部下发的《关于印发近代优秀建筑评议会纪要的通知》列出了第一个近代遗产保护清单,推荐给当时尚未评出的第四批全国重点文物保护单位,望其重点考虑。1996 年第四批全国重点文物保护单位评定,将"近现代重要史迹及代表性建筑"作为一个独立类型列出,其后法规政策、评价体系、执行意见等逐步完善,地方法规亦同步发展。例如上海市 1991 年推出了《上海市优秀近代建筑保护管理办法》,2003 年推出《上海市历史文化风貌区和优秀历史建筑保护条例》;北京市 2007 年推出《北京市优秀近现代建筑保护条例》。从 20 世纪 80—90 年代名城体系的建立到 2000 年由我国与美国、澳大利亚合作编写、标志着与国际接轨的《中国文物古迹保护准则》[②];从 1956 年刘先觉的《中国近百年建筑》、1958 年建筑工程部建筑科学研究院主持进行的《中国近代建筑史》编纂,到 2008 年后进入深化阶段、由考察研究向理论层面提升、组织健全完善的近代建筑史研究[③],随着时代发展,近现代建筑遗产逐渐被列入各级文物保护单位名单,获得较为明确的保护,在这样的大环境下其垂直领域中的各细分类型得到了正式的认定,被纳入不可移动文物或建筑遗产系统中。

2010 年前后,将历史文化名城体系作为通用框架来统领全国各地原有遗产保护工作后,工业遗产保护也逐次更新框架,包含在名城体系内。以北京、上海、天津、重庆等近代工业遗产留存多、状况好、资源丰富的城市为例,市域内工业遗产再利用实践起步较早,如北京 798 厂区从 2000 年初开始进行自下而上的再利用,2006 年 UCCA 便已入驻,至 2009 年《北京市工业遗产保护与再利用导则》推出;上海市苏州河畔的工业厂区更新从 2000 年前后便已开始,对于历史建筑、工业遗产的调查研究及导则制定也在持续更新,2009 年根据第三次文物普查编著了较为全面的《上海工业遗产实录》,收录两百多处工业遗产。自 2010 年前后的工业遗产研究、保护潮流出现,到 2014 年《中国工业遗产价值评价导则(试行)》制定、2017 年工业和信息化部认定第一批工业遗产名录,工业遗产的保护真正意义上开始迅速发展至今不过短短十几年,尚有许多工作需各方共同推进,亦存在众多不足之处亟待完善。

与前述国内近代工业建筑的保护的发展步调相一致,南京工业遗产的研究从 2000 年初开始逐渐增长(图 3.1、图 3.2),在 2010 年前后迎来了较快发展,其发展趋势与大环境下保护观念的提升、城市更新的浪潮、学术研究方向的拓展密切相关。南京自古以来便是中国手工业密集的重要城镇之一,中心城区至今留下的有关手工业的坊市、街道地名不胜枚举,在近代更是工业较为发达的地区。清末作为江南省政治中心、民国作为国都的历史使南京的工业建筑具有发展早、类型多、技术工艺领先、沿江及城墙分布多、建筑遗存类型多样等特点[④]。

① 邹德侬. 需要紧急保护的 20 世纪建筑遗产:1949 至 1979[C]//中国文物学会. 纪念《世界遗产公约》发表四十周年学术论坛暨中国文物学会传统建筑园林委员会第十八届年会论文集. 西安,2012:24-25
② 林佳,王其亨. 中国建筑遗产保护的理念与实践[M]. 北京:中国建筑工业出版社,2017
③ 张复合. 中国近代建筑史研究记事(1986—2016):纪念中国近代建筑史研究三十年[C]. 第 15 次中国近代建筑史学术年会,2016
④ 陈亮. 南京近代工业建筑研究[D]. 南京:东南大学,2018

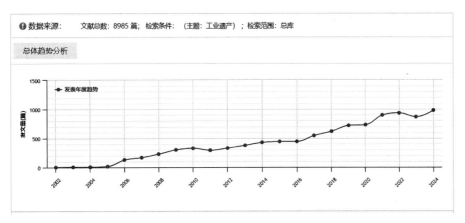

图 3.1 相关论著发文量趋势图(1)

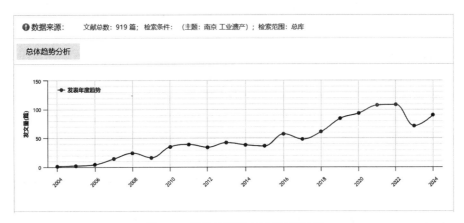

图 3.2 相关论著发文量趋势图(2)

近代南京的城市规划亦对工业区进行了较为合理的布局,如民国《首都计划》即根据交通需求、污染程度等因素对工业建筑分布进行了规定。解放后至今,南京城历经数次规划调整,将重工业布置于城外,关停并迁移市区内污染严重、布局分散的工厂,不再新增工业用地并改造、转化原有工厂[①]。在老城区内工业逐渐转型、现代化的进程中,不少工业遗产在尚未得到重视前即被拆除,有些则因历史原因早遭破坏、荒废已久,亦有在现代再利用过程中早已另作他用、原有历史线索已然抹去的。南京工业遗产的保护历程可以从1982年金陵机器制造局厂房被认定为江苏省级文物保护单位开始,首先被列入保护名录的多数是清末最早开始创办、规模最大、价值认知最为广泛的工业建筑(群),包括浦镇车辆厂、永利䤩厂、江南水泥厂等,龙江船厂作为古遗产于2006年被列入了国家第三批重点文物保护单位。但是在保护历程初始,对作为细分类目的工业遗产,可供地方执行的、配套的法律法规及政策意见并不完善,直至2006年《南京市重要近现代建筑和近现代建筑风貌区保护条例》颁布,要求对近现代遗存进行整体保护,隶属于近现代遗产的工业建筑

---

① 龚恺,黄玲玲,张嘉琦,等.南京工业建筑遗产现状分析与保护再利用研究[J].北京规划建设,2011(1):43-48

才有了可以依照的保护规范。

具有城市特色的是,南京的近现代遗产保护范围更广,不是严格限定在某一时间、某一建筑、某一种固定形式。早在2009年,作为南京重要近现代建筑和现代建筑风貌区保护专家委员会主任的东南大学刘先觉教授在访谈中就强调了近现代建筑的保护范围。他将值得保护的建筑范围外拓,表达了对于保护外延的其他经济、技术、管理等问题的关注。他认为近现代建筑"不好硬性规定哪一年前的建筑",且"对近现代建筑改造利用案例的评审……不单是学术层面就能够解决的,经济条件也是一个很重要的因素……除了经济问题还有技术问题、任职的问题、执法的问题等等一系列的问题"[①]。这种策略也延续到了对工业遗产的保护中。2017年,南京市公布了第一批工业遗产类历史建筑、历史风貌区保护名录,以建筑加风貌区的双重方式认定工业遗产,具有一定的城市特点,同时公布了《南京市工业遗产保护规划》,对工业遗产进行分级保护(表3.1,表3.2)。

2012年,东南大学朱光亚教授就曾讨论过关于风貌区、历史街区的认定和保护,认为:"……各城市需要用什么样的法定的概念来容纳某些20世纪遗产的属性?南京将金陵机器制造局、总统府这些已经或正在纳入国保单位的遗产所在的城市区段列为历史文化街区,它们既有国保单位的建筑属性,又同城市发生密切联系。但在实际操作中就会发现,在这些街区范围之内并没有街道,如果维持原有功能,实际上就是个建筑群,不同于过去的历史文化街区的条件,而且这些单位内部也需要一定的活力,因而南京市又使用历史风貌区的概念来界定此类地段,而风貌区不具备法定的地位,因此,从城市管理的角度也应该对原来的历史文化街区以及历史文化保护区给予必要的补充说明。"[②]相对而言,南京的工业遗产保护具有单体与环境并重、关注整体性与文化延续等特点。

在工业遗产的学术研究方面,南京的研究资源储备因博物馆、图书馆、档案馆体系健全而较为丰富,依靠中国第二历史档案馆、江苏省档案馆、南京市档案馆、南京博物馆、南京博物院、南京图书馆、金陵图书馆、史志办等机构的档案,再加上记载较为详尽的方志、游记、杂志等资料,在档案利用上具有优势。例如2012年由徐延平、徐龙梅编写的《南京工业遗产》一书便是由南京市档案局组织的"开启记忆之门——档案编研重点工程"的成果之一。与之相对应的是,工业遗产档案因其特殊性往往较为散乱,某一工业遗产的资料通常会分散在文物保护单位、企业、研究机构中,互相之间数据并不互通,查档过程复杂,档案留在馆中没有系统的开发、研究计划[③],更不用说散佚民间、公布在国际机构中未加辨别的工业建筑资料。在现今多学科系统性的研究仍在进行、调查与实践尚在摸索的大背景下,工业遗产的研究领域呈现出形成普遍认知、重点关注个案的状况。经过21世纪初的普查、大范围总体梳理工作后,南京工业遗产出现的历史背景、总体时间线索、大致分布等方面已有学界总体认同的研究成果,近年来的研究多聚焦于街区尺度的工业区、重要工业建筑个案、以类型或功能等归纳的特定工业遗产等等,研究契机或目标则有城市更新带来的需求、申报工业遗产名录、再利用项目的前置评估工作、高校指导或个人兴趣等等。

---

① 刘先觉. 文化遗产保护与发展都是硬道理:刘先觉教授访谈[J]. 建筑与文化,2009(1):12-12
② 朱光亚. 20世纪建筑遗产保护和利用工作要急迫解决的几个问题[J]. 中国建设报,2012(8):10
③ 高俊. 工业遗产档案开发利用研究[D]. 南京:南京大学,2014

表 3.1 南京工业遗产类历史建筑分布及保护名录

编号	所在区	登记序号	建筑名称	所在位置（门牌号）	建筑年代
1	鼓楼	GYGLQ001	国民政府首都水厂办公楼（南京自来水历史展览馆）	鼓楼区北河口水厂街 7 号	1940
2	鼓楼	GYGLQ002	国民政府首都水厂室内快滤池	鼓楼区北河口水厂街 7 号	1933
3	鼓楼	GYGLQ003	国民政府首都水厂会议室	鼓楼区北河口水厂街 7 号	1931
4	鼓楼	GYGLQ004	国民政府首都水厂加氯间	鼓楼区北河口水厂街 7 号	1950
5	鼓楼	GYGLQ005	国民政府首都水厂混水机室	鼓楼区北河口水厂街 7 号	1930s
6	鼓楼	GYGLQ006	金陵船厂轮机车间	鼓楼区燕江路 168 号	1958
7	鼓楼	GYGLQ007	金陵船厂船体车间	鼓楼区燕江路 168 号	1958
8	鼓楼	GYGLQ008	金陵船厂舾装车间	鼓楼区燕江路 168 号	1973
9	鼓楼	GYGLQ009	金陵船厂大五金库	鼓楼区燕江路 168 号	1958
10	鼓楼	GYGLQ010	金陵船厂水压机房	鼓楼区燕江路 168 号	1976
11	鼓楼	GYGLQ011	南京汽轮电机厂总装车间	鼓楼区中央北路 80 号	1960s
12	鼓楼	GYGLQ012	南京汽轮电机厂燃气机车间	鼓楼区中央北路 80 号	1960s
13	鼓楼	GYGLQ013	南京汽轮电机厂发电机车间	鼓楼区中央北路 80 号	1950s
14	鼓楼	GYGLQ014	南京汽轮电机厂冲压车间	鼓楼区中央北路 80 号	1960s
15	鼓楼	GYGLQ015	南京汽轮电机厂燃机试车间	鼓楼区中央北路 80 号	1960s
16	鼓楼	GYGLQ016	南京汽轮电机厂辅机车间 1	鼓楼区中央北路 80 号	1960s
17	鼓楼	GYGLQ017	南京汽轮电机厂辅机车间 2	鼓楼区中央北路 80 号	1960s
18	鼓楼	GYGLQ018	南京曙光机械厂兵营 1	鼓楼区窑上村幕府东路 205 号	1960s
19	鼓楼	GYGLQ019	南京曙光机械厂兵营 2	鼓楼区窑上村幕府东路 205 号	1960s
20	玄武	GYXWQ001	南京电影机械厂厂房 1	玄武区板仓街 9 号	1965
21	玄武	GYXWQ002	南京电影机械厂厂房 2	玄武区板仓街 9 号	1952
22	玄武	GYXWQ003	南京光学仪器厂大礼堂	玄武区天山路 39 号	1970s
23	玄武	GYXWQ004	南京光学仪器厂 1 号厂房	玄武区天山路 39 号	1960s
24	玄武	GYXWQ005	南京光学仪器厂 2 号厂房	玄武区天山路 39 号	1960s
25	玄武	GYXWQ006	南京光学仪器厂 3 号厂房	玄武区天山路 39 号	1970s
26	玄武	GYXWQ007	南京光学仪器厂总装分厂	玄武区天山路 39 号	1970s
27	玄武	GYXWQ008	南京光学仪器厂光学分厂	玄武区天山路 39 号	1960s
28	玄武	GYXWQ009	南京手表厂厂房（金陵石道馆）	玄武区中山门外四方城南侧	1975
29	玄武	GYXWQ010	南京手表厂厂房（5 号楼）	玄武区中山门外四方城南侧	1959

编号	所在区	登记序号	建筑名称	所在位置(门牌号)	建筑年代
30	玄武	GYXWQ011	南京手表厂厂房(6号楼)	玄武区中山门外四方城南侧	1959
31	玄武	GYXWQ012	南京手表厂厂房(明孝陵博物馆)	玄武区中山门外四方城南侧	1959
32	玄武	GYXWQ013	南京油泵油嘴厂冷冲压车间及库房(芥墨艺术馆)	玄武区中央路302号	1965
33	玄武	GYXWQ014	南京油泵油嘴厂装备及总成车间(17号楼)	玄武区中央路302号	1960
34	玄武	GYXWQ015	南京油泵油嘴厂装备车间(20号楼)	玄武区中央路302号	1960
35	玄武	GYXWQ016	南京油泵油嘴厂装备车间(21号楼)	玄武区中央路302号	1960
36	秦淮	GYQHQ001	金陵机器制造局厂房	秦淮区正学路1号	1960s
37	秦淮	GYQHQ002	南京第二机床厂厂房(19号楼)	秦淮区来凤街菱角市66号	1950s
38	秦淮	GYQHQ003	南京第二机床厂厂房(8号楼)	秦淮区来凤街菱角市66号	1950s
39	秦淮	GYQHQ004	南京第二机床厂大厂房(26、27、28号楼)	秦淮区来凤街菱角市66号	1950s
40	秦淮	GYQHQ005	南京宏光空降装备厂厂房03	秦淮区龙蟠南路宏光路1号	1950s
41	秦淮	GYQHQ006	南京宏光空降装备厂机加厂房	秦淮区龙蟠南路宏光路1号	1950s
42	秦淮	GYQHQ007	南京宏光空降装备厂仓库	秦淮区龙蟠南路宏光路1号	1960s
43	秦淮	GYQHQ008	南京宏光空降装备厂伞塔	秦淮区龙蟠南路宏光路1号	1960s
44	秦淮	GYQHQ009	南京宏光空降装备厂厂房(食堂)	秦淮区龙蟠南路宏光路1号	1960s
45	秦淮	GYQHQ010	南京工艺装备制造厂红大楼	秦淮区莫愁路329号	1959
46	秦淮	GYQHQ011	南京工艺装备制造厂食堂	秦淮区莫愁路329号	1956
47	秦淮	GYQHQ012	南京工艺装备制造厂教学大楼	秦淮区莫愁路329号	1956
48	秦淮	GYQHQ013	南京工艺装备制造厂检验计量房	秦淮区莫愁路329号	民国时期
49	秦淮	GYQHQ014	南京工艺装备制造厂数控综合车间	秦淮区莫愁路329号	1953
50	秦淮	GYQHQ015	南京工艺装备制造厂表面热处理厂房	秦淮区莫愁路329号	1952
51	雨花台	GYYHT001	南京船用辅机厂仓库	雨花台区中华门外板桥	1958
52	雨花台	GYYHT002	南京压缩机厂零件库	雨花台区小行路	1970s
53	栖霞	GYQXQ001	中国水泥厂办公楼	栖霞区水泥厂路185号	1950s
54	栖霞	GYQXQ002	中国水泥厂办公楼	栖霞区水泥厂路185号	1950s
55	栖霞	GYQXQ003	中国水泥厂保育楼	栖霞区水泥厂路185号	1930s
56	栖霞	GYQXQ004	中国水泥厂化验楼	栖霞区水泥厂路185号	1931

续表

编号	所在区	登记序号	建筑名称	所在位置(门牌号)	建筑年代
57	栖霞	GYQXQ005	新联机械厂设计科大楼	栖霞区和燕路439号	1959
58	栖霞	GYQXQ006	南京煤矿机械厂铸造车间1	栖霞区中山门外马群街25号	1950s
59	栖霞	GYQXQ007	南京煤矿机械厂铸造车间2	栖霞区中山门外马群街25号	1950s
60	栖霞	GYQXQ008	南京煤矿机械厂金工车间	栖霞区中山门外马群街25号	1950s
61	栖霞	GYQXQ009	南京煤矿机械厂设备维修车间	栖霞区中山门外马群街25号	1950s
62	江宁	GYJNQ001	大桥机器厂红楼	江宁区双龙大道61号	1958
63	江宁	GYJNQ002	大桥机器厂资料室	江宁区双龙大道61号	1958
64	六合	GYLHQ001	冶山铁矿采矿场主井机房	六合区冶山镇迎山村300号	1971
65	六合	GYLHQ002	冶山铁矿采矿场副井机房	六合区冶山镇迎山村300号	1971
66	六合	GYLHQ003	冶山铁矿工业设备展示馆	六合区冶山镇迎山村300号	1972
67	六合	GYLHQ004	冶山铁矿选矿场厂房	六合区冶山镇迎山村	1970s
68	六合	GYLHQ005	冶山铁矿选矿车间	六合区冶山镇迎山村	1970s

表3.2　南京工业遗产类历史风貌区保护名录

编号	所在区	公布名称	编码	保护范围占地/hm²	保护建筑数量/个	
					文物保护单位	历史建筑
1	鼓楼	国民政府首都水厂	HTCA-23	10.64	0	5
2	鼓楼	金陵船厂	HTCA-24	19.10	0	5
3	秦淮	南京宏光空降装备厂	HTCA-25	5.11	0	5
4	秦淮	南京第二机床厂	HTCA-26	6.91	0	3
5	六合	冶山铁矿	HTCA-27	57.9	1	5
6	六合	永利钍厂	HTCA-28	13.1	16	0

总的来说,国内的工业遗产研究的大规模基础工作已基本完成,总体框架、保护机制已在逐步完善,但在交叉领域、相关次级研究、规范的制定、保护和再利用模式方面仍待进步。地方工业遗产研究则因城而异,在历史资源丰富、地方研究实力较强的城市成果颇丰,这些地区往往也是工业遗产保护与再利用案例较多且较集中的地区,而在偏远地区、跨城市的区块,介于城市与街区尺度的片区保护规划与资源利用等层面则略有缺失。南京的工业遗产研究依靠当地科研、历史等资源已有大量前期成果,但在保护模式、文化认知、管理与再利用探索等方向上尚需实践与研究。表3.3、表3.4分别列示了近30年主城区工厂搬迁后开发小区及保留利用厂的对照表。

表 3.3 南京近 30 年主城区工厂搬迁后开发小区对照表(退二进三,新人居/配套)

原厂名	后开发小区名称	开发商	功能改变
城东片区:			
南京机床厂	香格里拉花园/雅颂居	金大地/香港置地	拆除改建为住宅小区
南京机床附件厂	鸿福苑(御河苑)	中北	
南京开关厂	御道花园	新大都	
南京仪表机械厂	澳丽家园	金居	
南京电炉厂	月亮湾	金基	
南京特种汽车厂	御道家园	银城	
南京啤酒厂	京门府	京奥	
3521 厂	金陵尚府(际华广场)	南京中兆置业	拆除改建为住宅小区
铸铁厂	大地豪庭/城开家园	大地建设/南京城开	
南京无线电厂	金陵御景园	南京益来实业	
南京无线电厂(21 厂)	达美御园	达美房地产	
714 厂(部分)	熊猫中央广场	熊猫电子集团	
钟山水泥厂	阳明山庄	南京元通置业有限公司	
511 厂(部分)	金城一号	中航	
南京酿化厂	京隆国际公寓	江苏建威房地产	
量刃具厂	白鹭洲小区(新声巷 4-10 号)	南京秦淮房地产开发有限公司	
玉河机器厂	黄埔大厦(黄埔花园)	南京金龙蟠房地产	
江苏冶金修理厂	鑫园	南京三金房地产	
航海仪器厂	晶典大厦	南京金陵房地产	
城北片区:			
工程机械厂	红郡	万科	拆除改建为住宅小区
微分电机厂	狮子桥美食街金狮公寓		
江南光学仪器厂	金基翠城	金基集团	
三乐电器(电子管厂)	虎啸花园	江苏创宁房地产开发有限公司	
白云石矿	绿地缤纷广场	绿地/城开	
橡胶厂	金阜花园	新亚都	
南瑞(部分)	和光晨樾	保利	
南京轮胎厂	宏景公寓	南通建设	
南汽	凤凰和鸣(凤凰广场)	江苏凤凰置业	
	天正滨江(天正广场)	南京天正众泰房地产	
下关发电厂(部分)	恒大滨江	恒大	
720 厂	汇林绿洲	南京栖霞建设	
白云亭市场	桃花源居	南京明城房地产	
7425 厂	金陵玖园	南京至君房地产(银城)	
鸡鸭加工厂	百合华府	南京金陵房地产	
新联机械厂	天福园	南京广厦置业	

原厂名	后开发小区名称	开发商	功能改变
城北片区：			
3503厂（部分）	如院（新城市广场）	江苏运通房地产	拆除改建为住宅小区
液压件三厂	百子亭20号	金基集团	
线路器械厂	紫郡兰园	葛洲坝	
南京洗衣机厂	佳盛花园	运盛（南京）实业	
电控厂	金碧花园	下关城市建设	
电影机械厂	新世界花园	南京新丽都房地产	
中储基地	花样年/泛悦广场	花样年/中国电建地产	
华电电子管厂	颐和家园	南京中电熊猫置业	
大桥机器厂	商业（原家乐福）	—	
电表厂	中海凯旋门	中海	拆除改建为住宅小区
化纤厂	铭悦府	电建	
摩擦材料厂	燕澜湾	大发	
城南片区：			
搪瓷厂	逸景园	秦淮区房地产开发公司	拆除改建为住宅小区
南京第一棉纺厂（工农兵）	来凤小区	南京城市建设开发（集团）总公司	
压缩机新厂（小行）	城市星光	仁恒	
东风特汽厂	春江花园	江苏融侨置业	
城西片区：			
南京圆钉厂	莫园新寓	南京建邺城镇建设开发集团有限公司	拆除改建为住宅小区
有机化工厂	湖心花园	南京宁佳房地产开发有限公司	
	瑞阳尊邸	南京市龙昌房地产开发集团有限公司	
南京锅炉厂	唐城	金基	
澳能锅炉厂（河西）	颐和源璟	颐居建设	
玉环热水器	漫城名苑	南京金冠房地产开发有限公司	
木材厂	劲顺花园	鼓楼区房产开发公司	
第二制药厂	新城逸境（君园）	南京新城创置房地产有限公司	
第二轧钢厂	云锦美地	南京栖霞建设股份有限公司	
三鸿肉松厂	云河湾	南京建邺城镇建设开发集团有限公司	
城中片区：			
老压缩厂	南京市文化艺术中心	—	
玻璃厂	金鹰中心	—	
分析仪器厂	中华公寓	南京市白下城市建设（集团）有限公司	拆除改建为住宅小区

表3.4 南京近30年主城区保留利用厂对照表("腾笼换鸟",更新产业升级)

原厂	现状	
城北片区：		
幕府山汽车厂	205创意公园	保护修缮为文创园
新联机械厂（迈皋桥）	幕府创新区	
新联机械厂（马台街）	新联创业园	
金陵机械厂	红五月（金基）	
油泵油嘴厂	创意中央（银坤）	
建筑机械厂	红山创意工厂产业园	
城中片区：		
二机厂	国创园（金基）	保护修缮为文创园
二机厂（西厂区）	智造园（金基）	
工艺装备厂	锦和越界城（锦和、广电）	
无线电厂	东八区（世界之窗）	
南汽仪表厂		
电淘厂		
永新		
第一棉纺厂	悦动新门西产业园（万科）	
14所部分	智梦园（14所）	
金陵汽运	留创园（银坤）	
搪瓷厂（部分）	无为产业园	
电影机械厂（部分）	玄武文化科技园	
肉联厂	和记洋行	
船舶研究所（下关）	老学堂创意园（上海远航投资有限公司）	保护修缮为文创园
船舶研究所（中山陵）	T80文化创意园区	
梅山铁矿	电影工场	
	中山坊工业园	
南京肥皂厂	新工·秦淮科技园（秦淮国资集团、南京新工投资集团）	
轻工机械厂	南工院·金蝶大学科技园（深圳市金蝶投资发展有限公司、南京工业职业技术学院、白下区政府）	
南师大板仓校区	梧桐里（金地商置江苏公司）	保护修缮为文创园

3.3 工业遗产保护利用案例

本节以国内外案例简要说明现已实施的工业遗产保护项目中体现的保护理念，以及案例在保护与开发过程中采用的理念、面临的矛盾与冲突。

3.3.1 国外案例

(1) 纽约高线公园

高线(The High Line)最初是一条专门用于工业货运的高架铁路,始建于 1930 年,长 1.5 英里(约 2.4 公里),从曼哈顿西部肉类加工区延伸至哈德逊铁路货场。该高架于 20 世纪 80 年代后废弃,其后自然重新主导了该区域,在实施方介入前一直处于植物茂盛、充满野趣的状态。设计方 Diller Scofidio＋Renfro 在方案中将生态与建筑结合,如方案介绍中所言:

> "借助农业与建筑融合的策略——部分是农业,部分是建筑——高线公园①的表面被数字化分割成独立的铺装和绿化单元,这些单元沿着 1.5 英里的路线拼接形成了多样的梯度变化,从 100% 的硬质铺装到 100% 柔软且植被丰富的生物群落。"②

该方案以可持续的、保留生态多样性的、开放的态度为纽约该片区提供公共景观,改善环境品质。设计方在原有高架上将硬质铺地与植被景观有机地结合,设置公共节点与无障碍设施,使其既呈现出工业遗产本身的结构特性、从过去至现在的公共设施属性,又回应了其曾被废弃、植物葱郁的历史,达到保护性、公共性与现有需求的平衡(图 3.3),一如说明中所言③:

> "该设计解决了许多市政问题:对未被占用公共空间的再开发,对老旧基础设施的更新再利用,以及将保护作为可持续发展的策略。公园设计兼容了自然野生、人工种植、私密空间和社会互动等多重特性。"

该项目从 2000 年启动至 2019 年历经三期建设,以一处线性的工业遗产带动一片区域、多个城市节点品质提升,为该区域带来约 800 万旅客、价值 50 亿美元以上的投资、1.2 万个就业岗位,有效地在经济上刺激了地区发展。在设计、城市形象及文化、管理、区域振兴等方面都是国际上工业遗产再利用的优秀案例。

(2) 利物浦海上商城(Liverpool Maritime Mercantile City)

早在 1999 年,利物浦的海岸与商业中心已被列在英国申报联合国教科文组织未来提名的潜在候选暂定名单(Tentative List of potential candidates for future nomination to UNESCO)中。它在英国最具世界影响力的时期(约 18—20 世纪)建设发展,成为英国重要的港口城市,以码头、仓储建筑、周边城市景观为特色,见证了英国重要的历史阶段。在 20 世纪,因为战争及全球经济萧条等带来的影响,利物浦逐渐衰落,于 20 世纪 70 年代基本丧失原海港商业城市的特性,多处工业遗产在其后的普查中被列为濒危状态。为重建城市的国际形象认知、激励经济发展,利物浦尝试通过其工业遗产振兴城市,并于 2004 年

---

① "高线公园"指的是位于美国纽约市的一个线性公园,它建在一条废弃的高架铁路上,是一个著名的城市绿地和旅游景点。
② 来源:Diller Scofidio ＋ Renfro,The High Line. https://dsrny.com/project/the-high-line
③ 来源:Diller Scofidio ＋ Renfro,The High Line. https://dsrny.com/project/the-high-line

图 3.3　纽约高线公园

在中国苏州举办的第 28 届世界遗产委员会会议中成功列入联合国教科文组织世界遗产
名录。

　　但是发展与保护的矛盾一直存在，在申报成功后的 2006 年曾有评估认为该地区城市
发展计划已完成，其规划并不会对价值产生巨大的、不可逆的影响；而在 2012 年利物浦通
过新的发展规划利物浦水域计划（Liverpool Waters）后，联合国教科文组织将其列入濒危
世界遗产名录——这是撤销名录的常见征兆①。利物浦有为数不少的多方合作的保护组
织、再利用项目，在城市的强烈经济需求及先锋文化定位下，保护核心区域的、缓冲区的城
市发展规划得以通过并实施。调查和争议从 2012 年持续至 2021 年，最终 2021 年 7 月第
44 届世界遗产大会因其对遗产的不可逆破坏——包括天际线、城市轮廓的改变等，决定
将其从名录中除名，成为继阿曼的阿拉伯大羚羊保护区、德国的德累斯顿易北河谷后第三
处从名录中去除的遗产。在 2009 年易北河谷被除名 10 余年后，利物浦也以相似的理由
退出名录，该状况反映出当城市发展定位与区域性的、无法与经济发展协调的工业遗产保

　　①　Dennis Rodwell. Liverpool Heritage and Development-Bridging the Gap？［M］//Heike Oevermann，Harald
A. Mieg. Industrial Heritage Sites in Transformation：Clash of Discourses. New York：Routledge，2015：30-35.

护相悖时,出于对当下所处境况和公众的生产生活需要等因素的考量,往往会产生令人遗憾的结果。保护策略制定之初应尽可能全面地了解与保护相关的本质矛盾,以更加长远的、宏观的视角进行评估。

(3) 泰特现代美术馆

泰特现代美术馆(图 3.4)原为河畔发电站,该建筑建于 1947—1963 年,由 Giles Gilbert Scott 设计,立面具有 Arte-Deco 风格特征,建成后运行约 20 年便废弃。该建筑由 Herzog & de Meuron 设计,经过 1994—1995 年竞赛后于 1995—1997 年完成方案,2000 年建成开放。因博物馆的特殊属性,该工业建筑的改造在现实因素上受到的压力相对较小,且设计方 Herzog & de Meuron 对该建筑的理解和改造策略符合保护的原则,在项目说明中即有所反映[1]:

> "我们认为泰特现代美术馆所面临的挑战在于其融合了传统、装饰艺术和超现代主义的特征:它是一座现代建筑,一座面向公众的建筑,一座属于 21 世纪的建筑……因此需要采取特定的建筑设计策略,这些策略不应由审美或风格偏好所主导,因为这些因素往往会导致排他性而非包容性。我们应认可并接受河畔那座庞大砖体建筑的设计策略[2],同时应进一步强化其特性,而非对其进行破坏或削弱其影响力。总体而言,展览空间给人的印象是一直就在那里,像砖墙立面、烟囱或涡轮机房一样。当然,这种印象是具有欺骗性的。"

图 3.4 泰特现代美术馆

该项目尊重并展示了既有工业建筑的特征,包括其外部要素、内部总体布局、建造技

---

① 来源:Herzog & de Meuron, 126 Tate Modern. https://www. herzogdemeuron. com/index/projects/complete-works/126-150/126-tate-modern. html

② 通常指的是泰特现代美术馆的一部分。这座建筑位于伦敦泰晤士河畔,其特点是一座庞大的砖结构建筑,其规模和形状被形容为"如山般"。这座建筑原本是座发电站,后来被改造成现代艺术博物馆,成为该地区的地标之一。

术形式等,同时以简洁的建筑形体、具有识别性和当代性的材料进行改扩建,最终成为该区域的文化地标。美术馆的展陈与本身工业遗产的特性亦有巧妙的融合,例如奥拉维尔·埃利亚松(Olafur Eliasson)于 2003 年进行的气象计划(The Weather Project)就利用了空间极高的涡轮大厅作为场馆设置沉浸式装置,带来了令人震撼的效果,成为美术馆历史上重要的展陈项目之一。泰特当代美术馆建成后至今,既成功地带动了周边区域的经济发展,为当地带来了年均 500 万游客的人流量,又为当地提升了城市环境品质、树立了文化形象、提供了工作机会。

3.3.2 国内案例

2010 年上海世博会选址于近代工业遗产集中的黄浦江两岸,该地区有南市发电厂、求新造船厂、江南造船厂等多处重要的工业遗存。该区域工业建筑自身具有的城市标识性、空间特性、结构形式都相当符合世博会举办大型活动的展馆要求,该策划初期便已间接协调了发展需求与既有条件,使得工业遗产特有的文化调性得以充分体现(图 3.5)。

图 3.5 上海世博会展馆

在实际建造中,上钢三厂的厚板车间改为美洲联合馆、江南造船厂西区改为世博博物馆和企业馆等、南市发电厂交由意大利环境领土与海洋部改为城市实践区多个分展馆。世博会园区范围内共保留了 20 余处建筑,在当时总体被分为保护建筑、保留建筑与改造建筑,对应的设计策略、介入程度均分级进行,并积极使用新的生态节能技术[①]。工业遗存所在滨江地区是两岸开发、旧区改造、产业布局调整的重要节点,除了工业建筑本身的

---

① 左琰.工业遗产再利用的世博契机:2010 年上海世博会滨江老厂房改造的现实思考[J].时代建筑,2010(3):34-39

改造外,所在区域的公共景观也根据场地条件、城市区块需求、技术与人文理念进行了重点设计①。

该项目的工业遗产改造理念在世博会结束后仍然延续。原俄罗斯馆、卢森堡馆、意大利馆、法国馆并未拆除,而是被保留下来构成世博文化公园,继续为城市服务;南市发电厂于 2012 年进行了再次改造,成为上海当代艺术博物馆,现已是城市文化地标之一;中国船舶馆改为中国船舶展览馆,在 2022 年的世界设计之都大会中作为主展馆继续使用。上海世博园作为较早的大规模工业遗产改造实践,体现了保护的可持续性、科学性,体现了城市工业文化底蕴,达到保护与发展并行的效果。

3.4 国创园工业遗产保护利用理念

根据国创园的参与主体类型,本书将从运营主体、设计方与其他相关者三个角度阐述国创园的工业遗产保护利用理念。

(1)运营主体:国创园的改造、投资、运营与管理均由南京国创园投资管理有限公司主导。在国创园的转型过程中,作为参与全部流程、组织各方的运营主体,拥有核心决策权,在保护利用方面对国创园的影响最大。因而国创园的保护利用理念在其制定的各层面策略上体现得最为全面。首先,在 2012 年 3 月园区改造启动时,策划中主要对标的同类园区多为具有工业文化属性的高品质园区,在再利用方面都较为注重原有工业建筑的保留,如晨光 1865 创意产业园(原金陵机器制造局)、石榴财智中心(石头城 6 号文化商业园,原南京市粮食局下属粮油仓库)、创意中央(原威孚金宁厂)等。可以看出,国创园从最初就将园区的工业遗产定位全面考虑在策划中。其次,在招商运营稳步推进的基础上,进一步将国创园的性质定义为以复兴为使命的科技文创生态产业园,即在重视国创园的工业文脉的基础上,以科技活动、文化活动等方式将这一遗产的转变展现给各类潜在使用者,从而建立起清晰的文化形象②。这样的更新观念在工业遗产的保护利用中属于切实且比较平衡的理念。在延续工业文化、促成园区转型的前提下,保留当下建成环境的同时为未来的可利用性做出适当改变,这对于区域经济、产业转变和建筑遗产再利用都有利,有效协调了现实与愿景之间的矛盾。

在 2012—2013 年项目方案设计过程中,楼栋设计汇报中包括的建筑改造修缮导则—试行—正式确认的方案流程,已经接近国家现有保护框架中对于历史建筑、文物等有明确身份认定和规划图则的对象进行保护的常规流程;而当时国创园建筑尚无明确图则规定对其本体及建筑控制地带的保护要求。在 2017 年 3 月,改造工程启动四年后,二机厂正式被列入南京市工业遗产类历史风貌区保护名录,厂房中的 8 号和 19 号楼、大厂房(26、27、28 号楼)正式被列入南京市工业遗产类历史建筑保护名录,在 2021 年 9 月公示的《南京市第一、二批历史建筑保护图则编制(公众意见征询)》中(图 3.6),这些建筑的保护图则得以制定。在保护建筑尚未被公布、没有确切的限制条件的情况下,已以相对稳妥的、

① 俞孔坚.棕地生态恢复与再生:上海世博园核心景观定位与设计方案[J].建筑学报,2007(2):27-31
② 来源:国创园整体定位方案(2012.9)、国创园营销推广策划(2013.9)

时间成本较高的方式进行研究决策,并在工程完成之后仍能获得历史建筑名录的认定,说明运营主体的保护意识较强,真真切切留住了二机厂重要的工业遗产要素。

图3.6 《南京市第一、二批历史建筑保护图则编制(公众意见征询)》

(2)设计方:作为从实际上保护、改变园区建成环境,具象化各方面需求至实体空间的重要参与者,其保护利用理念也对国创园产生了较大影响。本次陈述主要基于公开可获取的文字、影像资料及汇报文本、报规文本等文件。

保护和设计理念体现得最为清晰的应属在2012年向南京市规划局上报时使用的设计文本。由于当时并没有相应的工业遗产规划指引,文本中列出的设计依据主要是当时的建筑通用规范。在总体规划部分、公共空间设计部分中,主要陈述了对于提供开放的城市公共空间、打造积极的城市面貌、设计连续的公共节点以及在来风街与内秦淮河形成城市界面的希望。以往南京其他工业遗产在利用时,由于过多强调园区的封闭性,外界形象不够鲜明,与现代所需求的开放友好的城市态度背道而驰。因此,国创园在设计中能够重视且在操作上实际地解决这一属性矛盾,使得作为工业遗产的园区能够主动提供被接近、欣赏、使用的空间,在保护层面上是值得支持和鼓励的。而基于城市界面、城市面貌的合理设计能在更大尺度上与周边老城风貌达成互补,体现更完整的城市工业文化印记——无论是水西门城门附近及城门外的工业遗产,还是北侧生姜巷、下浮桥,与国创园一起伴随着城市区片的历史转型,也是构成内秦淮河一带城市风貌的重要部分。因此,国创园的界面塑造可以为周边城区带来联动的、积极的效应。事实上,2021年公布的《内秦淮河历史风貌区保护规划修编》对于内秦淮河区域的定位调整就已经强调"打造城市会客厅与创意文化艺术长廊",将国创园作为文创功能板块,这与国创园在2013年所追求的设计形象较为相符。内秦淮河风貌区所勾勒的形象证明了国创园在保护利用方面的成功之处,特别是增强了工业遗产的公共性与可达性、设置丰富的城市空间和节点等举措在保护利用上相当优异。

设计文本中收集了大量前期调研工作所得出的成果,对于工业建筑的质量、年代、材料、构件价值等进行详尽分析,并在分析基础上确立了主要建筑以保护为主、拆改为辅的更新理念,仅对质量差、年代近、工业特征不够明显的建筑进行较大程度介入,而工业构筑物部分则基本完整保留。作为工业文化的重要构成要素,器械、设备及构筑物在近些年的工业遗产保护中的地位逐渐上升,而部分早期厂区改造基于空间、使用、成本、污染等因素都会选择将原有机械设备全部清空或仅保留少量核心构筑物。在园区肌理方面,改扩建均是在原有建筑特征的基础上进行的,因此对建筑整体外观的改动并不明显。在景观方面,如第二章所述,二机厂原有厂区的景观布局较为优秀;在项目设计中景观的整体布局被延续下来,整体上保留了原有结构,并在重要节点增加了小品与城市家具。设计文本最终呈现的园区基本保留了原有的工业遗产价值特征,在工业遗产的空间、工程、文化等方面进行了科学合理、有依据且平衡的处理,很好地将物质留存转化为既适应现代功能,又能体现工业文化特点的综合产业园区。除了明确与保护相关的内容外,其他说明性的内容也比较全面地反映出当时的设计先决条件以及对于工业遗产项目的设计侧重点等。

(3)其他相关者:在本项目中还有多个相关群体曾经或正在参与国创园的保护改造利用,包括原二机厂的职工、在此运营的商铺主理人、周边居民等。从与国创园的历史、情感联系强度来说,原二机厂职工是其中最为密切的群体;特别是在工业遗产的文化传承、历史记录、故事讲述方面,作为历史亲历者的职工也是历史的一部分,他们对身份转型的认同始终与园区改造更新相关联。在改造过程中,原二机厂职工提供了口述历史,帮助设计方与运营方获取真实的历史信息,辨别建筑的历史改建。国创园开园后,也有一些原厂职员转型参与国创园的管理运营,成为历史与现实的亲历者和讲述者(详见第一章),全程参与了过去到未来的塑造。

3.5　南京城市发展策略与国创园工业遗产保护利用

近年来,南京大力推进工业布局调整,工业企业"退城入园",主城老厂区、老厂房、老设施加快业态提升。通过进园创业企业等多方的共同努力,国创园现已成为南京文化发展的名片之一。国创园工业遗产也是南京城市文化建设的重要资源,对国创园工业遗产的保护与利用,可以为城市注入独特的文化元素,展示城市的历史风貌,提升城市的整体品位和文化价值。国创园工业遗产是经济发展的新动力,通过开发利用国创园工业遗产,可以创造新的经济增长点,促进旅游业的发展,带动相关产业的繁荣。除此以外,金基集团出于社会责任,对国创园工业遗产进行完整保护与合理利用是必然的。

工业遗产的保护利用不可避免地与所在城市的经济产业、发展方向紧密联结。工业遗产的固有物质要素例如密度、尺度、承载量以及再利用潜力等会决定其能否适应现代城市的发展进程,也决定了其得到何种程度的保护。南京的工业产业转型自20世纪末就已经开始,2000年起中心城区便不再增加大型工业用地,同时要求南京老城区无论是近代还是现代的工业园区都需要在变化中重新找到定位,这与全国其他城市2005年后工业改造项目出现的猛增趋势相同[①]。南京的工业遗产再利用项目相应开始增加,在政策和指引中已经出现了对近现代工业遗产的转型期望。例如2006年颁布的《南京市文化创意产业"十一五"发展规划纲要(2006—2010)》中就有表述"结合老城区旧工业厂房和住宅区功

---

① 刘宇. 后工业时代我国工业建筑遗产保护与再利用策略研究[D]. 天津:天津大学,2015

能改造、近现代建筑保护,建设文化创意产业园,为创意设计企业搭建服务载体"。在不断尝试和总结经验过程中,更多的配套指引、实施机制逐步跟进。在国创园改造前后阶段,国家《国务院办公厅关于推进城区老工业区搬迁改造的指导意见》以及南京《关于推进城镇低效用地再开发促进节约集约用地的实施试点意见》相继下发,表明了国家、地方对老城区工业厂区更新改造的迫切性,其中亦有关于工业遗产保护的明确说明:

> "近年来,许多城市采取多种方式组织开展城区老工业区搬迁改造,发展改革委也组织开展了相关试点工作,取得了一定成效。但是部分城区老工业区搬迁改造发展定位不合理、搬迁企业承接地选择不科学、污染土地治理不彻底、土地利用方式粗放、大拆大建、融资渠道单一等问题比较突出,亟待加强规范引导……高度重视城区老工业区工业遗产的历史价值,把工业遗产保护再利用作为搬迁改造重要内容。在实施企业搬迁改造前,全面核查认定城区老工业区内的工业遗产,出台严格的保护政策。支持将具有重要价值的工业遗产及时公布为相应级别的文物保护单位和历史建筑。合理开发利用工业遗产资源,建设科普基地、爱国主义教育基地等。"
>
> ——《国务院办公厅关于推进城区老工业区搬迁改造的指导意见》

2014年,国创园所在的秦淮区成立了城镇低效用地再开发试点工作领导小组,包括发改、住建、财政、环保、地税、消防、国土规划等职能管理部门,可见切实推行资源再利用和产业升级已经成为关注重点。其后,工业区改造速度随着管理框架的补充不断加快。2016年《南京市城镇低效用地再开发工作补充意见》(现已废止)中给予了政策、管理、审批指引;2019年《市政府办公厅关于深入推进城镇低效用地再开发工作实施意见(试行)》划定了再开发范围、规划要求、开发模式,提出了六条激励措施。秦淮区制定了"硅巷"建设规划,意图通过对老写字楼、老厂房、棚户区的改造,释放创新空间(图3.7)。

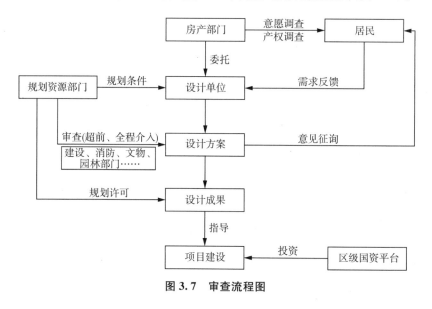

图3.7　审查流程图

2020年国家发展改革委、工业和信息化部、国务院国资委、国家文物局、国家开发银行联合制定了《推动老工业城市工业遗产保护利用实施方案》,强调"保护优先,以用促保;完善体系,形成合力;明确路径,多方参与;全面推进,突出重点"的基本原则,以及未来任务和实施方向。可以看出,近几年来政策所引导的城市产业发展方向颇为明确,其中高人才密度、高产出的创新产业是大势所趋。

尽管这几年工业遗产保护体系完善速度明显加快,但在实际操作中仍然存在不少问题。从国创园改造的初期显现出的典型矛盾和完成后周边工业片区的政策变化两个角度可以体现一二。在国创园及南京其他工业遗产保护与再利用的初始阶段往往存在着常见的矛盾:

(1)再利用项目实施前的初始阶段

城市发展规划、保护规划落实至控制性详细规划的指标时常会出现两难境地。如初始设定的建设相关指标较低,则再利用的主体会陷入亏损状态,可能会直接导致进程停滞,也可能间接延缓项目推进或降低项目完成度以平衡前期投入的成本;如初始设定的指标较高,则较有可能会影响到保护的原则,即因指标所带来的可能风貌破坏,有高度过高、密度过大、拆除量过多、整体性无法保留等,如该情况发生则会对遗产造成不可逆转的严重破坏。而这些情况是希望推动转型、塑造文化形象的城市管理者、原工业遗产产权方及各方参与者都无法接受的,无论是主体亏损或是破坏遗产。遗憾的是,这两者之间的平衡往往难以达到。国创园初期并没有相应规划支撑,也没有管理政策引导,而是在各方的协调努力下得以实施,评判标准也较为模糊,以一个相对低的密度与容积率完成了改造更新。近几年周边类似片区更新改造是经历数次调规才得以实施,而指标总体的变化趋势是根据各方需求有增有减,总体容量增加(图3.8)。

(2)完成后的区域变化

以国创园北侧的生姜巷为例。虽然生姜巷地块本身并未制定工业遗产保护规划或相关政策,仅在大规模的内秦淮河风貌区规划中有相关定位愿景,但与国创园紧邻的地理区位、与国创园相似的区域变迁背景使其与国创园之间具有一定的可参考性。生姜巷在功能属性中属于文化、商业潜力较为突出的区域,现今仍有少量的重要工商业相关及住宅类民国建筑留存。由于处于内秦淮的重要地段,相较处于街巷内部的国创园,生姜巷片的风貌和指标控制则较为严格。2017年,生姜巷控制性详细规划与《内秦淮河历史风貌区保护规划编修》有较大差异:前者将地块整体划为Bb商办混合用地,地块指标均为容积率≤0.8,建筑密度≤55%,建筑高度≤7米,绿地率≥15%;后者中生姜巷地块北侧全为G12绿地,南侧零星分布着Bb商办混合用地。2019年南京内秦淮河(中华门—西水关段)城市设计及《南京市主城区(城中片区)秦淮老城单元控制性详细规划》修改尝试协调两者差异,将南侧留为绿地,北侧保留具有一定城市意义的既有建筑、不可移动文物,并明确指出了"本地块与国创园形成业态互补"(图3.9)。规划公示中提出了几个分地块的面积调整方案(总体面积变动较少),将最北侧、面积最大的1.25公顷(1公顷=0.01平方千米)地块的地块容积率由0.8提至1.2。协调方案于2020年4月最终公布成果中得以正式确定。2021年,新《内秦淮河历史风貌区保护规划修编》同步确认这一成果。

南京其他区域也有类似现象,如包括晨光1865创意产业园在内的金陵智造创新带,2019年对历史建筑群进行规划建设,以三层为主的既有厂区在公示方案中占地约5.7公顷,容积率1.64,建筑密度≤45%,新建建筑高度约23.8米,是通过专家论证并修改的,根据《南京内秦淮河西五华里滨河地段城市设计》和控详调整结果，对生姜巷、徐家巷等6条历史街巷宽度及部分地块用地性质进行适当调整：

NJZCa030-48-09 地块用地性质由G12调整为Bb 商办混合用地；

NJZCa030-48-10 地块用地性质由Cb调整为Bb 商办混合用地；

NJZCa030-48-11 地块用地性质由Cb调整为G3 广场用地；

NJZCa030-50-01 地块用地性质由C34调整为B3 娱乐康体用地；

NJZCa030-50-02、09、12 地块用地性质由Cb调整为B3 娱乐康体用地；

NJZCa030-50-28 地块用地性质由Rb调整为Bb 商办混合用地；

NJZCa030-54-18 地块用地性质由Rb调整为B1 商业用地。

调整前用地布局规划图

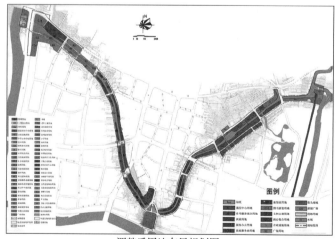

调整后用地布局规划图

图3.8 用地性质调整图

南京市规划编制批前公示

南京内秦淮河（中华门-西水关段）城市设计及《南京市主城区(城中片区)秦淮老城单元控制性详细规划》(NJZCa030-48、50、54)修改（公众意见征询）

11. 生姜巷地块方案设计

本地块北靠升州路，南临秦淮河，西接西水关码头和游客服务中心。升州路下浮桥23号建筑为不可移动文物需要保护，生姜巷43号北货果业公所门头构件保留，在本次城市设计中就近复建。另城市设计建议保留升州商务和金陵饭店两栋大体量建筑，并进行改造。本地块与国创园形成业态互补。

沿升州路街景

图 3.9 南京市规划编制批前公示图

其容量也比早期的晨光 1865 创意产业园与国创园大。该现象体现出,在城市对工业遗产的再利用经验较少的情况下,作为试点或先行者的工业遗产保护及再利用项目面临的阻力极大,投入成本较高,落成后并未获得其他政策激励或补助,而有试行先例后周边类似项目的推进压力则会减弱很多。该状况导致无先例的再利用实践极难落实、先导项目与后发项目之间不公平,也间接促成了工业遗产保护模式的单一。

国创园作为创新产业基地,其氛围营造虽然一直在上层规划与实施策划中,但目前留下的是作为摄影爱好者拍摄点、婚纱拍摄点的城市印象,并有着建筑设计师之所、美食之地的美誉。而在目前以成功运营案例为主要导向的环境下,同一工业遗产或其周边类似项目根据已经偏移的城市形象所带来的实际收益制定的策划,可能会影响下一期改造的形象及营销倾向,从而使得某一片区的工业遗产的城市印象整体产生偏差,这样的案例在国内的婚纱摄影影城、复古街区中屡见不鲜。

当然,城市中的任何建筑形态与功能都应当随着城市发展而变化,这并不是否定工业遗产的存在,而是告诫人们,遗产建筑修缮修建变化的次数越多,损失的历史信息越多,尤其在同一个历史时期中经历的改变越多,越难保证保护的程度和效果。在城市总体的发展策略不变的情况下,工业遗产保护利用的规划或许应当放在更长远的发展视角下进行,在维持基调、原则、大方向不变的前提下协调已经存在的矛盾,将宏观发展策略中工业遗产可承载的部分放入遗产所提供的实际城市环境容器内。总而言之,城市规划中的工业遗产应有符合其特征的定位,而城市愿景中的规划应当给予工业遗产合适的、具有一定灵活性的、能将其价值得以体现的空间。

第四章

南京国创园定位策划设计

4.1 工业遗产产权的引导和限制

4.1.1 工业遗产的产权机制

不动产产权是以不动产作为承载体的物权,是财产权的一种,具有一系列排他性的绝对权,权利人对其所有的不动产具有完全支配权。按主体划分,产权可以分为私有产权、共有产权与混合产权。按物理状况划分,产权可以分为房产权和地产权,两者既可统一又可分离。按权能性质划分,产权还可以分为所有权、用益权、租赁权、抵押权、发展权以及相关联的一系列权能。

产权是由多项权利构成的权利束。产权界定即将物品产权的各项权能界定给不同的主体,主要包括两部分:一是产权的归属关系(界定归谁);二是在明确产权归属的基础上,对物品产权实现过程的各权利主体之间的权责关系进行界定(界定约束)。实际上就是通过设置约束条件保障合理的经济秩序,产生稳定预期,减少不确定因素,最终实现交易费用的减少。

(1)所有权

产权机制是完善的经济市场最重要的基础条件。所有权是整个产权机制的核心,具有绝对性、排他性、永续性三个特征。所有权包括使用、收益、占有和处置权。使用权、处置权等又因法律限制而包含不同的权利内涵。基于对工业遗产的保护,通常还会对上述权能赋予不同程度的保护限制规定。市场经济条件下,市场决定工业遗产的最佳利用;有时也会根据实际情况进行调整,以体现工业遗产的社会效益和经济价值。但是市场有时也会出现失灵情况,因此需要政府采用制度或政策手段进行调控管理。

国创园产权人为第二机床厂,属于南京金基集团下属企业(图4.1)。2012年,由南京金基集团投资,利用原二机厂的老厂房改造建设为文创产业园。2013年9月正式开园,由金基集团下属南京国创园投资管理有限公司负责运营管理。

国创园产权属单一私有产权,即社会单位对工业遗产具有独占的、排他的所有权或使用权。他人以及政府无法在未经所有人同意的情况下,通过强制手段对该工业遗产进行整饬改造。这种产权状态避免了政府单方面大规模旧城改造和市政建设,以及由此带来的集体动迁行为,理论上使工业遗产可以得到良好保护。其优点在于产权清晰、决策处置效率高,使得产权转移、用益权分离的运作相对便捷,得益于此,国创园能够最大程度保留

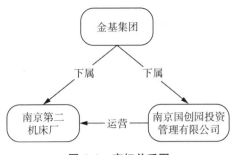

图 4.1 产权关系图

原物,通过局部改造方式,实现收益的最大化,当然缺点在于回报周期长。

（2）用益权

用益权是指非所有人对他人之物所享有的占有、使用、收益的排他性权利。从经济学角度看,隶属于他物权的用益权的产生与分离是社会进步的表现,人们可以通过"用益权"对稀缺资源进行充分利用,使资源利用的交易费用得到降低。

用益权的分离有益于工业遗产保护利用。拆分所有权、使用权和监督权,必须清晰阐释各自的权利责任,建立起对使用者的有效约束机制。公有产权代理人（政府）再委托专业机构负责工业遗产的日常经营,将公共使用状态确定排他性;同时要基于公共利益,明确经营目标,避免代理机构盲目追求自身利益。由于置身于外,政府更有效地起到监督约束的作用。所有者、监督者和使用者的三方博弈不可避免,但这些博弈行为最终会导致共有产权进一步细化明晰,交易费用得到合理控制。

（3）其他权益

在所有权之上,派生出用益物权和担保物权。用益物权包括用益权（经营权、使用权）、地役权、地上权等,担保物权包括抵押权等。租赁权是具有物权性质的债权,是正常条件下工业遗产出租所产生的直接收益,属于工业遗产的生产资料使用权收益和正常生产收益补偿。

4.1.2 产权对工业遗产保护利用的影响

工业遗产的产权是否明晰,决定着工业遗产的策划、设计、管理等一系列过程是否会出现问题。下文整理对比了其他工业遗产的产权现状和发展状况（表 4.1）。

表 4.1 工业遗产项目产权与发展状况对比

工业遗产项目	产权归属	发展状况
南京国创园（原二机厂）	南京第二机床厂（金基集团）	创意产业充分入驻,商业设施齐全,园区风貌保护较好,园区活力十足
晨光 1865 创意产业园（原金陵机器制造局）	晨光集团公司和南京市秦淮区人民政府	地理位置较优,宣传力度欠佳,目前园区正常使用
十朝历史文化园（原南京手表厂）	南京钟山风景区建设发展有限公司和以国有资本为主导的钟山文化发展有限公司	园区活力十足,所有展馆都是纯公益性,免费向市民开放

工业遗产项目	产权归属	发展状况
苏纶场（原苏州苏纶厂）	苏州嘉和欣实业有限公司	后期运营不善，整个街区呈现一片萧条的景象
花里卷（原苏州缝纫机厂）	江苏安和锦文化创意产业发展有限公司（长租方式）	选址优异，定位明确，挖掘利用老旧厂房的文化价值，业态多元丰富且有一定质量保障，有益于长期可持续发展

晨光1865创意产业园由晨光集团公司和南京市秦淮区人民政府共同出资，属于混合产权；南京手表厂产权属于南京钟山风景区建设发展有限公司和以国有资本为主导的钟山文化发展有限公司；苏纶厂产权属于苏州嘉和欣实业有限公司；苏州缝纫机厂是由江苏安和锦文化创意产业发展有限公司长期租赁后继而进行经营。对比以上案例，由于产权归属不同，带来的工业产业园发展情况也是不尽相同。由于是公私两方参与的混合产权，这就要求双方责权关系有明确阐释。基于公共利益，明确经营目标，避免代理机构盲目追求自身利益，同时政府起到有效的监督约束作用，这样，在不改变所有权性质的基础上，运营得当，才可能产生经济效益。如案例中的晨光厂，即是如此。另一种产权方式是仅仅获得用益权（指对他人所有之物享有的使用和收益的权利），如苏州缝纫机厂，是江苏安和锦文化创意产业发展有限公司长期租赁并进行经营，且在这一过程中，仅获得工业遗产的占用、使用、收益的权利。但这样分离出用益权，容易造成各方权责不明确的状况，工业遗产所有者、使用者和监督者的三方博弈不可避免。

国创园的产权人为南京第二机床厂，隶属于南京金基集团。产权责任非常明确，这也就避免了政府单方面的大规模旧城改造和市政建设，可以使遗产得到很好的保护。并且二机厂产权具有整体性，可以进行规模化、整体性的改造和利用。作为资产持有人的金基集团没有过于追求经济最大化而无视工业建筑的遗产价值，在园区的更新改造过程中充分遵循了相关的工业遗产保护政策，对其内部的历史建筑进行了完善保护。同时在充分尊重原有历史风貌的基础上进行改造，使园区历史价值得到保护。整个园区在保留了二机厂原有历史风貌的前提下，进行现代元素的置入和功能的完善；加强工业遗产与创意产业、旅游产业的对接；鼓励工业遗产再利用与博览会、科普教育相结合，与旅游、生态环境建设相结合，形成灵活多样的功能开发和再利用模式，承载城市发展新功能，增加城市生活新体验；利用闲置的老厂房建立创意产业聚集区，引进文化设计、科技创意、艺术作坊等文化企业，打造地方特色的文化创意园区；因地制宜地将工业遗产改建成公共娱乐场所，建设旅游休闲景观。

2012年南京金基集团另行组建南京二机投资管理有限公司负责园区建设和运营，2015年变更为国创园投资管理有限公司。如今，这里的老厂房经过修缮、改造，建成以设计开发为主导产业的南京国家领军人才创业园（即国创园）。改造后的园区不仅提倡产业的多样性，也给各幢建筑赋予多种功能，最后形成一个以产业办公为主，产业展览及相关餐饮、服务配套和文化设施为辅的综合性创业园区。园区2013年9月正式开园，在社会各界的支持下，已经形成"空间环境促进创业创新、文创人才向势集聚、助推增长方式转变"的特色文化创意园区。工业遗产直接进行买卖的交易费用很高，金基集团拥有国创园完全的改建、招商、运营管理与收益权,保证了在工业建筑改造过程中,建筑外观细部完整、整体性强、风格统一,与厂区整体环境协调。必须承认的是,改造后的国创园办公商铺的租赁价格已经与市中心高档写字楼租金不相上下,体现了物业改造的增值收益。

4.1.3 产权影响下的工业遗产保护与利用分析

工业遗产是人类文明和历史发展的见证,其所具有的遗产价值已经在世界范围内受到普遍重视,"我国正处于社会转型期,城市化进程不断加快,大批曾为我国近代化、现代化作出重大贡献的老工业企业面临改组、搬迁,其设备、产品也不断在淘汰更新"。对工业遗产的保护利用,不仅要从政策支持方面,而且要从产权开发管理等方面展开。

2003 年国际工业遗产保护协会(TICCIH)在下塔吉尔召开会议并发布了关于工业遗产保护的《下塔吉尔宪章》,《宪章》中提出:"为了实现对工业遗产的保护,赋予其新的使用功能通常是可以接受的,除非这一遗产具有特殊重要的历史意义。新的功能应当尊重原先的材料及保持生产流程和生产活动的原有形式,并且尽可能地同原先主要的使用功能保持协调。"2018 年中华人民共和国工业和信息化部发布《国家工业遗产管理暂行办法》,从认定程序、保护管理、利用发展、监督检查等方面对国家工业遗产保护利用及相关管理工作进行了明确规定,其中提出:"开展国家工业遗产保护利用管理工作,应当发挥遗产所有权人的主体作用,坚持政府引导、社会参与,保护优先、合理利用,动态传承、可持续发展的原则。""鼓励利用国家工业遗产资源,建设工业文化产业园区、特色小镇(街区)、创新创业基地等,培育工业设计、工艺美术、工业创意等业态。"

2017 年南京市政府公布了南京市工业遗产类历史建筑和历史风貌区保护名录。其中南京第二机床厂被市政府认定为"南京市历史风貌区",二机厂 8 号、19 号、26 号、27号、28 号楼老厂房被认定为"南京市工业遗产类历史建筑"。南京市政府《关于公布南京市工业遗产类历史建筑和历史风貌区保护名录的通知》中指出规划、文物、房产、国土、工信等部门应根据各自职责制定保护与利用的鼓励、激励措施,调动工业遗产所有权人、使用者、管理者保护与利用的积极性和主动性,各级宣传部门应加强对工业遗产保护与利用的宣传,增强全社会的保护意识。

在保护利用转型过程中,工业遗产的产权属性决定了其保护利用过程的复杂性,使用者的权益需要一个完整及有效的产权责任机制来保证,这也是实现工业遗产可以得到有效保护和合理利用的基础:产权越是复杂,权责分配越要谨慎。

在同类型的工业遗产更新改造案例中,晨光集团和南京市秦淮区人民政府合力打造的晨光 1865 创意产业园,在产权归属上属于混合产权,对园区内建筑进行了修复、改造,具备使用价值。在国创园的保护利用过程中,产权单一,责权清晰,遵循政策引导,明确发展方向。在策划定位中,响应国家发展文化创意产业的号召,形成"空间环境促进创业创新、文创人才向势集聚、助推增长方式转变"的特色文化创意园区,并在保护园区肌理、建筑风貌、机器部件等物质载体的基础上,深入挖掘并展示二机厂的历史文化信息,在商业运作中宣传南京工业的文化历史,展示与此相关的机器部件,打造南京传统工业遗产园区的名片。

被南京市政府认定为"南京市历史风貌区"后,园区更新改造中对历史价值较高、保存较好的工业建筑进行了保留(图4.2),仅对其内部空间进行更新改造,特别是8号、19号、26—28号楼等几处工业遗产类历史建筑;对于建筑工业特征不明显的房屋,进行拆除(图4.3);同时,将一部分保存较完整、工业特征明显且具有代表性的工业零部件、设施设备进行保留,作为景观小品融入园区。

图4.2 建筑保留列举

图4.3 建筑拆除列举

4.2 面对用户和市场需求的策划与定位

4.2.1 自身发展定位研究

二机厂更新改造后的功能是服务于周边以及城市中的人群,对目标人群的定位和分析是前期必要的工作内容(图4.4)。

图 4.4 市场需求下的定位策划

(1)市场需求分析

目前,我国处于各行业高速发展的时代,国家高度重视高精尖人才的培养和引进。二机厂"领军人才产业园"这一功能定位充分符合南京市对于人才的需求,更新改造后为区域商务办公提供了一个舒适的工作环境。在地理位置上,二机厂位于南京老城区,对外辐射面广,对内可达性强,区位条件较为优越,拥有多方位交通设施的覆盖(图4.5)——这些优势为国创园的可持续发展创造了可能。

(2)用户需求分析

国创园位于来凤街菱角市66号,西侧为明城墙,并临近秦淮河,既是南京市工业历史风貌区,也是城市中重要的传统文化展示区域;园区东侧为居民区,也是该地区主要的人流活动区域,对沿街一侧的商业定位,也能满足居民和园区内工作人员的日常生活所需(图4.6)。

综上,国创园用户需求可分为以下两类:一是文化创意办公企业展示及宣传交流;二是周边居民和园内办公工作人员的日常生活。

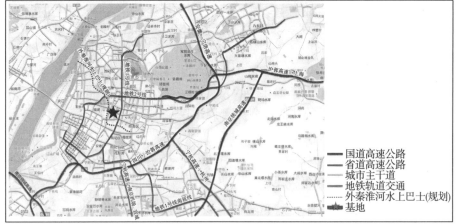

图 4.5 交通状况图

图 4.6 国创园周边用户界面分析

4.2.2 面对需求的策划研究

（1）区位人群因素

基于市场与人群的需求，常见的工业遗产改造后主要功能有：艺术展览与旅游开发、商务办公、公共休憩空间或景观公园和创意产业园。其中，可达性好的地段可以适应大部分功能；临街适合于商业、娱乐、博览、餐饮功能，不适于办公；景观良好适合于公共休闲空间，不宜用于仓储。国创园满足以上功能需求。

最常见的老旧工业建筑利用模式是将其改造为创意产业园和现代艺术展示区，展示现代艺术、大型雕塑、装饰艺术作品等。其原因一方面在于租金较为便宜；另一方面在于大多数位于城市中心区域，地段位置良好，更重要的是这些老旧厂房、旧仓库背后所积淀的工业文明和场所记忆，能够激发创作的灵感。部分厂房也可满足办公需求，加上厂房开阔宽敞的结构,可以随意分隔组合、重新布局,具有自然光线,还有不错的自然景观和工业元素,因此受到创意产业者的青睐。国创园现有的老旧工业建筑内部空间符合这一特征。

（2）社会需求

根据工业遗产所在的城市功能要求,可将其改造为公园、博物馆、学校、图书馆、公寓或办公用房、旅馆、餐厅、购物中心等,比如将闲置厂房改造为学生公寓、食堂、办公用房。对于社会需求的调查,需要对周边环境情况进行调研,明确主要使用人群的需求,对园区功能进行定位,使其满足周边环境的社会性需求。在对国创园周边情况进行调研后,发现国创园内对城市社会需求较大的有办公、餐饮等。

（3）"文化经济"需求

工业遗产作为一种新型的文化遗产,其社会文化价值逐渐得到多方认可。工业遗产与社会文化价值之间的内在关联则应当归入后工业时代城市空间转型升级的宏观背景来思考,旨在解决城市发展过程中存在的问题的"城市再生"理念开始成为多个城市的公共治理政策理论基础。"城市再生"的政策框架涵盖经济振兴、社会包容、教育福利、环境保护等一系列议题,以"社会可持续发展"作为理论核心使其越来越倾向于城市形象、城市品牌、城市竞争力等文化内涵的培育。

具体落实到老旧厂房空间的改造,以第三产业为驱动来推进都市休闲竞技的发展和消费空间的转型升级,精准把握了"文化"[①]作为经济发展内生要素的强大动力,也是国内外工业遗产改造案例中比较常见的再利用模式。我国工业遗产保护转向"文化",国家对于构建创意城市和发展创意产业等新兴工业化道路具有现实需求。研究表明,一方面,工业遗产是特定历史时期城市发展的见证者,针对厂房、景观、仓库的保护和改造,有助于城市文脉传承并塑造独具特色的城市文化肌理;另一方面,工业遗产不仅是工业时代留下的物质载体,其加工工艺等活态文化也是一种极具潜力的创意资源,有待于在新时期与文化、科技、艺术相融合而使其经济价值得到不断开发。

当下工业遗产的更新改造的问题主要体现为由于市场需求调研不充分,后期的活化利用效果没有达到预期目标,使得园区低效闲置的情况比比皆是。因此对市场及目标人群的需求进行调研分析,在此基础上制定合理的策划与功能定位是推动工业遗产项目更新改造利用至关重要的基础工作。

4.2.3 定位与策划的可行性分析

国创园以二机厂厂区内原有建筑及工业构件作为"工业博物馆保护与展示"主要内容,以"人文传承,新旧融合,空间再生,创造活力"为改造原则,重点维护和修缮原有工业建筑,以二机厂本身展示过去的工业遗产风貌和工业生产设施、相关设备、工人生活（图4.7）等。在功能定位上采用"创意园区利用模式",在空间利用上主要以文化产业、创意产业、文化展览等为主,在城市的维度上可以提高南京市城市品位,打造品牌竞争力。

---

① 根据文化学者麦克·古依根的界定,"经济文化政策"主张文化的工具主义和商品属性居于优先地位,以此进行考量,审美主义和学术性则相对次之,重点考察以"文化"为主题的都市景观、文化创意园区、文化产业集群、文化遗产、文化城市等空间形态在振兴本土经济和塑造城市品牌中发挥的积极作用。

图 4.7 国创园效果图

国创园的定位契合当前时代的趋势,依托国家大力注重和培养高精尖人才的背景,抓住当下南京市对领军人才的重视与积极引进的政策机遇,营造了一个创业人才办公的集中化场所。改造后的园区主要建筑功能以创新型企业办公为主,企业展览及相关服务配套和文化设施为辅的综合性创业人才园区(图 4.8)。

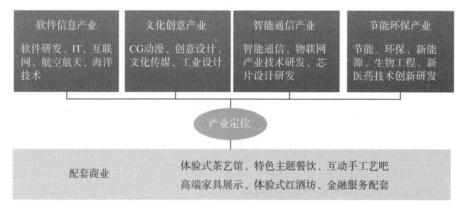

图 4.8 国创园产业定位

4.3 基于 SWOT 分析的设计路径

4.3.1 SWOT 分析

SWOT 分析法最初运用于企业的战略分析,能够较为客观全面地分析现实情况。将SWOT 分析模型运用于工业遗产保护利用的过程中,对其发展现状、内部条件以及外部环境进行剖析,以实现发展优势的最大发挥、资源的最优利用,并规避不利影响,最终基于项目条件与需求定位,提高工业遗产保护和利用的实效。

1)优势

(1)工业历史悠久、文化底蕴深厚

南京国家人才创业园基址原为南京第二机床厂厂区(图 4.9)。二机厂的前身为南京第一机械厂、南京度量衡厂以及江南造币厂(图 4.10),历史年代可以追溯到光绪二十二年(1896)。江南造币厂因一场大火被烧毁,大部分原有建筑损坏,厂区一度荒废,直到后来的度量衡厂开始重建利用,1950年代开始建造现有的厂房建筑。如今保留下来的主要是二机厂的车间、厂房、附属楼房、机械设备,这些建筑及工业构筑物大多建造于20世纪五六十年代后。二机厂初期建造房屋的条件较为艰辛,建造于20世纪五六十年代的建筑以及七十年代的部分建筑都采用了最易烧制的红砖、青砖砌筑,在建筑材料匮乏的情况下,甚至用湿润的泥土和芦苇席结合来做厂房的墙。另外,整个园区保留建筑的屋顶形制均为坡屋顶。现留存的二机厂建筑向人们展示着当年国内顶尖机械厂的历史印记,具有时代特征和文化底蕴。

图4.9 二机厂

图4.10 江南造币厂

(2)建筑保存状况良好

保留的厂房建筑体现了其当时作为一个机械厂的特点,例如机床体量大、设备多、生产联系紧密、操作空间需求大、建筑空间通敞等。这种建筑内部为大开间,可以灵活实施。大多数厂房建筑的结构体系保存良好,且可以继续使用(图4.11、图4.12)。厂内多数建筑的外立面也完整地保留了下来,较为完整地展示了二机厂原本的风貌。另外,老厂房本身采用了传统的红砖墙面和坡屋顶的传统形式,展现了新中国成立初期和改革开放时期的工业建筑,具有较高的历史文化价值。

图4.11 工业景观遗存

图4.12 工业建筑遗存

(3)社会情感价值较高

二机厂始建于20世纪五六十年代,至今已有70年左右的历史,见证了周边老城环境70年间的变迁,也见证了南京这座城市的发展。对于许多老员工而言,工厂承载了几代人的青春和回忆,这不仅是一处厂区,而是整个青春的见证者,人生大小节点都在此发生,工厂的日夜已经融入生命,不可分割。对于周边居民而言,城市环境快速更新,二机厂一直屹立在此,这个厂区也是他们生活成长的见证,蕴含社会情感价值。

(4)地理区位优越

国创园位于南京市秦淮区秦淮河风光带,东临来凤街,西至凤台路,北近升州路,三条主干道紧密环绕于园区四周。同时,由地铁1号线、5号线(在建)、集庆门大街、水西门大街等快速交通干线构形成了便捷的交通网络,交通较为便利(图4.13)。周边的产业园区以及商业综合体带来消费人流;同时,国创园涵括在风光旖旎的夫子庙—秦淮风光带范围之内,具有丰富的景观资源,坐拥秦淮河、明城墙、江南贡院等享誉世界的物质文化遗产。

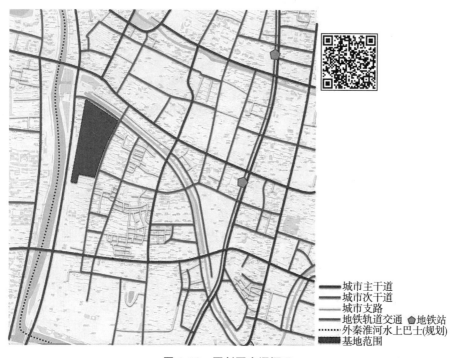

城市主干道
城市次干道
城市支路
地铁轨道交通 ⬟地铁站
外秦淮河水上巴士(规划)
基地范围

图4.13 国创园交通概况

2)劣势

(1)历史保护与建筑改造关系的处理

二机厂于20世纪50年代开始建造,至今已有70年左右的历史,厂区部分建筑现已被列为南京市工业遗产类历史建筑,应根据《南京市历史文化名城保护条例》得到保护。出现的矛盾是,一方面要将历史建筑改造成办公建筑;另一方面需要对历史建筑进行合理保护。

(2)厂房建筑改造更新存在的问题

二机厂内大都是工业建筑和办公建筑,具有开间大、进深大且层高高等特点,对于后期改造使用有一定难度。例如在结构上,厂房建筑与商业办公建筑明显不同,改造过程中保留建筑原结构且加入新结构,需要将内部空间重新布局。

（3）公众保护意识薄弱

工业遗产保护利用工作不仅需要政府引导、企业投资，还需要公众的积极参与。目前许多社会公众对工业遗产所承载的社会历史文化价值认识不足，未能意识到工业遗产合理利用的重要性，缺乏自觉的保护行动。

3）机会

（1）周边环境条件优越

国创园位于南京市秦淮区，属于南京市的老城区。东侧为来凤街，历来都是繁华的商业和居住区，人流活跃度高，可以为园区带来一定的活力。

就园区周边整体环境来说，地处南京市老城区，又位于秦淮风光带内，可以利用文化景观优势来吸引人流。国创园西侧紧邻明城墙，环境优美；北侧回龙街是一条幽静小巷，紧邻内秦淮河，景观价值潜力较大，也为国创园提供了优越的景观条件（图4.14）。

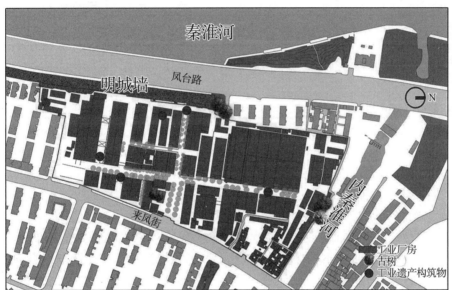

图4.14 国创园周边环境概况图

（2）国家顶层设计支持，助力工业遗产保护

随着全国各地工业遗产保护和利用工作步入正轨，国家也加大了对工业遗产保护和利用工作的政策支持与指导。2016年工业和信息化部及财政部联合印发《关于推进工业文化发展的指导意见》，后起草完善《国家工业遗产认定管理办法》，南京市政府也相应于2017年制定了《南京市工业遗产保护规划》，这些上位规划对工业遗产保护更新利用的重视和要求，都为国创园的发展提供了新机遇。

（3）开发前景广阔，激活工业遗产利用

商业与旅游业作为第三产业中发展势头最强劲的产业，带来的经济价值与宣传价值巨大。因此，在国创园的功能策划中，除了置入办公功能以外，沿来凤街也植入多样性的商业服务功能（图4.15）。现阶段，已将园区构建的"江南近现代工业遗存公园"列入了南京工业遗产旅游线路中。通过将工业遗产与旅游产业相结合，使工业遗产的价值能够得

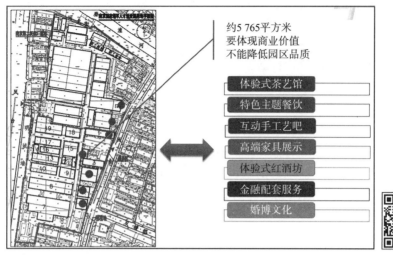

约5 765平方米
要体现商业价值
不能降低园区品质

体验式茶艺馆
特色主题餐饮
互动手工艺吧
高端家具展示
体验式红酒坊
金融配套服务
婚博文化

图 4.15   配套商业规划

到最大限度发挥;同时,也能借助工业遗产旅游业的发展提升工业遗产的影响力。

4)挑战

(1)产业转型与功能转换问题

二机厂从 20 世纪 50 年代就一直作为城市中的工业产业,直到 2012 年园区的重新建设和运营。如今,老厂房经过修缮、改造,建成以设计开发为主导产业的南京国家领军人才创业园。这种从工业制造功能到商业办公功能的转换面临周边居民接受度的挑战。

(2)部分工业遗产濒临消亡,抢救工程迫在眉睫

我国工业遗产保护与利用工作起步较晚,重视程度不够,实践经验较为贫乏,保护与利用措施多有不当,不少工业厂区成为城市建设发展的牺牲品,部分工业遗产已濒临消亡,造成难以挽回的损失(图 4.16)。建筑遗产具有不可再生性,必须对承载历史文化的工业遗产进行抢救性的全方位保护。

图 4.16   厂区原破损建筑

4.3.2   基于 SWOT 分析的设计策略

新一轮的城市更新中,国创园勇于面对功能转换和产业转型的新形势,基于自身与周

边环境的关系,诠释工业遗产新旧交界于历史保护和新建建筑之间。基于对二机厂自身条件的 SWOT 分析,即其更新改造过程中面临的自身优势(S)、劣势(W)、机遇(O)与挑战(T),可有效针对二机厂的功能定位与更新改造应对策略。

(1)面对自身优势的更新策略

在自身优势方面,二机厂拥有悠久的历史文化和保存较为完善的厂区,同时也是许多人青春记忆的寄托,拥有较高的社会情感价值。在政策规定的对工业遗产历史风貌保护要求下,对厂区的环境肌理进行了最大限度保留,采用微观手法对其进行适用于现代使用惯性的更新改造。对于亟待修缮的厂房建筑,材料色彩的选择上充分尊重了原厂区整体的色调,在保留传统风貌的基础上完成了新旧融合。

(2)规避与解决劣势的举措

在二机厂更新开发过程中,由金基集团统一规划建设管理,避免了园区开发模式的混乱,对建筑单体的改造和利用实现了空间效益最大化,形成了一定规模的主导产业,并保证了管理措施的有效落实。

(3)面向市场机遇的应对

二机厂位于南京老城区,位置条件优越,与周边秦淮河景观带相融合,形成历史景观长廊。社会层面上,二机厂的更新改造受到国家政策的保护和支持,更新改造时应紧抓南京市工业历史风貌区这一特色进行宣传、增加知名度,获得更高效益。

(4)对于挑战的应对措施

二机厂在面临功能转换的同时也面临着建筑改造的问题,同时存在工业遗产存在保护不当、周边人群缺乏保护意识等问题。功能转换的空间不适用,可以通过设计重新设置,使建筑在保留工业遗产传统外立面的同时调整内部空间布局以满足办公场所的需求。改造后,再改造的管理和控制也是个新课题。

为符合不同规模的企业和不同层次的创业人才的要求,园区内的创业人才办公区具体分为企业孵化区、企业加速区、总部经济区等。同时,园区内设有商务会所、公共餐厅、休闲设施等配套服务,以提升园区品质。

4.3.3 设计策略可行性分析

二机厂内部保留了较为完整的厂房建筑、大型零部件,同时承载着南京市工业文明的深厚文化底蕴,文化价值较高,更新改造中利用好自身优势是设计策略的重点。另外,二机厂也承载着几代人的青春记忆,具有较高的社会情感价值。对于二机厂内保存状况较好的厂房,将其外立面和结构体系进行了保留,仅更新了部分老旧构件,内部空间根据建筑功能进行设计重置布局。现 4—5 号楼建筑(图 4.17)在保留了外立面的基础上,对内部空间进行重建,增加沿街商业功能。二机厂内部分建筑残损较为严重,整体外立面景观效果较差。更新过程中对其进行了最大限度保护,结合现代的建筑设计手法对外立面进行处理,使其呈现更加完美的效果。例如 11 号楼建筑(图 4.18)改造前建筑外立面较为破旧,整体视觉效果较差,更新过程中对立面进行修缮,保护利用,内部新建,使其呈现出现代与传统相结合的建筑特点,并与整个园区形成统一的特色风貌。

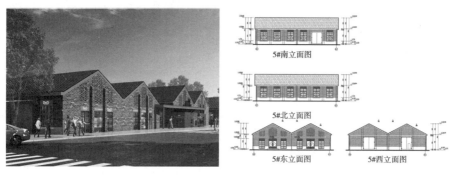

图 4.17　4—5 号楼立面保留

图 4.18　11 号楼改造前后

二机厂紧邻明城墙和内秦淮河,具有优越的景观优势。在景观空间设计中,为增加与周边环境的渗透关系将广场空间打通,在保留原有肌理的基础上植入了 4 个景观主题公园,形成一条时空之轴,贯通景观系统,形成视线通廊(图 4.19)。在南北方向将内秦淮河景观引入厂区,使周边环境条件得到最大化应用。视觉的贯通可以提升厂区的开放性,营造厂区景观小气候,增添厂区内活力。

图 4.19　视线通廊设计

园区内厂房根据功能定位不同,进行了不同的更新设计,最大限度地保留了原有厂房的外立面,将内部空间依据功能需要进行改造。例如 7 号楼厂房,原是一座完整的老厂房形态,有宽敞的内部空间,局部通高,层高超过 13 米,适用于艺术展览等功能空间需求。通过空间整理和规划,自然巧妙地达成了公共空间、局部展陈和办公会议的自然过渡,交通流线也合理顺畅。例如 8 号楼二层的部分空间(图 4.20),现为金基集团办公总部,利用装饰进行空间区分和隔断,将前台休息区、会客厅打通成为一个会议厅,让使用者可以更加便捷进入到各个功能区。虽然没有用墙等强隔断进行空间分割,但是利用装饰、色彩和家具等室内软装自然地对空间进行了隔断,提高了空间利用效率和灵活度。合理的空间设计不仅本身是文化,而且更是通过文化背后的商业与科技给人们带来生活的改变,将原有历史建筑改造成为自然的、开放的、友好的、鼓励沟通的多功能交流中心。又如砖拱券结构的 8 号楼,在改造更新的过程中,利用原有空间形态,在合理利用的原则上,被改造成为江南造币博物馆,通过多媒体互动体验,及历史文献、图档的展陈,让更多人了解造币遗产文化,提高文化认同感,有利于提高国创园的知名度和城市文化竞争力。

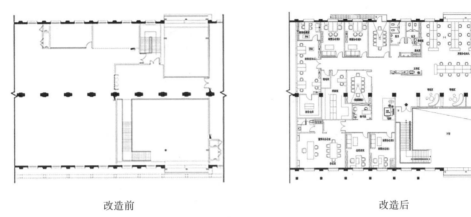

改造前   改造后

图 4.20   8 号楼二层平面局部改造前后对比

在调研过程中我们发现,尤其是非工作日时间,有大量游客来到园区。他们有的是周边居民,有的是通过网络社交平台了解国创园进而前来参观或游憩的游客。国创园利用原有厂房、生产机器和设备等,对原有历史文化进行宣传,打造了一个集办公和休闲一体化的开放式"城市工业遗产文化公园",成为"热门""网红打卡点",极大地带动了流量,同时让商业和旅游相互促进,相辅相成,进一步带动了产业更新和经济发展。

综上,通过 SWOT 模型分析国创园可以看出,从清末、民国到新中国成立以来的二机厂,体现了不同时期的建筑风格和建造水平,见证了南京城市工业的发展和技术进步,具有重要的历史意义和科学价值,对城市多样化和延续历史文脉有重要意义。与此同时,在城市化进程不断快速发展时期,原有的旧建筑、厂房、功能形态等也开始不合时宜。随着工业遗产保护利用要求的不断推进,二机厂可以在新形势下发挥更大的经济效益和社会价值。在金基集团的管理下,加强企业运作、游客参与,让二机厂在城市更新背景下发挥更大的价值,获得新生。

4.4 国创园的设计理念分析

工业遗产是人类文化遗产的重要组成部分,也是人类从农业文明向现代文明过渡的重要证据。目前,国内对工业遗产的保护利用研究仍处于探索阶段。二机厂的主要车间、厂房、附属楼房、机械设备多数建造于 20 世纪五六十年代,是南京城市发展的一个时代符号象征,具有特殊的历史价值、科学价值、艺术价值、社会价值、环境价值及文化价值。

二机厂改造一方面应充分考虑工业遗产价值的优先保护,工业遗产具有各个层面的价值,是时代文化的缩影,反映着南京 1950 年代后工业建筑的发展。另一方面也要充分考虑用户的需求,能否满足用户需求是二机厂改造更新成功与否的关键。

4.4.1　尊重用户需求的功能定位

南京拥有丰富的历史文化底蕴,在这些厚重文化的光环之下,当对这个城市具有工业时代特征的大片闲置厂区进行城市产业升级与调整建设时,面临着新的功能转换和产业转型。为此园区充分利用自身的优质资源,以引进国家领军型创新型创业人才为重点,以培养发展"面向世界、辐射全国、引领未来"的创新型经济实体为宗旨,进行新的功能定位。

4.4.2　体现工业发展历史的设计策略

在二机厂厂区构建一条交通空间轴统领国创园,并将文化时间轴的内涵通过空间场景的设计落位于这条交通空间轴,特将其命名为时光轴,也是国创园"八景"之一。以历史发展为线索,勾画一条联系新老主入口的规划主轴,打造江南造币时期、近代工业生产时期、知识经济的今天及绿色生态的未来四大主题广场,象征着园区从"江南造币"时代一步步迈向未来,通过设计手法和场景呈现植入新的活力元素并融合历史的沧桑(图 4.21)。

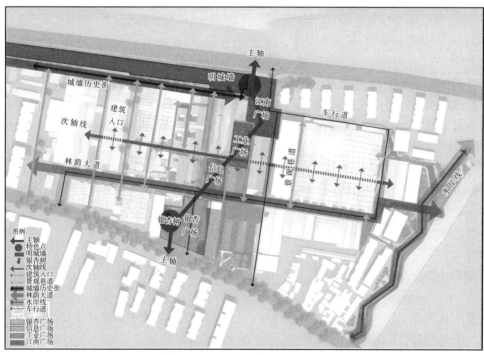

图 4.21　国创园设计概况

4.4.3 展示工业遗产文明的规划亮点

二机厂老厂区的主入口向东面对来凤街——一条并不宽敞的城市小路。如何解决国创园人流、车流导入问题并充分结合时光轴的设计成为项目设计的重点。新的设计方案让园区新入口成为一个呈现新面貌的场所空间,同时东面老的出入口保留两排梧桐,趣味性地嫁接了工业龙门吊作为入口标示,暗示曾经辉煌的工业文明(图4.22)。时光轴路径经过之处将建筑斜切或移除多跨、保留屋顶,形成不同主题和氛围的景观带、公共休息区、外走廊、内庭院,丰富公共空间序列和建筑立面表情,增强人与环境的互动,提升办公环境的格调。

图 4.22 国创园新入口广场

以18号楼为例,为了让时光轴斜向穿过建筑连接新设计的西入口空间,设计对整个建筑采取了切豆腐式的精确拆除手法,将两连跨的建筑切开,"撕扯"开一条斜向的道路(图4.23、图4.24)。被"撕扯"开的内立面成为新的设计立面,这个立面采用非规则矩阵式的金属网格形式,寓意信息时代纵横交错的多维性。

图 4.23 18 号楼改造前

图 4.24 18 号楼改造后

4.4.4 考虑工业建筑遗产价值的场景设计

整个设计过程始终强调从改造本体自身特点和逻辑出发，综合考虑老厂房的空间特征、结构形式、材料特性等，将场地及其所有物理存在当作一个整体，成为一个"关于场所的设计"，同时尽可能满足现代人对办公和生活环境的需求，即"回归自然"的花园式办公空间，注重通风、采光、共享空间等自然环境特点是改造设计的最基本要求（图4.25）。

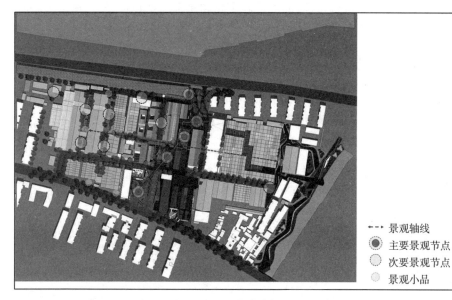

图 4.25　场景节点设计

以11号楼为例，虽然内部结构损坏严重，但清水红砖的山墙保存完好（图4.26）。因此，设计方案对11号楼外墙面做了最大限度的保留，并使用角钢加固门窗洞口，使整个外立面形成一层景观围合。在墙体内部采用"热水瓶换内胆"的手法，设计植入一个新的建筑体量，这个新体量成为整个园区里空间最丰富的场所（图4.27）。这个独具匠心的设计手法让室内空间充满灵动，半圆形天窗引入的天光在建设未完成的时候就显露出了神圣光感。保留的外墙面与"热水瓶内胆"的新体量之间围合出景观步道，为将来在此办公或休闲的人群提供了漫步乐趣。

图 4.26　11 号楼改造前

图 4.27　11 号楼改造后

4.5　定位策划分析结论

　　二机厂改造的定位与策划充分考虑了政策引导、用户需求和自身条件三方面因素,形成以引进国家领军型创新型创业人才为重点,构筑和建设"面向世界、辐射全国、引领未来"的国家领军人才创业园。国创园从一个默默无闻的工业厂区华丽转身为南京知名的创业办公园区,通过不断探索和解读南京百年工业史,并且在理性的历史性创作后,诠释出当代环境下的文化呈现与设计创新,为的是体现出今日之成果源自前人之不懈努力的新气象,让历史和文化在我们手中得以传承。

　　(1) 2012 年南京金基集团组建南京二机投资管理有限公司(后于 2015 年更名为国创园投资管理有限公司),负责二机厂更新改造和国创园的运营管理。产权关系的明晰是后期管理运营的基础,有利于国创园的稳步发展。另外,在园区的运营方面由私有企业主导可以有较好的灵活性,在后期发展中能够与时俱进做出更为实时性的策略调整,创造更多的经济效益,有利于国创园的持续发展。

　　(2) 面对项目中工业遗产的更新改造,设计之初对相关政策进行深入解读,严格遵循政策方面的引导与规定,对工业遗产进行了合理保护,延续了南京工业遗产风貌。在功能策划上,遵循国家对于工业遗产更新的方向引导,重点发展文化创意新产业。文化创意产业符合目前我国古城旅游和文化新经济产业功能区的建设方向,一方面促进老城区传统旅游业的转型和老城区旅游全域发展,另一方面通过发展当下热门的创意产业提升老城区经济活力,是产权人、运营方、政府管理者均在积极推进的产业转型方向。

　　(3) 赋予二机厂新生命,进行功能的重新定位。面对功能置入,投资商详细分析市场以及目标用户需求,充分考虑区位因素、社会需求以及"文化经济"的大背景,抓住当下南京市对领军人才需求的特点,对改造后的二机厂进行了精准定位。另外,产业多样性的策划也满足了各类目标人群的需求,进一步提升了国创园的综合品质。

　　(4) 对二机厂利用前,首先对二机厂价值进行综合评价,然后通过 SWOT 分析总结了对于二机厂自身而言的优势、劣势以及机会与威胁,对二机厂自身条件和价值的认识以及利用有了全面认知。在保护二机厂自身工业遗产价值、充分结合地理环境优势等条件的基础上,逐步解决功能转换以及遗产保护等问题,实现自身价值的最大化利用。

　　经过多年努力,南京国家领军人才创业园已建成载体面积约 7 万平方米(图 2.11),集聚了文化创意、设计服务和科技创新等业态,包括了洛可可、兴华设计、金峰、感动科技、中艺、联合城市、盛源祥、大颂博览文化科技、大田建筑景观设计、小银星、海华永泰律所、上海民防等 150 余家国内外知名企业。自成立以来,通过推动工业老厂房的改造和传统制造业企业的转型升级,实现了社会和经济价值的双效收获。如今的园区面貌清新自然、创意集聚有势、文化自信有型、创业欣欣向荣,是国家级文化产业示范园区、江苏省工业设计示范园、江苏省重点文化产业园区、江苏省现代服务业集聚区、南京市工业设计示范园区、南京市文化产业园、南京市现代服务业集聚区、南京市科技企业孵化器、南京市创业孵化基地、市级夜间文化和旅游消费集聚区,是南京文化创意界很受好评的创新创业园区。园区建筑功能分布见图 4.28。表 4.2 展示了各楼幢现状。

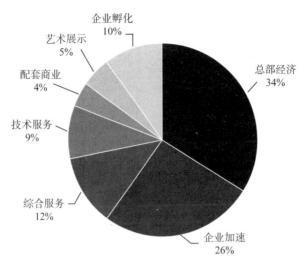

图 4.28 南京国家领军人才创业园建筑功能分布图

表 4.2 各楼幢现状表

南京国家领军人才创业园区鸟瞰图

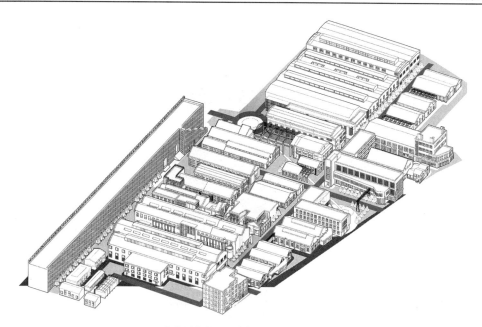

南京国家领军人才创业园区轴测图

楼号	区位	现状图	现状描述
1#			功能:办公 面积:3 980平方米 层数:4F 材质:砖石、混凝土 其他:建筑屋顶为原有平屋顶,保留原有结构,新建结构远离原有结构
2#			功能:办公展览 面积:200平方米 层数:2F 材质:砖石、混凝土 其他:建筑屋顶为原有平屋顶,保留原有结构;目前是招商运营部门
3#			功能:办公 面积:1 298平方米 层数:3F 材质:砖石、混凝土 其他:建筑屋顶为原有平屋顶,保留原有结构;目前是企业孵化部门
5A#			功能:商业 面积:1 095平方米 层数:2F 材质:砖石、混凝土 其他:建筑屋顶为原有坡屋顶,保留原有结构,新建结构贴近原有结构

续表

楼号	区位	现状图	现状描述
5B#			功能:商业 面积:624平方米 层数:1F 材质:砖石、混凝土 其他:建筑屋顶为原有坡屋顶,保留原有结构,新建结构贴近原有结构
5C#			功能:商业 面积:584平方米 层数:1F 材质:砖石、混凝土 其他:建筑屋顶为原有坡屋顶,保留原有结构
6#			功能:商业+办公 面积:3 570平方米 层数:5F 材质:混凝土 其他:为新建建筑,建筑屋顶为平屋顶,所有结构均为新建
7#			功能:办公+停车 面积:10 256平方米 层数:3F 材质:砖石、混凝土、排架 其他:建筑屋顶为原有屋顶,拱形屋面,保留了原有的牛腿柱、桁架结构
8#			功能:办公 面积:4 370平方米 层数:2F 材质:砖石、混凝土 其他:建筑屋顶为原有坡屋顶,保留了原有结构,后建框架离开原有结构,为历史建筑
9#			功能:商业 面积:900平方米 层数:2F 材质:砖石、钢 其他:建筑屋顶为原有坡屋顶,保留了原有结构
10#			功能:办公 面积:1 175平方米 层数:2F 材质:砖石、混凝土 其他:建筑屋顶为改建平屋顶,保留了圆木屋架结构,外部扩建新结构远离原有结构

楼号	区位	现状图	现状描述
11#			功能:办公+商业 面积:3 724 平方米 层数:3F 材质:砖石、混凝土 其他:建筑屋顶为后建平屋顶,保留原有外墙作装饰,新建结构远离原有结构
12#			功能:办公 面积:1 113 平方米 层数:1F 材质:砖石、混凝土 其他:建筑屋顶为原有坡屋顶并加建平屋顶,保留了原有结构
15#			功能:办公 面积:900 平方米 层数:1F 材质:砖石、混凝土 其他:建筑屋顶为原有坡屋顶并开天窗,保留原有结构,新结构远离原有结构
16#			功能:办公+展览 面积:550 平方米 层数:1F 材质:砖石、混凝土 其他:建筑屋顶为原有混凝土密肋屋顶,保留原有结构,新结构远离原有结构
17#			功能:办公 面积:1 540 平方米 层数:2F 材质:砖石、混凝土 其他:建筑屋顶为原有坡屋顶,保留了原有结构,新建结构贴近原有结构
18#			功能:办公 面积:219 平方米 层数:1F 材质:砖石、砖木 其他:建筑斜切,部分拆除新建,保留原坡屋顶形式
19#			功能:办公+展览 面积:2 103 平方米 层数:2F 材质:砖石、混凝土 其他:建筑屋顶为原有坡屋顶,保留了原有木屋架,有新建结构,为历史建筑

续表

楼号	区位	现状图	现状描述
20#			功能:办公+商业 面积:1 250平方米 层数:2F 材质:砖石、混凝土 其他:建筑屋顶为原有坡屋顶并拆了一半作为"工业广场",保留原有结构
22#			功能:办公+剧场 面积:3 040平方米 层数:3F 材质:砖石、混凝土 其他:建筑屋顶为原有拱形屋顶,保留原有结构
23#			功能:办公+展览+商业 面积:5 200平方米 层数:3F 材质:砖石、混凝土 其他:建筑屋顶为原有坡屋顶,保留原有结构,新建结构远离原有结构
24#			功能:办公+展览(商务) 面积:2 990平方米 层数:2F 材质:砖石、混凝土 其他:建筑屋顶为原有坡屋顶,保留原有结构
25#			功能:办公+停车 面积:2 900平方米 层数:2F 材质:砖石、混凝土 其他:建筑屋顶为原有屋顶,保留原有结构,新建结构远离原有结构
26# 27# 28#			功能:办公+停车 面积:14 080平方米 层数:3F 材质:砖石、混凝土、排架 其他:建筑屋顶为原有拱形屋顶,保留了原有结构,为历史建筑
36#			功能:办公 面积:795平方米 层数:1F 材质:砖石、混凝土 其他:建筑屋顶为原有坡屋顶,保留原有结构

楼号	区位	现状图	现状描述
37#			功能:办公 面积:830平方米 层数:1F 材质:砖石、混凝土 其他:建筑屋顶为原有坡屋顶,保留原有结构
38#			功能:办公 面积:1 710平方米 层数:2F 材质:砖石、混凝土 其他:建筑屋顶为原屋顶,保留原有结构,部分拆除屋架(小广场)
39#			功能:办公 面积:2 350平方米 层数:3F 材质:砖石、混凝土 其他:建筑屋顶为原有屋顶,保留原有结构
40#			功能:办公 面积:1 840平方米 层数:4F 材质:砖石、混凝土 其他:建筑屋顶为原有平屋顶,保留原有结构
41#			功能:文创+展览+商业 面积:2 480平方米 层数:2F 材质:砖石、混凝土 其他:建筑屋顶为原有坡屋顶,保留原有结构
42#			功能:商业 面积:242平方米 层数:未知 材质:砖石、混凝土 其他:建筑正在改造装修
43#			功能:商业+社区中心 面积:1 840平方米 层数:4F 材质:砖石、混凝土 其他:建筑屋顶为原有平屋顶,保留原有结构

第五章

南京国创园建筑工程环境改造

《下塔吉尔宪章》中指出"工业遗产"是工业文明的遗存,具有历史的、科技的、社会的、建筑的或科学的特殊价值。这些遗存包括建筑、机械、车间、工厂、选矿和冶炼的矿场和矿区、货栈仓库,能源生产、输送和利用的场所,运输及基础设施,以及与工业相关的社会活动场所,如住宅、宗教和教育设施等。南京国创园工业遗产的更新是通过创新性设计、保护性发掘、科学性更新等手段,并引入一定的现代化新技术进行建筑改造,使其沉睡的历史记忆重新浮出水面,以其丰富的文化内涵向世人展示曾经的辉煌和沧桑,当下和过去在同一时空里激烈碰撞,为南京城市增添了新的活力。

根据《国家工业遗产管理暂行办法》《南京市历史文化名城保护条例》等相关政策文件的指导,南京国创园应当整体保护,保持传统格局、历史风貌和空间尺度,不得改变与其相互依存的自然景观和环境。园区更新改造可根据当地经济社会发展水平,按照保护规划,改善基础设施、公共服务设施和居住环境。为加快南京市创新名城建设,进一步提升老城地区文化品质,秦淮区人民政府、南京市规划和自然资源局组织开展了南京市主城区(城中片区)控制性详细规划(秦淮老城单元)NJZCa030-48、NJZCa030-50、NJZCa030-54规划管理单元图则的修改工作。按照文件中的土地规划要求,南京国创园的规划用地性质为科研设计用地,用地面积4.92公顷,容积率≤1.0,建筑密度≤55%,建筑高度≤24米,新建建筑高度控制线为18米,绿地率≥15%。除以上种种条件限制外,通过第二章的阐述,国创园具有优越的历史文化等综合价值与良好的管理条件;相较于其他创业园区,国创园整体优越性更加明显。园区使用目标人群的需求多样,如空间利用最大化、宜人的环境、浓郁的艺术氛围等。

基于以上要素,针对国创园的建筑工程改造将围绕建筑空间的新定义、结构加固、历史肌理修缮、景观更新、基础设施改造、交通设施改造以及附属设施改造等开展。在保护国创园内工业文化遗产价值的同时,凸显其较强的可塑性,使其能够更好地融入现代社会经济发展中。

5.1 基于价值评估的空间新定义

经过多年的建设发展,二机厂在更新改造前便形成了较为完整的工业风貌、厂区肌理和特色肌理等。通过对园区工业遗产的物质和非物质要素进行调研,更新改造方案提出整体保护和个体保护相结合的原则,保留厂区的特色风貌和空间肌理,以延续厂区完整的历史记忆;对原有厂房建筑进行改造利用,以延续厂区的文脉。

除了内部空间布局较为优越外,园区的整体造型和细部工艺的价值也较高。园区更新改造为更好地体现这些价值,对于空间进行新定义,主要从功能分区、建筑改造、公共空间、文化设施、商业服务设施以及休憩空间的设计角度立意,具体将原有的厂房和办公建筑设计为六大建筑群空间。这些空间各有优势,如交通便利,景观及建筑风貌较好,形成一系列的空间小节点。每组空间都具有适宜的尺度感,营造不同的氛围和美感,为后续场所空间改造和功能建筑群布局提供思路。

5.1.1 重置空间功能

工业遗产保护利用不应该是凝固的、被动的,应在保护的前提下通过功能适度转化,实现发展再利用,将保护方式从"死保"转化为"活保"。国创园前身为二机厂,除少数办公建筑,绝大多数园区内保留建筑为原始厂房。厂区改造为创业园区,必定会为老厂区注入新的功能业态,丰富其空间功能。

为配合不同规模的企业入驻园区,以及引进不同层次的领军型、创新型创业人才,国创园将园区分为企业孵化区、企业加速区、总部经济区。同时,园区内还提供商务会所、公共餐厅、休闲设施等相关的配套服务,来提升园区的生活办公品质。园区改造不仅提倡产业的多样性,还给各栋建筑赋予了多种功能,最终形成一个以办公空间为主,展览、餐饮服务和文化设施为辅的创意型综合性办公园区(图 5.1)。这种多功能混合的业态也改善了南京老城南地区的基础设施和产业平衡。

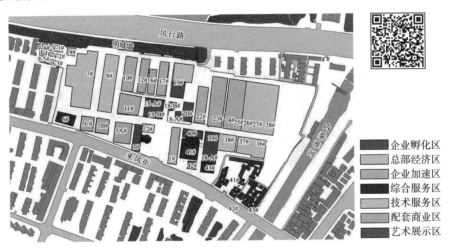

图 5.1 功能分区图

5.1.2 建筑空间改造

为了适应上述的功能置入,需要在保持工业建筑高敞的空间感受和其特征要素前提下,对建筑空间和元素进行适当改造,提升其使用体验(图 5.2)。国创园内原有厂房层高高、开间大的特征,为入驻园区的企业提供较多的空间余地。工业建筑改造时利用层高优势条件,在不改变原有建筑框架的基础上,内部添加夹层空间,划分成 3.4 米或 4 米等适宜高度的办公空间,增大了办公区域的面积。如 7 号楼的内部空间划分时,加建了部分办公空间和屋顶空间,让人们

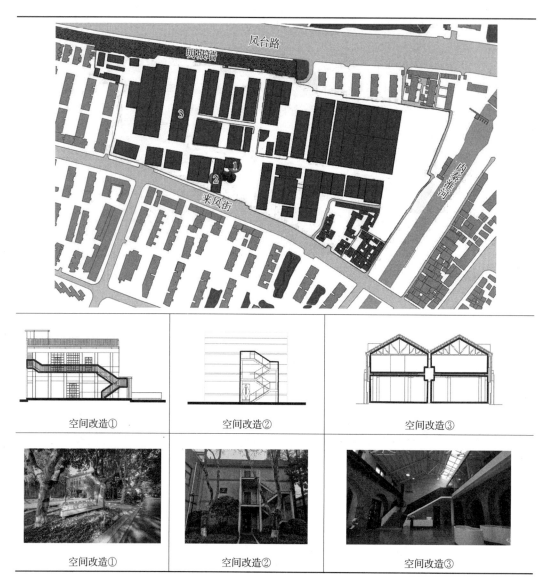

空间改造①　　　空间改造②　　　空间改造③

空间改造①　　　空间改造②　　　空间改造③

图5.2　国创园空间改造

可以从办公室走出屋面、通往室外,此举也增加了屋顶空间的使用。建筑在竖向改造上利用透明的螺杆电梯、造型楼梯及坡道等方式,将其与地面及各层相连,形成丰富有趣的竖向交通体系。有部分原有的车间厂房也是分几次扩建而成的,结构体系相对独立,可以因地制宜地将部分封闭房间打开形成户外走廊,拓展空间的横向开放性。

　　站在国创园高处临来凤街向西望去,大片工业遗产建筑群的屋顶体量突出,直观地表现了老城区域难能可贵的历史资源,有利于形成区片特色品牌(图5.3)。在保持其整体比例和原有构造的前提下,取消老虎窗,通过对瓦屋面的局部处理,并提供足够的屋面采光,在室内构造活跃的光影效果,与砖木结构的历史场景互动,让游客能够在第一时间感受到历史与时尚并存、传承与创新并重,以此为秦淮河增加一处特征鲜明的新地标。

国创园鸟瞰图

8号楼屋顶图

11号楼高窗光影图

图5.3 国创园屋面改造

5.1.3 公共空间设计

公共空间是指那些供城市居民日常生活和社会生活公共使用的室外及室内空间。室外部分包括街道、广场、居住区户外场地、公园、体育场地等。广义上的公共空间不仅是个地理概念,更重要的是人们在空间之上的广泛参与、交流与互动。作为工业遗产建筑群的国创园,亟须设计公共空间吸引人流,提升人气。

国创园公共空间的设计中采用了以点代面的方式,从园区中心向四周重新组织公共空间节点(图5.4)。在最大化保留原有厂区建筑的基础上,重新整理原有工厂建筑群的空间关系。结合原厂区时间、空间历史,塑造一系列连续的节点,形成富有趣味的广场、滨水步道和街巷空间,改变原有工厂建筑群单调乏味的空间秩序,并且在来凤街和内秦淮河(回龙街)沿岸形成新的城市界线。

公共空间1

公共空间2

公共空间3

公共空间4

图5.4 国创园公共空间设计

5.1.4 文化空间置入

文化设施是公共文化服务体系建设的基础平台，是展示文化建设成果、开展群众文化活动的重要阵地。公共文化设施的建设和管理水平，直接关系到人民群众基本文化权益的实现和文化发展成果的共享程度。国创园内设置了相应的文化设施，给广大市民提供一个学习交流的空间，让更多的文化学习爱好者参与进来。

在功能性的文化配套设施方面，国创园及周边区域没有电影院或剧院等相关设施（图5.5）。值得一提的是，整个园区还有三家博物馆，分别是江南丝绸文化博物馆、遇见博物馆·南京馆及江南造币博物馆，其中江南造币博物馆为赓续传承造币文化，将当年江南省造银元、铜元收集并展出（图5.6）。三家博物馆在吸引众多游客的同时，也为营造园区的文化氛围增砖添瓦。国创园的文化设施还融入景观改造之中，最大限度利用了现有的遗址元素，比如老旧机器或者管道均被改造成景观小品，与整体环境氛围交互作用。另外在园区主要节点中心结合遗址进行布置，塑造成具有纪念性的历史空间场景，不仅营造了厚重的历史氛围，也是老一辈人拼搏的见证。

5.1.5 商业空间置入

商业服务是指为了维护组织运作所需要购买的一些服务，其中既包括个人消费的服务，也包括企业和政府消费的服务。解决基本生活需要与发展高层次需要相结合，基本生

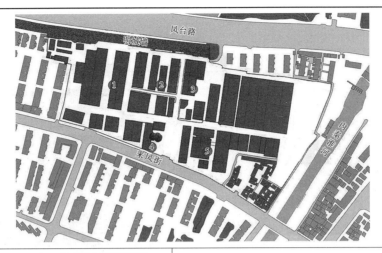

文化设施①

文化设施④

文化设施②

文化设施③

文化设施⑤

图 5.5 国创园文化设施

江南造币博物馆①

江南造币博物馆②

江南造币博物馆③

江南造币博物馆④

江南造币博物馆⑤

江南造币博物馆⑥

图 5.6　江南造币博物馆

活需要的服务行业要抓好服务业的配套和网点的合理布局;高层次需要的服务行业要有重点地发展,包括教育、健身、娱乐、旅游等,采取远近统筹,长短结合,高、中、低档配套的方法,建立多层次、多形式的服务网络。国创园内不仅要配备解决人们基本生活需求的商业服务设施,还要配备满足高层次需求的商业服务设施。

在商业服务配套设施方面,国创园及周边区域主要为餐饮企业,各色餐馆多达 20 多家,菜系分布甚广,选择面众多。由于园区的艺术氛围及文化气息较为浓郁,且园区内各类设计公司及传媒公司众多,所以在文化元素与商业模式结合下,园区诞生孵化了一些"网红咖啡店",这些咖啡店既是满足功能性的必需品,也是园区的文化名片。除此之外,园区内也不乏花艺店、艺术类培训机构、便利店、茶社及酒吧等特色商业类型(图 5.7)。

5.1.6　休憩空间置入

休憩空间是指人们在业余生活中按自主、自发方式所进行的,旨在缓解疲劳、随机交往等多种活动所需要的空间场所。目前,休憩的各种功能和形式反映在空间环境中各自独立,没有形成统一的系统。应该创造满足休憩多功能要求的物质空间环境,使人的个性得到充分发挥。其满足的休憩行为既要体现个人的独处与旁观,又要体现社会行为中的公众参与,既有动态的,也有静态的。良好的休憩空间能使人心神愉悦,又能提供与人交往、获取信息、强化自身的场所,对促进社会整合有着积极作用。

改造后的国创园休憩空间相较于晨光 1865 创意产业园,面积大且集中分布,类型大多为游园、小型广场或者檐下空间。这些空间整体品质较高,基本上集中分布在园区出入口和综合服务区中心。这类区域不仅是休憩空间,同时也是人流量、车流量极大的交通节点的缓冲空间(图 5.8)。除此之外,这些休憩空间与景观设计紧密结合,丰富了大众的视觉感受。

5.1.7　小结:空间新定义的特点与启示

国创园作为 20 世纪遗留的老工业建筑,主要结构、基础和屋面保存相对完好。园区建筑大多数仍有较长的使用寿命,见证了城市近现代发展,具有很高的保存价值。根据可持续发展和建设节约型社会的要求,可对其进行合理的改造修建再利用,调整内部功能布局。

设计者重新对国创园的建筑空间进行定义,对原有厂房、仓库、办公楼等建筑赋予新的功能,划分不同的功能区域。在新的功能置入时,对老旧建筑已经不能满足现代生活、办公、商业使用需求的原有空间结构进行整改,以营造更适宜当今社会发展需求的空间布局。建筑改造使得建筑立面与室内环境更具有美学意境。除了划分新的功能分区以及空间改造外,如文化、商业、休憩等新业态的引入,为园区注入新活力。空间新定义后的国创园,提高了建筑空间的利用率,能够很好地满足不同人群的多样化、个性化的使用需求。同时,公共空间、文化设施、商业服务以及休憩空间的安排,使得园区空间具有了更多的层次性和合理性。这些举措使得国创园的更新不仅是外观的改变,而且是具有内在驱动力的共生发展。以上国创园的空间改造策略,对其他类似的城市更新工业改造项目有一定的借鉴意义。改造后的国创园在"2019 中国城市更新论坛"一举摘得"2019 城市更新殿堂案例奖",金基集团也凭此荣获"2019 城市更新精益求精奖"。

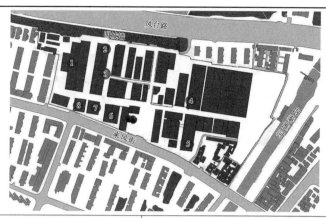

服务设施①

服务设施②

服务设施③

服务设施④

服务设施⑤

服务设施⑥

服务设施⑦

服务设施⑧

图 5.7　国创园商业服务设施

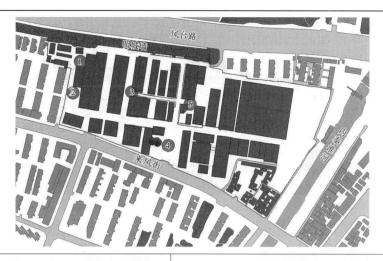

休憩空间②

休憩空间③

休憩空间①

休憩空间④

休憩空间⑤

图 5.8 国创园休憩空间

5.2　延续科学价值的结构加固

国创园内建筑结构,例如牛腿柱、拱券、过梁,原木、方木屋架等均体现 20 世纪工业厂房结构的科学价值,故在更新改造时均有保留。国创园建筑原有的结构类型有砌体结构、混凝土排架结构以及混凝土框架结构,大多建于 20 世纪五六十年代,在更新改造时对此也多有保留。在保留园区前身二机厂结构的同时,对腐朽结构进行改扩建,使建筑能够长久存在。改造后的园区内建筑保留屋架类型结构有木屋架、钢屋架、预应力混凝土薄腹屋架以及预应力混凝土折线屋架。其中因为原木屋架结构价值更高,更具有独特性和稀有性,所以保留了有大量圆木屋架的建筑如 19 号楼。

基于国创园内建筑结构价值较高,有一定的独特性和合理性,在更新改造的过程中,对于价值较好、保存较完整的结构进行加固与修缮处理;对于已经腐朽的结构,则是拆除更换处理。当然,一切处理方式都基于一定的艺术价值层面上开展。结构加固后不仅能使内部功能空间得到更好的使用,还能使结构更坚固,提高结构可靠性,建筑的使用寿命得以延续。

5.2.1　木构架加固

根据数位园区保安(原二机厂老工人)介绍,园区内现存建筑大多结构完整,整体没有大的改动,建筑形制保存原有风格。在实地调研中发现,建筑的柱子结构基本得到良好保留,屋顶构架能留的都尽量使用,实在损坏严重的则是采用现代材料做旧仿制原有结构形制。

不同于一般的公共建筑,作为生产资料而建造的工业建筑结构普遍呈现出"年纪轻""复制性""大量性""寿命短"的特点。老旧工业建筑是拆除还是保留的讨论总在针锋相对,再加之社会对于工业建筑遗产的认知不够,历史文化价值的理解也存在片面与简单化倾向。然而国创园内 64% 建筑得以保留,详见建筑保留和拆除示意图(图 5.9)。根据实

图 5.9　国创园建筑保留和拆除示意图

地调研发现,很多规划为保留的建筑也采取了"去芜存菁"的改造策略。譬如,11 号楼及 19 号楼是园区内年代最久远的建筑,尽管在图 5.9 中显示的是保留处理,实地调研时发现 11 号楼保留了原有建筑的两片墙体,并在墙内重建了建筑实体,新建筑与原有墙体之间留有一定的距离,并通过一定的构架相连。19 号楼保留的比较完整,其原有的圆木屋架以及柱子形制都留存了下来。整体来说,国创园内保留的建筑结构完整程度较好,一些有较高价值的木构架都有留存。

由于时间久远,原有木构架出现了或多或少的质量问题。对其进行结构加固的方式如下:①劈裂修复:梁的水平裂缝、木柱的干缩裂缝较小时,可先用木条和耐水性胶黏剂粘牢,将缝隙嵌缝粘接严实,再用两道以上的铁箍或玻璃钢箍箍紧;对于较大裂缝,考虑构件更换或附加构件加固。②糟朽修复:当仅为表层腐朽时,将腐朽部分剔除干净,剩余部分先经防腐处理后,再用干燥木材依原样和原尺寸修补整齐,并用耐水胶黏剂粘接(图 5.10)。

| 劈裂修复示例 | 糟朽修复示例 |

图 5.10 国创园内木构架修复示例

5.2.2 结构加固措施

基础加固需考虑到恒荷载、活荷载、水浮力、风荷载和地震荷载综合作用下的影响,同时也要考虑结构加固施工操作和场地因素。基础加固应尽量减小对原始结构基础的影响,新加结构基础除应与原结构基础形式相近、新老基础紧密相连外,还应加强结构基础整体性、减少基础的沉降量。国创园内建筑结构的加固分为以下三种类型,即修缮类、改扩建类和新建类:

(1)修缮类型的结构加固,即对建筑进行外立面整治和内部装修。该类建筑的结构设计主要是在不改变房屋原有结构体系的基础上,采用外立面构架及幕墙设计、新增疏散楼梯设计、楼板及墙体局部开洞加固,以提高承载力为目的对房屋局部结构构件进行适当加固等措施。这种类型的结构加固对该类建筑不进行房屋质量检测和抗震鉴定(图 5.11)。

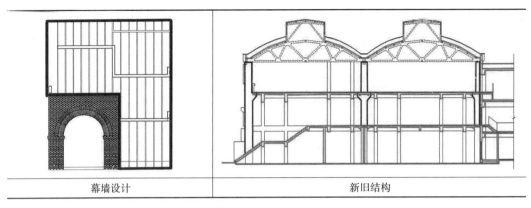

| 幕墙设计 | 新旧结构 |

图 5.11 国创园结构改造示例

（2）改扩建类型的结构加固，即对建筑进行改建、扩建。该类建筑的结构设计主要是对改扩建区域的基础及上部结构进行设计、对受改扩建影响的原结构构件进行加固等。这种类型的结构加固对该类建筑仅进行房屋质量检测，且对房屋结构整体不按现行规范进行抗震加固设计。

（3）新建类型的结构加固，即针对原结构完全拆除后的新建建筑。对于新建建筑的结构设计，则是完全按现行抗震设计规范及其余现行规范进行设计。

对于历史价值及科学价值较高的结构部分，如 19 号楼的屋顶构架部分，都是园区保留最久的原木结构，通过结构加固处理，使得原有结构更加坚固。同时，将腐朽的、不能再继续使用的结构替换，新旧结构处理得当，可以增添一份历史韵味。

5.2.3 小结：结构加固的特点与启示

国创园老旧厂房建筑原来的构造处理主要是适应厂房的结构特征及生产功能的需要，因此将其改造为各类民用建筑时将不可避免地产生各种不适宜的矛盾。随着老旧工业建筑再利用的兴起，对建筑结构加固改造也提出了更高要求，同时要注意保护科学价值较高的原有结构体系。在确定再利用方案之前，首先需要对老旧建筑原结构进行必要的检测和鉴定，对各建筑内部结构的完好程度进行评定，主要包括建造年代、结构类型、使用年限、原先的设计负荷、现有实际可承载负荷、结构损坏情况、地基基础、承重构件、非承重构件、屋面、楼板等方面。只有在充分了解老旧建筑结构现状的前提下，才能得出结构加固与改造的具体可实施方案。

国创园改造前的结构评估行为具有一定的借鉴意义，评估可更有效地保护老旧建筑中科学价值较高的结构体系，如 19 号楼内部圆木屋架与柱子形制被完整地保留下来。根据国创园的建筑结构加固改造的实例，得出以下改造措施：①结构加固与改造以原结构为主，保留高价值的结构体系，对其进行简单及必要的修缮，然后在此基础上进行局部改建，除了改造加固部分外不再增加新的承重结构构件。②若建筑原有的旧结构无法承受加固与改造部分的压力，则要增加一套新的结构体系对原有结构予以支持，将新增部分与原有部分受力体系分开设置，形成一个自身完整的受力体系，这样可以有效避免新旧结构互相影响造成的损害。③若旧结构现状的可利用性极差，几乎无法维持自身的结构稳定，必须加建新的结构协助原有部分保持稳定。上述老旧建筑结构的加固改造方案具有普遍的借鉴意义，可以在保护建筑科学价值的同时，提高老旧建筑的稳定性与可利用性。

5.3 凸显历史价值的肌理修缮

国创园建造于 20 世纪五六十年代的建筑以及 70 年代的建筑多采用红砖、青砖建造，70 年代后的厂房多采用混凝土结构。厂房建筑的外立面也从早期的红砖材质换成水刷石饰面。水刷石工艺要求高，需要石子、水泥拌匀后现场施工。部分建筑外饰面采用面砖和马赛克饰面。园区保留建筑的屋顶形制绝大多数（约 90%）为坡屋顶，这也与江南湿润多雨的气候相关。为体现园区的科学价值，在更新改造时，要尽量保留这些建筑历史肌理材料与形式。对于破损较大的部分进行修复与更新，同时尽量与原有肌理协调。建筑历史肌理的修缮主要以外墙面、外立面门窗及屋面的修缮为主。如国创园内保留建筑的基层材料为红色清水砖墙，设计方案本着"修旧如旧，补新以新"原则，保留原建筑屋顶造型及建筑外立面开窗形式，通过"原有材料（清水砖墙）＋新材料（玻璃幕墙/工业风水泥粉刷和涂料）"的方式，展现原有清水红砖墙面的简洁典雅，保留原建筑的工业属性，唤醒二机厂昔日的城市记忆，形成以红砖为主题建筑色彩的统一肌理。

国创园工业遗产是现在秦淮河风光带中唯一与二机厂直接关联的建筑遗存。建筑群整体风格鲜明，保存情况尚可，具有较为突出的历史文化价值。为了更好展示历史建筑本身及其工业文明的内涵，本次修缮采用将立面修复为与历史原状相似形式。基于该建筑群的特点，修缮设计遵循以下原则：

（1）真实性：设计尊重遗产原物，尽量保存建筑完整的历史信息，不以仿制的添加物造成混淆。修缮设计应有确凿的依据。

（2）完整性：以现存实物及历史资料为依据，对已经被破坏的建筑进行修复，保证历史建筑风貌的整体性。对建筑遗产价值关联的周边环境应当与历史建筑本体统一进行保护，消除影响安全和破坏景观、有损风貌的场地因素，使建筑本体的风貌及价值得到更清晰的展示。

（3）最小干预：在保护修缮介入前，对建筑物进行详细的记录。凡是近期没有重大危险及对风貌没有明显影响的部分，不进行过多干预。必须干预时，其措施应当以维护历史原物、延续建筑现状、缓解损伤为主要目标。

（4）可识别性：经过处理的部分应与原状既相协调又可识别，所有修复的部分都应当有详细的记录档案和永久的年代标志。

（5）可逆性：对历史建筑采取的一切技术措施应当不妨碍再次对其进行保护处理。

5.3.1 外墙修缮

（1）砖

国创园建筑外墙采用的砖的现状分析存在以下几种情况（图 5.12）：①砖表面附着污

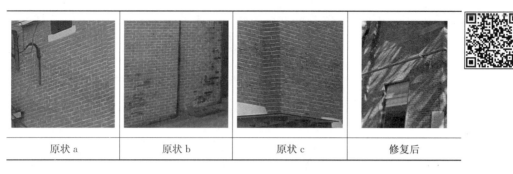

| 原状 a | 原状 b | 原状 c | 修复后 |

图 5.12 国创园砖墙修缮

染物:环境中大气尘埃颗粒的附着,以及其在雨水作用下形成的水渍;人为污染物的涂鸦,如油迹、文字涂鸦等。②砖块受潮与霉变:接近地面的砖受到潮气影响而膨胀破碎,导致结构强度降低甚至完全失去结构强度;檐沟或者落水管破坏,导致砖墙体受潮等。③砖块酥化、粉化:风化腐蚀及日夜温差的破坏;冬日里雨水的冻融作用;盐分析出结晶膨胀导致的破坏等。

针对上述几种砖的现状问题,采取的保护修缮措施为:①在局部试验后确定适宜的清洗方式,除去无价值的表面附着物。②进行局部清洗和修补,通过增设防潮层、维修雨水管等方法切断潮气来源。③浇淋砖石增强剂或以砖粉修补。

(2)混凝土

国创园建筑外墙采用的混凝土的现状分析存在以下几种情况(图 5.13):①混凝土表面附着污染物:环境中的大气尘埃颗粒的附着,以及其在雨水作用下形成的水渍;人为污染物的涂鸦,如油迹、文字涂鸦等。②结构作用、锈胀等导致的混凝土缺损、裂缝等。

针对上述的几种混凝土的现状问题,采取的保护修缮措施为:①在局部试验后确定适当的清洗方案,除去无价值的表面附着物。②凿除开裂的混凝土与钢筋铁锈,对钢筋表面进行防锈处理后对混凝土进行修补。

(3)水泥砂浆

国创园建筑外墙的水泥砂浆的现状为:常年暴晒、膨胀率与基层不一致导致的开裂、起壳、破损、缺失等问题。为了解决这个问题,园区采取的保护修缮措施为:在局部试验后采取清水清洗、药剂清洗或喷砂清洗的方法,除去表面剥脱抹灰后,重新进行抹灰处理(图5.14)。

(4)其他

国创园内建筑群有的墙面有攀附植物,这些植物的根茎会影响到砖石质量。为此,所采取的修缮措施是清除砖墙表面的覆盖物。若覆盖物对原有墙体造成损害,应对墙体进行修补。若墙面的饰纹、勒脚出现缺失或破坏情况,将根据现存部分复原原有线脚装饰(图5.15)。

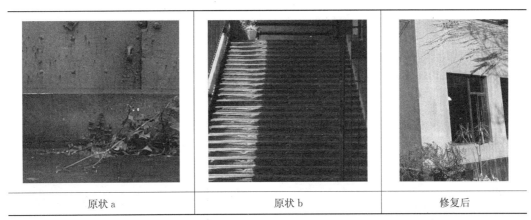

| 原状 a | 原状 b | 修复后 |

图 5.13　国创园混凝土修缮

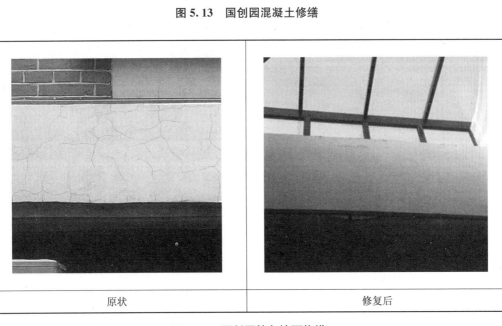

| 原状 | 修复后 |

图 5.14　国创园抹灰墙面修缮

| 原状 | 修复后 |

图 5.15　国创园其他修缮

5.3.2　外立面门窗修缮

国创园建筑外立面门窗的现状分析存在以下几种情况（图 5.16）：①历史建筑原窗扇的框架有锈蚀。②部分门窗破损，无法使用。

针对上述的几种外立面门窗的现状问题，采取的保护修缮措施为：①对原钢窗的锈蚀情况进行分析，除去添加物和残留物，在局部试验后对构件进行清洗；对锈蚀严重的构件进行替换。②替换无法使用的门窗，选取的替换门窗与建筑风格保持统一。

| 原状 a | 修复后 |
| 原状 b | 修复后 |

图 5.16　国创园外立面门窗修缮

5.3.3　屋面修缮

国创园建筑屋面瓦及抹灰的现状分析存在以下几种情况（图 5.17、图 5.18）：①屋顶瓦片或构件残缺破损。②瓦表面附着污染：环境中大气尘埃颗粒的附着，以及其在雨水作用下形成的水渍。

针对上述的现状问题，采取的保护修缮措施为：①恢复屋面原有形制，修补缺损的屋面瓦。②在局部试验后确定适当的清洁方案，除去表面附着物。

5.3.4　小结：建筑历史肌理修缮的特点与启示

历史建筑凝聚了重要记忆，每一块斑驳的砖墙上都留着历史刻痕。在历史建筑的改建、保护、修缮时，如何正确认识建筑修缮保护理念，对老旧建筑围护结构进行优化的同时，通过肌理的修缮更好地展现老旧建筑原有的风貌，并且保留和传承传统工艺，成为建筑师设计方案思路和施工技术的首要任务。

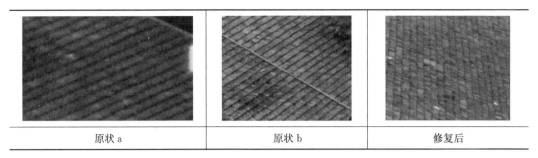

| 原状 a | 原状 b | 修复后 |

图 5.17 国创园屋面瓦修缮

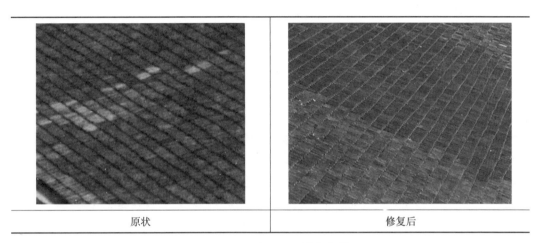

| 原状 | 修复后 |

图 5.18 国创园屋面抹灰修缮

对于国创园的历史肌理修缮,需要全面掌握历史建筑当前的状况,明确使用者对历史建筑修缮的具体需求,在此基础上制定完善的、经济的、安全性的历史建筑修缮方案。国创园无论是专业保障,还是还原旧貌旧史、结合现代使用功能,都是一项艰苦的历史建筑修缮工程,这些与国创园的历史建筑保护理念和修缮工艺直接相关。通过修缮工程,使得国创园工业遗产历史建筑本体和其蕴含的特殊价值得到有效保护。先前被破损的建筑历史肌理逐渐得以恢复,让身处其中的人更能体会到园区深藏的美丽。国创园的历史肌理修缮不仅是单纯的建筑重生,更是历史文化的传承。国创园内的历史肌理修缮手法与修缮保护理念具有一定的普适性,值得类似工业厂房更新项目借鉴与学习。

5.4 强化环境价值的景观更新

5.4.1 景观设计

城市老旧工业区大多为传统制造企业,一般集中在城市老城区或中心区及其周边区域。城市老旧工业区虽有着产业衰落、环境污染等问题,但因其有着优越的地理区位,承载着时代文化历史,是城市更新改造的重要部分。前身为二机厂的国创园也不例外,其环境价值尤为突出,原有的景观绿化配置十分亮眼。

国创园有许多老厂曾经使用过的工业设备,这些设备在进行更新改造时被保留下来,可以向人们展示当年二机厂的卓越技术和辉煌时光。二机厂时代的花园式工厂一直被工人们所赞赏,尤其是梧桐大道及有着几百年历史的银杏树,向世人展示了曾经的辉煌岁月,见证二机厂向国创园的历史转变。园区本身景观价值较高,更新改造时又加以二次创作,根据工业遗留设备也设置了很多景观节点和景观小品,吸引更多慕名而来的游人,成为著名的网红打卡地。

城市景观是艺术,观赏城市景观的愉悦来自真实生活。真实生活是复杂而多样的,城市景观背后的社会共享积淀,使其自身成为文化表征。城市景观的结构体系是满足人的活动、反映人类生活真意的系统。城市景观的更新目的在于发现历史的断裂点,寻找城市景观需要弥合的新平衡点,这是契合历史的发展轨迹,在不稳定中寻求稳定、寻求发展的根本。

国创园在改造前就有完整的绿化系统,因此尽可能在保留原有绿化的基础上,从入口、广场到步行道沿线均种植绿植,植入两条景观主轴、13个主题景观区,并在重要节点添加小品和城市家具供人们休憩,营造了除办公空间外舒适的休憩自然环境。景观设计最终形成沟通过去与未来的时空之轴,一条是贯穿东西入口之轴,另一条是贯穿南北两端的步行体验之轴,促进街巷景观体系与建筑和谐共生。同时在保留工业记忆、历史记忆的条件下,景观设计组织原架构与新架构的对话,重新诠释场所精神,最终创造出"记忆与活力的新都市之翼"(图5.19~图5.21)。园区景观的历史连续性与断裂在更新中重新赋予了人们选择的机会,使人们在建构中获得新的体验,去确认过去仅仅是记忆,未来也许是梦想,而现在才是生活。

5.4.2 小结:景观更新的特点与启示

随着后工业时代的到来,世界各国的经济结构发生了巨大的变化。发达国家城市的传统制造业衰落,发展中国家的传统产业也正在从城市向外迁移。于是在城市中留下了大量的工业废弃地,带来一系列的环境和社会问题。在城市发展历史中,工业厂区具有功不可没的历史地位,见证一个城市和地区的经济发展和历史进程,二机厂亦是如此。对于国创园的景观更新,设计师运用了科学与艺术综合手段,以达到工业废弃地环境更新、生态恢复、文化重建、经济发展的目的。在传承工业发展历史的基础上,将衰败的老旧工业厂区,改造成为具有多重含义的景观。

国创园的景观设计蕴涵着生态环境学的思想。在改造中,对于景观设计采取最小干预的设计思路,尽量尊重二机厂的景观特征和生态发展的过程。在这些设计中,二机厂的物质与精神资源得到了尽可能的循环利用。那些残砖瓦砾、工业废料、生产设施、工业产品等都能成为景观建造的良好材料。它们的使用不仅与二机厂的历史氛围十分贴切,而且演绎着一种材料可持续利用的过程。

异彩纷呈的现代艺术重新诠释了废弃的工业景观的价值意义,让国创园的景观设计思想和营造手段更加丰富,也为景观更新提供了设计源泉。以前的美学观点认为废弃的工业场所是丑陋而难以入目的,没有什么保留价值。于是景观设计时,将那些"丑陋"的东西掩藏起来。而今天,艺术概念已发生了巨大变化,"美"不再是艺术目的以及评判艺术的标准,景观也不再意味着只是如画。生锈的高炉、废旧的工业厂房、损坏的生产设备、破旧

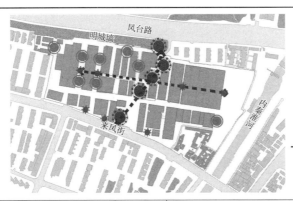

- - - - 景观轴线
  ⚙ 主要景观节点
  ● 次要景观节点
  ✳ 景观小品

景观轴线

主要景观节点

次要景观节点

景观小品

图 5.19　国创园景观节点

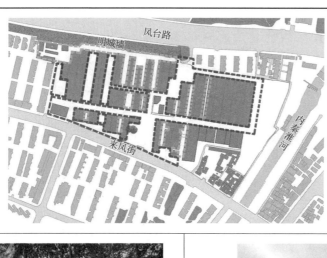

开放空间 a

开放空间 b

半开放空间

私密空间

图 5.20　国创园空间分析

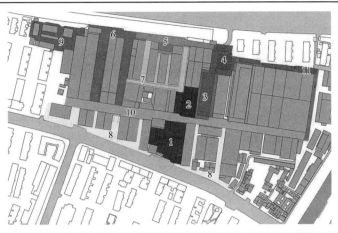

1. 银杏广场
2. 信息广场
3. 工业广场
4. 江南广场
5. 咖啡小憩区
6. 工业主题空间
7. 花园办公区
8. 配套商业区
9. 江南印象区
10. 梧桐大街
11. 车行空间

银杏广场(生态广场)

信息广场

工业广场

江南广场

咖啡小憩区

工业主题空间

花园办公区

江南印象区

车行空间

配套商业区

梧桐大街

图 5.21　国创园景观主题分区

的机械不再是肮脏的、丑陋的、破败的、消极的。相反,它们是人类历史上遗留的特殊文化景观,是人类近现代工业文明的见证物。这些工业遗迹作为工业发展的伴生物,饱含着另类的技术之美。工程技术建造所应用的材料、所造就的场地肌理、所塑造的结构形式,与如画的自然风景一样,同样能够打动人心。

国创园通过保留、利用和加工传统工业景观要素,传承工业文化元素,增加现代景观内容,诠释了新的景观设计美学。将不同形式、不同时期、不同内容的景观要素并置在一起,产生形式的冲突。国创园将原厂区的布局结构和大部分的生产设备保留下来,做了富有创意的加减设计。正是对这些工业遗存处理的千变万化,使得之后的景观异彩纷呈。被保留的二机厂的工业遗迹设施大多得到了再利用。通过精心设计和转换,这些工业建筑构筑物、设备设施成为国创园的标志性景观,也是园区中充满活力的地方,是国创园的亮点之一,构建成"江南近现代工业遗存公园"。

国创园景观更新设计中对于废弃工业建筑、构筑物以及工业设备的处理手段，一方面是留下工业设施的景观片段，成为国创园的标志性景观。保留的片段有具有典型意义的、代表工厂性格特征的工业景观；也有具有历史价值的工业建筑或是质量好的、只需适当维修加固的老工业设备。另一方面是构件保留，保留一座建筑物、构筑物、设施结构或构造的一部分，如墙、基础、框架、桁架等，从中看到以前工业生产环境的蛛丝马迹，引起人们的联想和记忆。对于保留下来的工业建筑构筑物或设施，处理为园区雕塑，强调视觉上的标志性效果，并不赋予其使用功能。这两种手法都很值得类似工业厂房更新项目进行借鉴。秉承工业景观，传达历史信息的景观设计，为工业厂区旧址的改造提供了新方法，带来了新的景观形式。国创园的景观传承了二机厂的历史信息，对工业遗迹进行最大体量的保留与利用，是项目景观更新的一大亮点。

5.5 提升再利用价值的基础设施改造

基础设施是指为社会生产和居民生活提供公共服务的物质工程设施，是用于保证国家或地区社会经济活动正常进行的公共服务系统，是社会赖以生存发展的一般物质条件。在现代社会中，经济越发展，对基础设施的要求越高。完善的基础设施对加速社会经济活动，促进其空间分布形态演变起着巨大的推动作用。在充分体现其价值的基础上，在园区内应在基础设施改造上投入更多，使得园区更新改造项目建成后尽快发挥效益。

5.5.1 电气设计说明

电气设计一般指建筑领域的电气工程，通过与工程投资方（即通常所说的甲方）和施工方的合作，在技术、经济、功能和造型上实现建筑物电气的设计。

国创园更新改造工程多为修缮及改建工程，由于现状条件限制，在设计中一期用电容量仅为 3 000 千伏安容量，故一期的安装容量为 4 920 千瓦。为满足功能需要，二期容量有所增加。根据工程各专业配合设计，一期在消防设计上有相当量消防电负荷，消防用电负荷为二级。园区电气改造的改善措施为：按规范要求，设置两路电源，一路出现故障时，另一路不同时受到损坏，并且满足项目一期用电容量和双路电源需求、消防设备电路要求。

5.5.2 消防、节能以及无障碍设计

国创园所有砖木结构、钢结构厂房等三、四级耐火等级建筑（如 5B、5C、18 号楼等）均增设喷淋系统，对屋架进行保护，并设置室内消火栓。园区内其他结构形式的建筑根据使用性质（如商业、办公），按照江苏省《民用建筑水消防系统设计规范》（DGJ32/J92—2009）的相关规定，给排水进行消防系统设计。所有防火间距不足的建筑，按照江苏省《民用建筑水消防系统设计规范》（DGJ32/J92—2009）的相关规定在室内设置喷淋系统的同时，在相邻侧加密喷淋。园区内所有建筑的消防定性、疏散设计、防火分区按照办公、商业和餐饮现行标准设计。国创园在东侧来凤街及西侧凤台路共设有 3 个机动车出入口，可供消防车出入。

建筑节能是指在建筑材料生产、房屋建筑和构筑物施工及使用过程中,满足同等需要或达到相同目的的条件下,尽可能降低能耗。在建筑的规划、设计、新建(改建、扩建)、改造和使用过程中,执行节能标准,采用节能型的技术、工艺、设备、材料和产品,提高保温隔热性能和采暖供热、空调制冷制热系统效率,加强建筑物用能系统的运行管理,利用可再生能源,在保证室内热环境质量的前提下,增大室内外能量交换热阻,以减少供热系统、空调制冷制热、照明、热水供应因大量热消耗而产生的能耗。为了节能,国创园所有改造的外门窗均采用全中空玻璃,门窗框采用普通彩铝型材,所有机平瓦屋面增设憎水性岩棉保温层。

无障碍设计这个概念名称始见于 1974 年,是联合国组织提出的设计新主张。无障碍设计强调在科学技术高度发展的现代社会,一切有关人类衣食住行的公共空间环境以及各类建筑设施、设备的规划设计,都必须充分考虑具有不同程度生理伤残缺陷者和正常活动能力衰退者(如残疾人、老年人)的使用需求,配备能够应答、满足这些需求的服务功能与装置,营造一个充满爱与关怀、切实保障人类安全、方便、舒适的现代生活环境。国创园项目由于改造条件受限制,少数保留的历史建筑未设无障碍设计,但更新和新建建筑如6 号、11 号楼均满足无障碍设计要求。

5.5.3　小结:基础设施改造的特点与启示

水、电、气、热、通信等基础设施是园区正常运营的重要保障。由于国创园前身厂区的建成年代较早,电线隔空搭设、管道老化年久失修等问题不但会给办公、生活带来严重困扰,还会造成资源、能源的巨大浪费。因此提升园区内基础设施建设的质量与服务水平,将增强使用人群的获得感、幸福感和安全感。国创园经过基础设施改造,完善了园区的配套设施,提升了园区精细化治理水平,以简约适度、绿色低碳的方式推进环境建设和整治,建设安全健康、设施完善、管理有序的园区。

与此同时,在努力共创和谐社会的今天,关爱弱势群体,保障残疾人、老年人、伤病人融入社会、参与社会,对促进社会文明进步、提高城市文明程度有着极其重要的意义。国创园周边社区的老人居多,为满足周边社区老人和行动不便者在国创园能够更方便地享受园区提供的各项服务,改善国创园的无障碍设施已刻不容缓。经过无障碍改造设计后,园区可提供安全舒适的环境,保障残疾人、老年人出行方便。这是一项造福弱势群体,促进社会文明进步,提高城市文明程度的爱心工程。

更新改造后的国创园的基础设施十分完善,采用绿色设计,节省能源。同时,人性化的设计也更能提高园区使用人群与外来人群的舒适度。

5.6　优化再利用价值的交通设施改造

在二机厂时期,厂内道路交通系统已较为完善,因此在交通设施改造阶段,基本保留原有道路体系,局部改善使之成为一体。更新改造后的内外交通更紧密地衔接,满足多种交通的不同需求,保证园区内外交通的畅通。规划相对独立的游览观光路线,有机地联系各功能区。园区内增加现代的人车分流以及机械停车、地面停车系统。交通设施更新改造后对于外部来访人员而言,可达性、安全性都有所提高,地面车辆减少之后更有利于游人驻足参观与欣赏。对于内部使用人员而言,上班的环境氛围良好,办公环境因为交通改造后也变得安静,车辆停靠有保障,减少了后顾之忧。整体而言,交通改造不仅有利于园区与外界的物质与人员的输入与输出,扩大交流,聚集人气,也有利于增加园区的知名度。

5.6.1 交通改造

道路是经济发展的动脉。加快国创园内交通改造对促进园区发展,改善办公环境,促进消费有着十分重要的战略意义。改造后的国创园在交通疏导、交通流线组织上也较为成熟,按照交通功能空间类型可分为机动车与人行及非机动车混行道路、慢行道路、停车区域以及漫步空间四个部分。改造后的园区以机动车与非机动车混行道路为基础构成十字道路主网络,再以较为狭窄的慢行道路满足小股单向车流的同行需求,沿路两侧继续设置常规步行道路,为园区使用者提供安全便利的步行路线。与此同时,园区设置了大量的停车场区域,分布均匀,井然有序,可达性强。园区还引进了先进的立体机械停车系统,集中停车场多达 8 个,且同时配备有固定非机动车停车点。

5.6.2 车行系统

改造后国创园车行系统为环形系统与树状结构道路相结合,考虑到园区与明城墙相邻,道路围绕北部大厂房区形成交通环路,靠近明城墙的区域则依据厂区现有道路形成树状结构道路,同时结合消防需要和功能需求增加机动车道路及回车场地(图 5.22)。

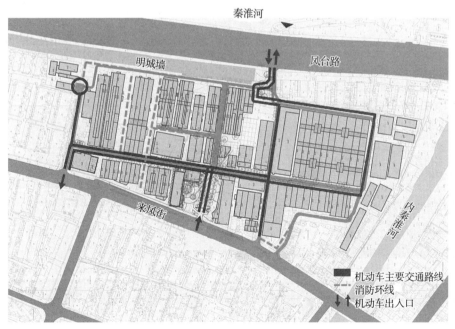

图 5.22 国创园车行流线图

5.6.3 停车系统

园区内设置了两种停车区域,一种是机械式停车区,一种是地面停车场地(图 5.23)。机械停车可以通过载车板的升、降或横移,灵活方便地变换空位、存取车辆,在有限的停车空间内增加停车数量,例如园区将 27 号楼设置为一个 5 层的停车楼,增加了 186 个机械停车位,约占园区总停车位的 33%,极大增加了停车场面积,缓解停车难的问题。相对于机械停车,地面停车便是在同一水平空间内停车。同时机械停车位是一个移动的非独立空间,必须依靠机械的整体运行和空间的交换来达到个体车位使用的目的,而在权属意义上的停车位是一个固定的独立空间,有具体的界线范围,包括建筑面积和建筑高度方面的要求,两者有较大程度上的区别。依据办公需要,每个停车场地服务半径控制在 50 米内,保证停车系统既满足功能需求又满足便利可达性要求。

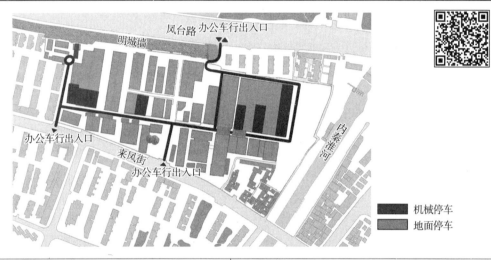

| 机械停车(停车楼) | 地面停车 |

图 5.23 国创园停车设施

5.6.4 步行系统

人车分流是在道路上将人流与车流完全分隔开,互不干扰地各行其道,其中包括人行天桥、人行过街地道,以及步行街、步行区等措施,真正做到了从以"人"为本到人车兼顾。人车分流的好处较多,首先可以减少车辆对地面行人活动的影响,增加舒适度,避免发生车辆撞到人的事情;同时,车辆不在园区地面上行使,也不容易被刮花;还有,园区地面能多出更多空间,既可以降低停车压力,也可以增加多余的公共活动区域,提高空气质量,减少噪声污染和尾气的排放。改造后的园区实现了人车分流,步行系统主要围绕着 4 个主广场以及各个办公组团内部公共绿地带来的休闲人流和办公区域展开。园区改造分解了原有建筑物并创造出更多的街巷和底层屋顶开放空间,并将增加的竖向交通空间独立于建筑之外,与室外步行系统结合,形成一个立体的步行交通体系。人们可以自由穿越各个室外街道和室内公共区域,并且可以利用竖向交通系统到达屋顶的开放平台。

5.6.5 小结:交通设施改造的特点与启示

随着经济的快速发展,家庭收入的增加,小汽车的普及,以及人们开始追求高水平、高质量的生活观念,汽车作为新一代的代步工具进入普通家庭已成为不可阻挡的趋势。建设于 20 世纪中叶的二机厂区,由于在建设时对机动车发展的估计不足,如今转型为国创园后,大量机动车"涌入"导致园区产生了一系列的静态交通问题,诸如停车设施不足、停车破坏园区景观环境、乱停乱放堵塞交通等,严重影响了园区的办公环境。国创园对此进行了全面的交通改造。

更新改造后的国创园交通系统比较完善。园区采用人车分流的流线组织方式,在保证车行路线通畅的同时,保证了人行区域的安全性,并降低对于私密空间和办公空间的打扰。步行系统在保障行人安全的同时,也是一条园区内重要的景观游览路线,增加了步行的趣味性。园区内停车系统采用机械停车与地面停车相结合的停车方式,在保证园区停车道路不拥堵的同时,增加了停车位,以满足现代办公、商业的需求。国内与国创园前身二机厂相似的老旧工业厂房多建于 20 世纪,其内部道路交通系统规划已经跟不上时代的发展,为满足现代的使用需求,在对其进行改造时,可借鉴国创园的交通改造方案,具有一定的普适性。

5.7 完善管理价值的附属设施改造

为能够正常运作,园区需要配置一定的附属设施来协助运营。尽管国创园整体价值评估表现优异,但若没有附属设施的日常运作,其价值也不会日益彰显,得到社会的认可。附属设施的建设,也让园区的使用者和参观者更能迅速地解决在园区内遇到的问题,提高一定的舒适性(图 5.24)。

消防设施	节能设施	无障碍设施

图 5.24　国创园消防、节能、无障碍设施

5.7.1　行政管理

　　行政管理系统是一类组织系统。它是社会系统的一个重要分系统。随着社会的发展，行政管理的对象日益广泛，包括经济建设、文化教育、市政建设、社会秩序、公共卫生、环境保护等各个方面。

　　在行政管理配套设施方面，国创园为入驻的企业提供了多方位的管理服务，包括维持园区正常运转的物业管理和安全保障服务，以及为小微企业和科创公司提供公司注册、法律援助、资金申报和强有力的政策支持帮助等。除此之外，园区还引进市场资本，开辟场地开办企业食堂，为园区使用者提供便利(图 5.25)。

5.7.2　其他配套

　　除上述各种配套设施外，国创园还配备有公共卫生间，分别位于园区的东北角、西南角临主路，地理位置合理且使用便捷(图 5.26)。更新改造后的国创园除基本的基础设施改造外，还进行了附属设施改造，令园区设施更加完善，提高园区使用人群满意度。

5.7.3　小结：附属设施改造的特点与启示

　　国创园在进行上述的空间新定义、结构加固、历史肌理修缮、景观更新、基础设施改造以及交通设施改造后，对园区内部功能和设施进行查漏补缺，逐步完善与之配套的附属设施。园区配置的行政管理设施，可以更有效地管理园区大小事务，帮助入驻园区的企业塑造更好的办公环境，并给予园区内的小微企业各项力所能及的支持，如提供一定的法律咨询或资金扶持等。在行政管理配套设施方面，除了保障园区正常运转，同时还提供园区内部的安全保障服务。园区内的公厕、自动贩卖机、自助银行等附属设施得到合理安排，便于国创园内外人群的生活，也增加了人情味。经过此番改造，国创园真正打造了一个有温度的园区环境，也是值得多方学习借鉴的。

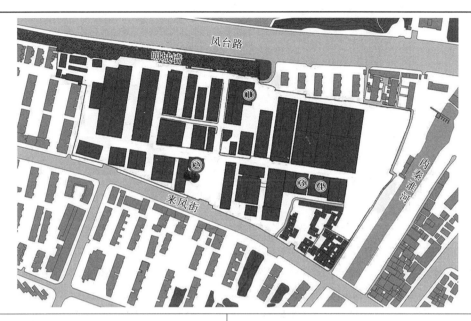

行政管理设施①

行政管理设施②

行政管理设施③

行政管理设施④

图 5.25　国创园行政管理设施

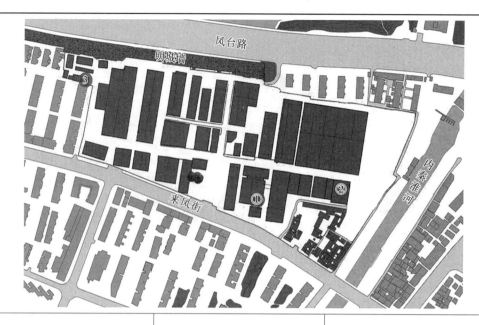

其他配套设施①

其他配套设施②

其他配套设施③

图 5.26 国创园其他配套设施

第六章

南京国创园招商运营管理

6.1 产业园运营管理

6.1.1 运营管理概述

1) 内涵

运营管理是现代企业管理科学中最活跃的一个分支,具体就是对运营过程的计划、组织、实施和控制,是与产品生产和服务创造密切相关的各项管理工作的总称。在理论上,运营管理包括三大内容,即运营战略的目标定位、运营系统的设计与维护、运营管理系统的完善与优化。细化来看,运营管理的"运"就是运作、"营"就是经营、"管"就是控制、"理"就是梳理调整[①]。对于产业园来说,运营管理主要包括整合产业园区内外的优势资源,打造园区品牌,提升市场影响力。同时,为园区主导产业的发展搭建平台,有机整合关联产业形成具有核心竞争力的产业链,不断完善和优化园区服务体系,发挥园区规模效应并追求持续盈利[②]。产业园运营管理是在传承、保护与利用的基础上,找准自身定位,整合优势资源,搭建发展平台,优化物业服务,提升资产价值。在实现运营管理利润可持续增长的同时,打造产业园运营品牌效应和市场影响力。

南京国创园的运营管理主要是在传承、保护与利用工业遗产的基础上,找准自身定位,做好招商营销,优化物业管理,多方面综合提升资产价值,让园区名副其实成为"创新创业"企业的孵化器。在实现运营管理合理利润、保持可持续增长的同时,进一步做强做优国创园品牌,打造南京甚至全国的创业产业园发展样板。在国创园运营管理过程中,虽然各个环节紧密关联,却也不是一成不变。在整合组织系统内外部各种资源、维护园区运营管理系统正常运行的前提下,根据运营环境的变化,包括政策环境、市场需求以及竞争压力等,对运营管理效果进行分析,找出应对变化环境的不足,及时改进优化,保持运营管理的可持续性、协调性和先进性。

2) 产业园运营管理策略

(1) 特色定位明确。从建筑改造到主题空间,公共场所、环境布局,紧扣产业园定位,

---

① 刘成. 文化创意园区旅游运营模式研究[D]. 成都:成都理工大学,2012
② 张亚. 台儿庄古城文化产业园运营策略研究[D]. 济南:山东建筑大学,2016

营造清晰的"文化"氛围,打造特色品牌。

(2)物业管理到位。优化物业管理,完善配套生活设施和咨询服务,调动文创企业参与产业园运营的积极性、主动性和创新性,提高运营能力和水平,将园区打造成为舒适的"宜业"空间。

(3)构建创意基地。产业园是文创经济发展的载体,运营方积极构建创意服务平台,为入驻企业开阔眼界、增长技能、提高商机,凸显鲜明的"创意"主题。

(4)强化人才激励。运营方对接政府部门,帮助入驻企业制定人才激励计划,促进领军人才培养,专业人员培训学习,园区企业交流沟通、联系,提供创业青年公寓等,强调专业的"人才"概念。

(5)整合营销宣传。运营方统筹安排各种营销宣传活动,要求主题鲜明,受众群体明确;同时应依据时代潮流、市场环境和受众期待等调整宣传活动,发挥一体化的"宣传"优势。

(6)构建共享平台。产业园是一个综合性服务平台,通过线上线下渠道,聚集园区、人群、文化、政策、宣传、服务等要素,建立资源"共享"平台。

6.1.2 国创园运营管理 SWOT 分析

1)优势分析

(1)区位优势

南京市位于中国经济增长极之一的长三角地区,是国家历史文化名城、国家重要创新基地和科技创新中心。秦淮区位于南京市主城区南部,是南京历史文化名城与主城区功能提升的核心区域。秦淮区是古都金陵的起源地,有"江南锦绣之邦,金陵风雅之薮"的美誉,是华东地区的商贸、信息、文化、旅游中心,有着浓厚的文化创意创新氛围。国创园位于秦淮区菱角市 66 号,依傍内秦淮河,紧邻明城墙,多条城市干道环绕,毗邻地铁一号线、二号线,与多条公交线路构成交通便捷网。国创园的前身既是清朝末年的"江南铸造银元制钱总局",也是民国的"中华民国江南造币厂"以及新中国的"二机厂"。通过国家政策产业支持,国创园在工业遗址保护与更新上,作为南京市"第二代"改建项目的典型代表,引领区域发展方向,集聚创新、创意型企业,带着现代技术、最新潮流"隐身"于老城街巷中,展示着城市发展活力。

(2)产业发展规划清晰

对于工业遗产的保护利用,在政策层面明确提出了发展文化创意产业的思路。国创园遵循政策引导,在坚持工业遗产保护的基础上,结合区域发展方向,明确产业发展定位,打造一个历史文化底蕴深厚的创业空间,集聚工业设计、文化创意、技术研发和总部办公等为主导的国家领军人才产业园,让南京精彩又经典的工业文化发扬光大。因此,在园区功能规划、建筑空间改造、招商引资思路、运营管理平台、服务意识全面性等方面,国创园有着清晰明确的规划设计。从如何满足企业"硬件与软件"需求、如何满足园区长远发展、如何完善和深化园区产业链以及如何优化运营管理这些方面下足功夫,从物质、功能、服务等方面体现国创园的产业发展特色和优势。

(3)文化底蕴浓厚

文化是创意的精髓,创意萌生于文化积淀,创新来源于智力积累。南京自古以来就有

"天下文枢"和"东南第一学"的美誉,悠久历史沉淀了深厚的历史文化资源。同时,拥有丰富的工业历史遗迹和充沛的高校科创资源,这些得天独厚的先天优势和大力发展的政策支持使得南京创意产业蓬勃发展。在这个南京"大IP"下,作为近现代工业文明重要组成部分的南京第二机床厂将具有独特工业景观的遗产融入新时代的潮流元素,更名为"南京国创园"。园区"旧貌与新颜"交相辉映,特殊的物理承载空间延伸文化根基,扩展文化魅力,传递文化风情,为创新创意产业提供独特的成长环境,从而有利于激发企业对国创园的品牌认同感和归属感。此外,国创园还设有"江南造币博物馆""江南丝绸文化博物馆""古今画府"等众多艺文空间,为宣传自身文化起到了锦上添花的效果。

2)劣势分析

(1)产业集聚尚未形成规模

通过招商宣传,依据发展定位,国创园区引进了不少企业,其中不乏行业内的龙头企业,取得了良好的招商业绩和市场反馈,实现了产业集聚。对于入驻企业,虽然大多数属于文化创意企业,但企业之间的关联度不够强、合作较少,没有展示清晰的创意产业链发展,导致产业集聚的层次还不够高、融合度还不够强、集体学习机制缺乏和整体创新能力略显不足,无法有效发挥园区产业集群协同效应。

(2)盈利模式过于单一

目前国创园主要收入来源是物业租金。对于金融、人力资源、运营服务、高层交流、创业指导等关系园区运营水平和竞争力的增值服务收入还存在欠缺。虽然已经建立了相对应的管理服务模块,基本具备了配套增值服务的条件,但其层次较低,距离完全满足入驻企业的多元化、深度生产运营需求还有一定差距。因此亟须探索完善多层次、立体化的园区管理运营服务,全方位、多环节提高园区盈利能力和整体发展水平。

3)机会分析

(1)城市更新的推动

随着资源环境的约束,城市发展亟须转型升级。如何盘活城市存量资产,实现"二产变三产,黑白变彩色",是城市发展面临的重要课题。在此背景下,城市经济发展动能换挡、产业结构优化升级,将老旧工业遗产改造成为盘活城市存量空间资源、建设新型城市文化空间的有力抓手,也巧妙地契合了城市产业发展与创意阶层需求。在保护城市与传承历史文化的基础上,城市更新推动着工业遗产空间的高效利用,助力城市产业转型发展。

(2)政策引导与支持

习近平总书记多次强调"历史文化是城市的灵魂,要像爱惜自己的生命一样保护好城市历史文化遗产"。党的十九大报告中也提出"加强文物保护利用和文化遗产保护传承"。2020年,国家多部委联合制定《推动老工业城市工业遗产保护利用实施方案》,为城市工业遗产的保护与利用指明了方向和提出了任务。在保护的基础上,利用工业遗产空间发展人才密集型、创新技术型产业是未来的大势所趋,更是有效保护和传承城市历史文化的有效措施。

4)威胁分析

(1)产业园之间竞争日益激烈

南京作为"六朝古都""十朝都会",有着众多的文化遗产遗迹。在保护好老旧工业厂房历史风貌、建筑风格、整体布局和工业文化的基础上,要结合厂区特点和未来发展定位,对其改造、修复,挖掘其使用价值,以满足新产业定位和新功能的需要。从20世纪末起,南京开始注重对旧工业遗产的保护和再利用,先后改建了众多的产业园区,构建了南京都市创意产业的主要载体。例如晨光1865创意产业园、石头城6号文化产业园、南京无为产业园、创意中央科技文化园以及国家领军人才产业园(图6.1)。这些产业园从功能上、区位上、文化底蕴上都有一定相似性,在招商、运营以及服务方面的竞争日益激烈,因此,国创园更要找准定位,优化服务,倾力打造自身的品牌符号,提高品牌的辨识度和认可度。

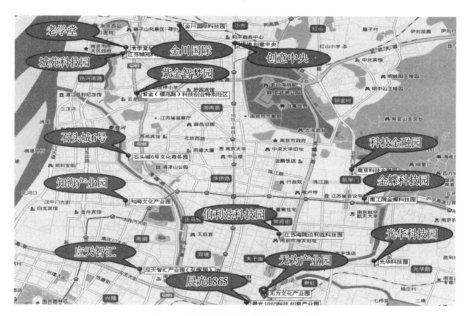

图6.1　南京主要产业园的分布图

(2)文化创意产业链有待成熟

国创园的创意创新产业链仍处于成长期,环环相扣的文化创意产业链尚未形成,园区培育的具有地区代表性的文化品牌较少。此外,园区内相关培训和引导较少,在入驻企业培育和成长中,园区的参与度还有待进一步深入,要真正做到"想企业之所想,急企业之所急",完善相关配套产业链,提升企业入园后的价值,拓展产业发展空间。

5)SWOT总结

(1)凸现本色,做强特色

在把握国家、省、市乃至区域发展科技文化创意产业的政策环境的基础上,找准国创园的发展定位以及市场需求,充分发挥特殊工业文化遗产的特色和魅力,凸显国创园的品牌本色。深入完善服务,构建领军人才创新产业链和服务平台,积极培育和孵化相关人才和产业,让入园和意向入园的企业找到"温情的港湾"。

(2)合理规划,推动创意产业发展

要实现产业集群化、关联化,首先就要合理规划企业项目。从国创园的产业定位出发,合理规划产业门类和形态,合理设置入驻企业的准入门槛,合理搭配入园项目业态,充分发挥创意产业的集群效应和产业关联效应,发展具有特色的产业,在推动创意产业联动发展的基础上,努力提升国创园品牌效应,树立品牌示范,营造更强的品牌影响力。

（3）打造高效的公共服务和运营平台

要实现园区健康持续发展,国创园应大力推动公共服务平台建设,重视专业人才的培养。例如成立推动创意创新产业发展的相关部门,为相关企业提供各种有效的服务,对接各种资源和行政手续等,让企业能一心一意搞研发、谋创新;建立创意企业发展基金,积极争取国家优惠政策和资金支持;完善国创园长远发展战略规划,重视专业人才的培养;建立灵活的园区管理机制,实现入驻企业优势互补、利益共赢①。在此基础上,为入驻企业提供完善的增值服务,保障服务效果的同时,实现园区利益的多点开花。

6.1.3 国创园运营管理分析

1）积极推进,建设品牌

品牌就是形象,就是特色,更是核心竞争力。经过多年的运营发展,南京国创园成功打造了行业内独特的品牌,并一直在不断地提升与发展。在时代变迁中,城市通过"退二进三"实现产业转型升级;基于社会责任感和历史使命感,随着老旧工厂的华丽转身,南京国创园"应运而生",转型为一个现代化产业园,成为南京老工业经济转型和产业升级的重要"窗口"。在留住城市记忆的基础上,合理规划、创新设计、因地因时因势更新改造,用心营造良好的环境和氛围,积极打造独特的品牌效应,实现文化传承与文化再造,不断做大、做强影响力。良好的品牌效应与雪球效应对园区聚集高层次人才团队、推进科技创业、加快高科技产业发展发挥了重要作用。南京国创园通过近10年的建设与发展,利用特殊工业建筑遗产,实现新政策、新理念、新逻辑、新形式、新材料、新功能与旧工业建筑与环境的相协调、相融合、相匹配,在推动品牌不断提升的同时,还取得了许多的品牌荣誉,进一步扩大了自身的品牌效应。目前园区已获得了两岸文创产业合作实验示范基地、秦淮特色文化产业园（国家级文化产业示范园区）核心园区、中国科协海智计划江苏（南京）文化创业基地、市级科技企业孵化器、南京市文化产业园、江苏省工业设计示范园等品牌认定,是江苏省和秦淮区省区共建工业设计园区,正在申请江苏省科技企业孵化器、江苏省重点文化产业园区等资质。经年累月,这些品牌的建设见证了国创园的成长与发展,同时也赋予了国创园新的地位与使命,目前国创园不仅是南京地区创新企业的福地,还成为南京文化对外交流的重要窗口之一,上海、浙江、山东、安徽、湖南、四川和内蒙古等多地的领导先后来园区考察指导,获得了积极评价。

2）企业主导,产权清晰

党的十八届三中全会提出"使市场在资源配置中起决定性作用"和"积极发展混合所有制"等内容,与政府主导相比,企业在市场上更加灵活,更加独立自主,能更全面地结合自身的情况,对接市场、迎合市场以及引领市场;同时,以企业为主导,产权清晰,不仅能有效优化产权,合理规划和配置相关资源,还能改革和创新企业的组织制度和管理制度,使企业更好地运营与管理。2012年,南京国创园在市委市政府、区委区政府的引领下,由南京金基集团投资,摒弃房地产开发经营的方式,利用原二机厂的老厂房改造建设,坚持保

---

① 韩私语,张玮.文化创意产业园与文化创意地产发展研究[J].市场论坛,2014(9):22-24

护历史文化遗产和城市有机更新的原则,不仅真实地、完整地保存了工业遗存风貌,使得城市工业遗产得以发展延续,还传递着城市文明信息,恰到好处地打造了新的产业发展地标。2013年9月正式开园,由南京国创园投资管理有限公司负责运营管理,作为运营主体,该公司具有核心决策权。从国创园的运营定位,到规划布局和改造升级,再到招商服务,该公司一直处于主导地位,在园区内推动形成文化产业优势互补、联动发展的布局体系,充分发挥园区的产业优势、区位优势以及资源优势,有效地挖掘文化遗产资源,在留住城市记忆和文化肌理的同时,对入驻企业的创意和科技、融资平台供给的资金和创新创业人才等资源进行优化配置,实现文化资源与产业的有机融合,形成独特的运营标签。自开园以来,国创园结合自身的历史文化特色、发展定位以及建筑布局等,在当地政府指导下,以市场为核心,构建了一套完善的管理与服务体系,实现运营管理平台的标准化、统一化,建立多元化盈利模式,依托自身项目收益,服务企业。

3)主题鲜明,开发共享

从历史发展角度来看,南京国创园是现代城市发展的产物,更是新时代诞生的具有潜力和活力的典型。园区位于南京老城区范围内,除具备作为城市社区一般功能外,还具有独特的经济社会功能,例如技术创新、产业提升、就业拓展、基础设施改造、旧城改造、城市景观变迁、城市文化结构和文化生态改造等①。从发展基础、发展特色来看,国创园秉承独具特色与个性的地域文化资源,主题鲜明地打造了一个汇集创意企业、创新人才的高地,凸显了具有辉煌历史的工业文化传承与再造,历史与现实的相互交织,个性与共性的相得益彰,使其成为南京创意设计产业发展的一颗璀璨明星。一方面,国创园以建筑历史、工业文化为依托,根据相关创新创业产业的特性,设计出满足其使用需求、具有审美高度的建筑空间。另一方面,通过对相匹配的工业遗产记忆符号的提取,利用随处可见的旧时工业零部件构成环境小景,得体而美观。这些象征性的"符号"经过巧妙的思考和设计后,与周围建筑、环境融为一体、别具匠心、美观协调,充分地表达了这些元素的纯粹特性,清晰地展示了旧工业遗产的魅力,也证实了旧工业遗存可持续发展与利用的可行性与无限前景。同时,这本身就是一种创意创新的模式,通过新鲜血液的注入,以一种特殊的"美学设计"让旧时工业"活"起来,挖掘历史故事,展示那种独特的工业魅力,让人深刻感受那一段历史的城市工业文化。这不仅是对过去辉煌的工业历史的展示与认可,还是对工业精神的一种继承,给入驻企业带来一种情感共鸣,无形中让人体会稳定、协作、共赢和奉献的寓意,感知国创园浓厚的"创新创业"氛围。"谈笑有鸿儒,往来无白丁",更能够从周边环境、同行发展中有效激发企业创新的灵感。此外,作为鲜活的城市记忆和文化见证,国创园也是老城空间的组成部分,满足了老城的功能需求,与周围环境、建筑和道路融为一体。它作为一个开放场所,打破了传统的封闭围墙式管理单元,转变为对外的产业街区,在产业街区与生活街区之间形成了良好连接,促进了人群的自由流通,带动了区域活力。另外,国创园根据工业遗留与特色文化也设置了很多景观节点和景观小品,如梧桐迎凤、红院聚落、长桥飞荫、坤一绿廊等著名的"国创八景",吸引更多慕名而来的游人。同时,结

---

① 何志宁,许汉泽.城市文化产业园的社会功能及问题反思:台中和南京的比较研究[J].东岳论丛,2012(9):15-21

合建筑布局打造了许多公共活动场所,这些场所具有强大的渗透性和活跃性,可供人们聚会交流、相互走动。也正是这种主题鲜明、开放共享的环境,给入驻企业打造了"创业福地"的硬件,给国创园的品牌传播力带来了"锦上添花"的效应。(图 6.2)

图 6.2 国创园品牌宣传图

6.2 产业园招商管理

6.2.1 产业园招商管理概述

产业园的招商与营销密不可分,两者相辅相成,相互促进,相互提升。一般来说,产业园营销是以市场为基础、以顾客为导向,从满足投资者的需求出发来塑造和改善运营环境,并以自身独特的产品和服务来宣传、推销,通过各种积极主动的营销活动来吸引企业入园投资和经营,并满足企业需求的一系列与投资市场和生产经营有关活动的总和[1]。如何在众多园区招商中脱颖而出,就需要精确的招商定位,从而吸引目标客户群体。

招商定位是指以消费者、竞争者和企业自身为主要维度,以行业、市场等要素为辅助维度,从产品、价格、渠道、包装、服务、广告等方面寻找差异点,结合自身的特点和规划,精准识别有效的市场,塑造品牌核心价值、品牌个性和品牌形象,从而在目标消费者心中占据有利位置[2]。

① 史新凯.深圳湾 A 园区营销策略研究[D].南京:南京理工大学,2014
② 李姝楠.台湾文化创意产业园区的传播策略探究:以华山 1914 文创园为例[D].武汉:湖北大学,2019

1）产业园招商定位

地域资源、人群特征和历史传统决定了该地区具备的特殊文化禀赋，文创类科创类产业园就是对特定区域内文化禀赋整合的体现。因此必须对产业园进行合理主题定位，从目标和路径上划定产业园的发展方向。

精准定位考虑两个方面：一是产业类别定位；二是使用人群定位。精准定位基于两个方面：一是所在城市或区域的文化环境和资源禀赋；二是产业园的内部布局与建筑结构。关键是前者，后者是确定前者的基础。

文创生产一般包括5个环节：文化端、创意端、产品端、渠道端、消费端。文创产业涵盖9个类别：文化艺术、新闻出版、音像传媒、信息技术、广告会展、艺术品展示与交易、设计咨询服务、休闲消费娱乐、其他服务。文创主题主要分为：传统文化艺术、传统艺术文创、现代文化艺术、中外文创交流等。

2）产业园的招商阶段

（1）开发前期招商：指产业园在项目市场定位、规划设计期间就需要招商，该阶段一般针对核心企业、特色项目招商，而且会根据对方要求对建筑进行定制性改造装修。

（2）开发中期招商：指在前期确定核心企业、特色项目后，按照主题定位重点招商规模略小的同类企业，体现其核心文化定位。

（3）开园前招商：一方面是将一些剩余空位集中招商，另一方面为了项目顺利开业进行招商宣传。

（4）开园后招商：指产业园正式开业运营后进行的更新招商工作，原则上不能改变产业园的定位。

3）产业园的招商实施

（1）精准招商。紧扣产业园定位，确定目标客户，结合自身区域内产业分布特点，集中人力物力，开展精准招商及品牌传播。严格引入标准，对项目进行全面合理评价，对能够促进产业聚集、创建品牌的项目予以优惠扶持。

（2）招商渠道。以行业渠道为主，充分利用行业平台、企业群、业内招商会、论坛讲座、晚会、行业活动等。

（3）招商流程

①前期准备。熟悉南京文创园支持政策，清楚产业园优劣；根据目标客户分析确定招商条件、优惠策略、招商计划等招商方案；招商团队要具备过硬的业务知识、管理水平、谈判策略等。

②洽谈阶段。对目标客户拜访、接洽，将信息归档；站在客户立场参与谈论投资计划、入驻建议、改造方案等；与客户沟通谈判、现场商洽，对方案进行修改与认可跟踪等。

③合同阶段。签订招商或租赁合同，明确优惠方案，协助当地注册等。

6.2.2　国创园招商管理定位

国创园招商管理主要是以其优越的地理区位、浓厚的文化底蕴、活跃的创业创新氛围以及多样化的物业类型等为基础，面向工业设计、形象设计、技术研发、文化扩展的企业和研发单位，通过各种招商营销手段来推介和宣传，在不断改善和优化自身"硬件"和"软件"

的基础上,利用龙头企业的引领和带动作用,深化和扩展国创园在市场的影响力和吸引力,进一步强化领军人才和企业的集中和集聚。

作为工业遗产更新改造项目,南京国创园在更新改造之初,秉承的初心就是让厚重的历史得到传承与延续,并将继续以"存续历史人文、集聚产城融合"为追求,打造成为历史遗存与产业结构转型的新型文创园。创新性和独特性是南京国创园最显著的特点,在激烈的市场竞争中,如何充分发挥出自身独特的优势与特色,在强化园区"向心力"的同时,找准自身定位,精准识别区域市场的空白或者薄弱环节,在对入驻企业的招商中就显得尤为重要。招商中凸显核心竞争力是国创园取得竞争优势的根本保证。

因此,以科技、文化类产业为发展方向,国创园的招商策略独树一帜,打造成为以工业设计、形象设计、技术研发、文化创意等为主导的产业园区,成为南京城市更新的代表之作。面向新型产业的领军型人才,引入具有高成长性的初创企业;面向现有行业的高尖端人才,引入具备高产值能效的实力企业;面向科技文化类骨干型人才,引入具有高带动性的成长企业,着力发挥"人才—团队—企业—产业"的链式效应。此外,引入的这些企业具有创新性强、附加值高、绿色无污染等特点,与原本老建筑厚重的文化底蕴、特色的风貌以及低密度的办公环境相得益彰,不仅盘活了城市存量的空间资源,实现了产业的转型发展,而且还能有效保护历史文化遗产,保持城市肌理的完整性和延续性,提升区域文化品质内涵,激发创新活力,聚集行业先锋,打造区域亮点,形成城市"创业创新高地",实现工业文化与创业文化的有机融合。

6.2.3 国创园招商管理成效

国创园在招商管理中,始终秉持"以顾客为中心",以自身的特色来满足企业、维持企业和吸引企业,取得了良好的招商成效。通过发挥园区的优势、提供优质服务和制定系列优惠政策来争取更多、更好的企业;利用各种招商手段和营销专业队伍,例如招商会、新闻媒介以及宣传活动来展示园区的形象,吸引企业入驻。同时为企业提供优越的生产经营环境和便利条件,孵化和培育更多的新型创新创意企业,推动园区更好地建设和发展,积极打造城市工业遗产创新利用的标杆,带动南京工业转型升级发展。

国创园自 2013 年 9 月正式开园以来,已成为"以文化创意、设计服务、科技创新"为主导产业的人才聚集地,通过"走出去、引进来"的招商模式,在做大做强园区"硬件"的同时,做优做特园区的"软件"。同时做好宣传推介,大力宣传园区文化和园区区位,彰显园区特色。结合招商定位,做好各个阶段的招商规划,把握招商重点,吸引了包括洛可可、中艺设计等 150 多家领军型创业人才企业入驻,吸引着 3 000 多名创意精英就业,真正成为创业者的"福地乐园",逐渐形成关联度高的企业和配套项目集群。自 2017 年下半年起,按照秦淮区"保护更新老城,开发建设新城"的发展战略,园区积极推进"来凤街文化创意街区"的建设,打造成为国内一流、世界知名的创业创新产业集聚地。

第一批入驻园区的企业南京洛可可公司联合南京夫子庙文旅集团共同开发了带有南京秦淮文化元素的旅游纪念品和文化创意产品。2014 年,南京创意设计中心落户园区。该中心搭建了包含行业服务、人才培育、市场开拓等功能的创意设计企业孵化平台,构建了创意、设计、产品、交易、消费全产业链,促进了文化创意和设计服务与相关产业融合发展。2015年10月,江苏文化产业聚合服务平台、紫金文创新传媒股份有限公司、江苏文化版权服务交易中心等面向全省的文化产业服务平台落户园区。近几年又有感动科技、中艺、联合城市、盛源祥、大颂博览文化科技、大田建筑景观设计、上海民防等国内外知名企业入驻,扩大了园区平台的辐射面、覆盖面范围和影响力。

6.2.4 国创园招商管理特色

招商管理在规避同质化竞争中发挥着重要作用,要充分发挥南京国创园独有的工业遗产特色,充分凸现"先进智慧产业园"的集聚优势,吸引更多符合要求的企业"走进来",生根发芽,成长壮大。国创园运营管理组织在招商中全面、全方位地展示园区特色,在市场上逐步形成了自身独特的招商魅力,充分演绎"人无我有、人有我特"的独特品质。

(1)品牌特色

品牌是核心竞争力,更是国创园最为重要的名片,它在传播过程中承载着国创园的文化理念,代表着形象,展现着个性,帮助受众形成品牌记忆。国创园在招商管理中,致力于打造南京新地标,将工业空间场景转型为文化创新产业聚集地,在繁华的主城区开拓一块拥有静谧环境、文化气息、经典品位、历史传承与创新活力的与众不同的国家领军人才的创业乐园。它借助工业遗产的资源优势,构建多样化的物业空间和艺术体验场景,在"艺术、体验、创新"理念下融合各种资源和空间,打造南京创意创新产业的"时代先锋"。通过"工业遗产活化"融合"创新创业"和"高新技术",充分盘活城市遗产价值,完美演绎工业遗产与当代建筑艺术的关系。在招商管理中,国创园利用各种视觉符号和体验空间,传播工业文化,增强品牌识别和深化品牌记忆,经过多年的建设,荣获了一系列的荣誉称号,诠释了国创园品牌价值的同时,也为其品牌建设和特色发展添砖加瓦。

(2)物质特色

国创园的历史底蕴、工业文脉、生态环境已经决定了其先天气质。通过对经典进行文化再造,加入符合新时代的设计内容,将上个时空的老工业遗迹变为当下时空的价值珍品,历史与现代的有机融合传递出金陵老城的风情与文化。同时,对老旧工业厂房的保护性改造方式既符合现代可持续发展的理念又紧随时尚潮流,形成了丰富的产品结构层次,通过设置总部经济区、企业加速区、创业孵化区,配备综合会所、商住设施,既能满足不同企业的需求,又为入驻企业提供了便利。此外,在园区形象上,具有持续性和延展性,从建筑立面语言、景观小品设置等方面,就能让人看出园区的主题与特色。同时,国创园的绿化环境不是简单地植被覆盖,而是将园林景观与办公楼组成有机体,绿色低碳、清幽雅致。在这种有"创意"的物质环境和空间里,"创新"的潜力能更加有效激发,在这种优越的产业环境和完善的配套环境中,入驻企业不仅有信心,还安心、放心,这有助于招商。

(3)文化特色

秦淮区是南京文明的发源地,与国创园融为一体的明城墙、内秦淮河如同南京的骨骼与血脉,但几经变迁,厚重的历史被浮世繁华覆盖。工业遗产是城市发展的见证,更是历史的承载,在现代城市发展的潮流中,国创园承担着工业遗产和工业文明的复兴使命。建设的初衷就是为南京城留下这百年的时间文脉,让历史得到传承与延续,并将继续以"存续历史人文、集聚产城融合"为追求,打造以南京国家领军人才创意园为代表的,历史遗存与产业结构转型的新型文创园区。从国创园的前身清末"江南铸造银元制钱总局"到民国"中华民国江南造币厂"再到新中国的南京第二机床厂,"百年产业遗址,近代工业遗产",无不体现着厚重的历史与昔日的工业地位。在工业历史文化的传承和发扬上,国创园做出了优秀"样板"。随处可见的旧时工业零部件形成的和谐景观,极具亲切感,游客能随处触摸和感受那些昔日辉煌的历史,更能体会和汲取那种引领时代的创新精神。

(4)功能特色

作为"以文化创意、设计服务、科技创新"为主导产业的人才聚集地,国创园从成立之初,根据地理优势、特殊历史文化以及产业基础,因地制宜、量体裁衣为自身产业发展制定了详细规划,明确了发展方向、功能引领与创新思路,为后续的精准招商与产业培育提供了顶层设计,构建了清晰的招商蓝图,能在招商的各个环节起到指导作用。另外,通过功能特色采用定向招商的模式,可以获得最精准的目标企业。在为项目确立科技、文化为主体产业的前提下,制定相匹配的定向招商策略,寻找最直接的企业来源。

(5)活动特色

活动招商是通过开展大型社会活动,有意识地让目标客户参与,以此建立并提高客户对品牌的认知度和认可度的一种方式,快速显著提升自身知名度。活动招商是一种特殊的营销方式,是一种"互动体验式"的、深度感知国创园内涵的重要方式,在输出品牌形象、提高品牌营销力、增加媒体吸引力以及提升市场招商效果等方面起着重要作用。国创园从招商之初开始,通过构建系列主题,举办或承办主题洽谈会、创业沙龙、学会活动以及主题展览等活动方式,打造品牌、树立形象和建设口碑,在有效推广形象、扩大影响力的同时,实现招商宣传,让目标企业深入感受国创园独特的创业创新氛围、别具匠心的环境营造以及改造得体的办公条件,快速找到自身需求的契合度、满意度和认同感,达到招商实效。此外,通过活动招商,也能为已入驻企业提供服务,聚集人气,有效提升入驻企业的满足感、归属感和获得感,有助于"口口相传"扩大园区影响力。

(6)发挥龙头企业的示范作用

龙头企业是发展创意产业和人才集聚的重要支点,南京国创园通过吸引国内外大型创意类企业及其创意衍生品公司加盟,发展现有配套企业,促进先进创意智慧产业园的发展。在此基础上,南京国创园充分发挥龙头企业的带动作用,通过发挥入驻的洛可可、兴华设计等龙头企业的示范带头效应,用鲜活的实施案例来宣传招商成效。这种以龙头企业和龙头项目为特色的招商,带动国创园核心竞争力提升的同时,进一步扩大了园区的品牌影响力,实现招商宣传与招商效果的同步推进,打造旧工业遗址实现高品质城市更新的样板,成为南京乃至江苏工业发展新时代的一张亮丽名片。

6.3 产业园物业管理

6.3.1 国创园物业管理概述

随着经济转型发展,产业园作为强大的创新集聚区的作用越来越明显,成为推动地方经济发展的主要载体和重要引擎。当然,企业在入驻园区时不仅是看重产业园的区位优势和创新创业集聚氛围,更多的是关注园区提供的服务水平和服务质量,这是一种长久的效应,能让企业入园后放心、安心和省心。因此,园区外部的硬环境和优惠政策不是企业投资决策的唯一因素,入园后的服务是否到位已经成为重点因素。物业管理作为园区服务的核心内容,同时也是项目长期收益的利润增长点,服务质量的高低,不仅影响到入驻企业的体验感和认同感,还会影响园区的品牌和口碑,进而影响项目招商引资[①]。

国创园的物业管理本着"务实求细,诚信守诺,全心全意为客户服务"的服务理念,用标准化、特色化和全程化的服务,营造优质的创业创新环境,为企业创造经济效益提供基础条件。在吸引一系列国内外投资企业的招商过程中,除了宣传国创园的优越条件外,还通过后期的物业服务手段吸引企业,利用全方位、一站式的服务,促进目标企业顺利签约、入园、投产等。国创园利用80%的办公空间、10%的商业配套、10%的公共服务配套,有效组成完整的产业结构,也为物业管理服务提供基础条件,构建了园区基础物业、手续代办、统采统购、人才招聘、银行融资、法律援助、政策咨询、风险投资的服务平台,营造了一个完整的、有活力的、"园与企"融为一体的产业园。

6.3.2 物业管理服务情况

产业园的基础能力就是为园区企业提供物业服务能力,企业入驻后,希望借助国创园的产业平台谋求自身的可持续发展。在物业服务方面,国创园组建专业人才队伍,统一办事流程,提高服务效率,建立与"国家领军人才""创业"相关联的服务体系,构建以企业服务需求为导向的服务平台,创造良好的营商软环境,提供细致、周到和有效率的服务,从工作和生活等各方面打动目标企业,用"真心实意"留住他们,打造对外开放的人才和产业创新高地,引导高层次创新人才聚集。不仅为入园的企业提供了水、电、通信、卫生、停车、安全、工程、维修等方面的基础物业服务,还能够为其创造专业的、特色的、菜单式的增值物业服务,为其创造良好的发展条件。具体的物业服务情况主要包含以下几个方面:

(1)园区日常管理

园区的日常管理主要包括入园手续办理、园区装修管理、园区车辆管理以及园区的维修管理,通过制定标准化和规范化的管理制度和操作手册,为入驻企业提供便捷优质服务。

(2)安保保洁管理

为入驻企业提供安全保卫和干净整洁的环境是国创园物业服务管理的首要责任。在安保方面,国创园组建了专职队伍,一方面在园区出入口对来访者进行登记并做相关检查,另一方面定期或不定期巡查,要求统一着装、文明执勤,及时发现安全隐患并提醒公众,将安全保卫工作做到万无一失。在保洁方面,结合国创园的文化遗产利用特色,制定了相关的保洁措施,禁止在历史建筑、工业遗存、古树、雕塑上涂写、刻画和张贴;企业的宣传横幅等,需经园区批准,并保持完好、整洁,并及时清除;公共服务区设置分类垃圾桶,禁止随意丢弃垃圾。在日常的实施管理中,分区域落实保洁责任人,负责好各自区域的保洁工作,及时清理打扫,确保环境干净整洁。

---

① 张蘋,李翔.产业园区物业管理的服务策略研究[J].现代物业,2019(5):18-19

（3）活动租赁管理

利用园区的公共空间，如玫瑰里（23 号、24 号楼）承接商务会议与活动、酒会宴会以及沙龙等；创意中心（19 号楼）承接音乐会、联谊会、发布会等活动；还有部分的中庭、广场以及公共场地的租赁管理。此外，还包括利用这些空间承办公益展览以及团体参观等方面的组织与管理。这些不仅能为国创园物业管理带来可观的租赁收入，还能不断提升国创园的品牌认知度。

（4）增值服务管理

现代物业管理的发展扩宽了园区物业管理服务的经济边界，从物业基础服务延伸到了增值服务，也正迅速成长为园区长期收益的增长点。在园区内，物业需要解决入驻企业生产和发展的"后勤"问题，提供多样化、差异化的服务，创建宜产、宜业的软硬件环境。同时，物业还可以"走到客户中"，急人所急，把热情服务、贴心服务与主动服务、及时服务结合起来，为满足不同的企业需求而开展相关的增值服务，如办公空间装修改造、会务服务、文化服务、产业培育服务等。

6.3.3 国创园物业管理特色

（1）在物业人员方面，留用了部分原二机厂未退休职工，经过培训后直接转为国创园物业管理人员。这个举措使得这些原二机厂职工延续了职业情感，对新岗位具有强烈的归属感；这些人员对园区的实际情况更为了解，也有着更为充沛的工作热情，能够更加精准且热情地提供物业服务。体现了国创园独特的企业文化、强烈的社会责任感和浓厚的人文关怀。

（2）在物业管理方面，国创园深知做好"服务"是园区长久的安身立命之道。在日常的物业服务中，园区提供了规范化、精细化的物业管理基础服务，有效地保障了园区安全、环境清洁和资源优化利用等。

（3）充分发挥了物业管理"关节"的作用，在企业入园、投入研发生产等过程中，提供了细致、周到、体贴的服务，为企业打通了成长与发展的多个环节，并为企业组织各种活动的有序开展提供有效保障，例如在企业优惠政策申请、工商行政一站式咨询服务、园区企业宣传交流等方面提供"助力"。在服务企业创业方面，园区坚持服务至上、创新驱动的理念，为园区企业提供了包括创新支持、市场对接、人员培训、管理能级提升等方面的服务，如在帮扶企业参与各类资质申报、专业化管理咨询外包服务、举办专家讲座和创业活动等方面，园区物业也倾力而为，努力营造"创业福地"，努力成为入驻企业心中有温度的物业人、有情怀的物业人、无微不至的物业人。

（4）相比居住物业和一般工业园区物业，国创园的物业更有其特殊性。在物业管理过程中，充分体现"人文关怀"，入驻企业根据产业性质、规模、发展阶段的不同，有不同的需求，对于物业服务更有着差异化的诉求，园区结合实际情况，制定了不同的物业服务内容，为不同层次的企业提供便捷、周到的服务，从而确保园区整体的服务品质和客户满意度。例如，租金优惠、经济法律以及社会事物的专业服务等，尤其为园区新兴企业提供生存和发展的有利环境，助推产业孵化。此外，物业管理尤其注重领军人才特别服务，为企业孵化、人才成长提供特殊帮助和服务，如组织国际沙龙活动、建立金融创新联盟平台体系、构建上下游产业链商业合作对接平台等。

6.4 招商运营管理小结

在现代城市建设和产业结构转型升级进程中,南京国创园为工业遗存建筑保护创新和工业文化精神传承传播作出表率。经过 10 年的建设发展,国创园成为江苏省与南京市秦淮区省区共建工业设计示范园区,在建筑空间历史与现代融合性和持续性发展方面做出了巧妙得体的规划设计,以其独特的区位优势、环境优势和文化优势,为老旧工业建筑转型升级、工业遗产持续健康发展开拓了宽广的道路,提供了美好的出路。园区功能空间设计合理,满足多类型、多层次产业需求,实用价值高,建筑空间形式语言风格明确,景观设置得体,实现了历史、创意、文化、艺术、生活等方面有机融合,充分表达了国创园对历史文化的尊重,展示了工业文化的潜在魅力,也体现了工业建筑遗产生命的转变与再生的可能,实现保护利用、发展创新与运营维护"三位一体"的更新模式。

6.4.1 优势总结

(1)特色要素鲜明

国创园依托厚重的历史文化资源,对城市工业遗产进行保护与利用,通过现代理念的精心设计和修缮改造,形成了以工业设计、形象设计、技术研发、文化创意等为主导的产业园区。它的地理区位优势明显,工业文化特色鲜明,建筑遗产保存得当,从办公用房到主题空间、公共场所,再到环境设计与布局,无不彰显工业遗产的特色与魅力,营造了舒适的"创新"氛围,提升了特色品牌效应,吸引了众多的企业进驻。也正是这些鲜明要素共同构建了国创园独一无二的特色符号,创造了成功的首要条件。

(2)招商定位明确,营销手段丰富

在日益激烈的市场竞争中,国创园招商定位明确,着力发展创意创新产业与人才培育,倾力打造南京智慧园和创意产业孵化基地。在招商过程中,注重龙头企业的引领示范效应,有效扩大品牌辐射影响,通过口口相传吸引客户,实现入驻企业同生共长,促进创业发展。在产业孵化过程中,国创园除了重视产业的培育,更看重"人"这一主导要素,尤其在"创业、创新"的环境中吸引人才、留住人才,走产学研融合的可持续发展道路。

有效的营销手段更是展示园区魅力的重要途径。通过大众媒体、社交媒体和人际传播方式全方位来传播国创园的市场形象,利用文化营销、活动营销等深入式的手段来促进市场对国创园的认可。同时,掌握了营销的主动性和引导性,积极引导和激发了目标企业和人才的好奇心及期待,很好地展示了国创园的品牌文化、产品内容以及核心价值等。

(3)运营管理服务到位

科学高效的运营管理体系是南京国创园持续快速发展的重要基石。国创园独立成立运营管理机构,具有自主运营管理的优势。通过借鉴和学习相关产业园的运营管理经验,结合园区的实际情况,实现了运营管理的顶层优化设计。从发展定位、运营管理部门的设立、运营管理流程的优化以及未来发展各方面,国创园充分调动了相关部门参与的积极性、主动性和创新性,优化运营能力。此外,为了助力入驻企业"圆梦"国创园,园区提供了多元化服务,整合各种资源,全方位地为企业创新发展保驾护航,让国创园成为企业和人才"宜家宜业"的福地和高地。

（4）构建创意服务平台

结合园区发展定位及产业规划,国创园为入驻企业构建了创意服务平台,为产业孵化、领军人才培养提供了更多的机会和服务,"用心呵护、尽力培养、助力圆梦"。国创园成立了南京创意设计中心、南京工业设计协会、"创意南京"文化产业融合公共服务平台、南京设计廊等平台,这些平台服务范围辐射全市、影响全省乃至长三角,为入驻企业创造了交流展示的舞台。通过举办创业创新大赛、创客沙龙、主题培训等形式,如"紫金奖"文创大赛、"金梧桐"公益广告创意设计大赛等,为创业者开阔眼界、增长技能、提高素质提供了社会化、前沿性、系统性的条件,创业创新成果不断涌现,有效促进了园区产业转型升级。

6.4.2 完善建议

此外,为了实现国创园更好更快发展,应在以下几个方面进行完善:

（1）整合品牌营销传播活动。在国创园品牌的推广与招商宣传中,要统筹安排好各类营销宣传活动,统一协调好各个阶段的营销目标,保证营销活动的主题鲜明,受众群体明确。同时,各类品牌营销活动也要依据时代潮流、市场环境和受众期待等因素来调整活动方式与内容,达到顺应时代发展、有效推动国创园品牌传播的目的。例如通过举办节事主题体验活动,有效吸引受众企业,为其留下愉快的回忆,加深受众对品牌的记忆;举办公开课、论坛等"讲堂"活动,在体现园区公共服务平台属性的同时,更能为园区积聚品牌资产[①]。

（2）完善跟踪管理制度,规范项目管理。加强对已落户园区的创新项目的跟踪服务,强调建立领军人才服务体系。围绕领军人才企业普遍存在的提升企业管理能力、加强财务管理及融资能力、强化核心人才激励机制、增长产品市场开拓动力、促进领军人才之间抱团发展的需求,针对性建立创新型领军人才服务体系,以达到拓宽和深化增值管理服务的目的,实现国创园增值服务收益的持续增长。

（3）创新运营管理机制。国创园实质上是一个综合性服务平台,在这个平台上,各种目标产业要素集中集聚。因此需要创新运营管理机制,为入驻企业持续发展创造良好的氛围和环境。具体可以从两个方面发力:一方面是完善运营管理制度,从招商引资、营销设计、服务质量保障等方面紧扣区域发展热点,并随着社会经济的发展灵活调整运营管理重点,找准自身薄弱点,针对性完善相关制度;另一方面是健全配套体系政策,满足创意创新企业的创业需求。为了吸引更多的企业和高端人才前来创业,国创园要及时建立健全支持创新发展的政策文件,优化创新环境,有效保护创业的积极性;同时当好企业与市场、企业与政府沟通的桥梁,让创业人才培育少走弯路。

① 温婧. 沈阳工业遗产文化品牌传播策略研究[D]. 锦州:渤海大学,2021

第七章

实践理性的启示

至 2023 年我国常住人口城镇化水平已达 66.16%。我国大中城市进入建设用地紧缺的瓶颈时期，要求调整内部结构，注重内部更新，提高城市质量与承载能力。2021 年城市更新首次被写入国务院政府工作报告，并列入《中华人民共和国国民经济和社会发展第十四个五年规划和 2035 年远景目标纲要》。城市发展进入城市更新的重要时期，由大规模增量建设转为存量提质改造和增量结构调整并重。传统制造工业功能逐步衰退，出现废弃的老城区的老旧工业厂房，亟须进行功能调整、改造再利用以及产业功能的升级转型。2022 年 3 月，国家发展改革委印发《2022 年新型城镇化和城乡融合发展重点任务》，明确提出"更多采用市场化方式推进大城市老旧厂区改造，培育新产业、发展新功能"，要求在"双循环"部署下实现高质量发展，通过优化资源要素配置，激发市场活力，加速推进产业转型升级，促进经济发展效益提升。

7.1 工业遗产类老旧厂房更新利用问题解构

7.1.1 工业遗产类老旧厂房更新利用诉求

（1）城市存量更新发展的重点要求

2021 年，住房和城乡建设部公布了首批 21 个城市更新试点城市，各地积极响应，迅速出台了一批城市更新政策和实施计划。其中北京、上海、广州、南京、杭州、苏州等城市相继提出城镇空间控量提效的发展思路，要求系统化、综合化、精细化地实施城市更新，实现城镇空间布局优化、产业功能转型升级、居住环境改善提升、公共配套修补完善，建设活力繁荣创新城市。老城区的老旧厂房转型改造是实现城市存量更新精细发展的重点要求之一，也是城市梳理、评估、盘活闲置低效资源，加快推进经济发展的重要引擎。

（2）老旧工业厂房转型的内在需求

老旧工业厂房是推进城市工业化进程的重要载体。由于城市空间的重构、地租竞价规律的作用以及城市产业结构的升级演化，老旧工业厂房出现转型升级滞后、土地效能低效、产业类型落后、形象品质较差、生活配套失配等问题。同时由于周边地区发展和中心城区区位优势出现土地价值飞涨的现象，位于中心城区的老旧工业区成为稀缺的土地资源。早期快速城市化和土地财政经济导致工业用地转型主要通过"退二进三""留改拆租"的更迭方式，以高容积率换取资金平衡，释放老旧工业厂区的空间资源价值；但基于当前新型城镇化与城市精细化的发展趋势,要求以"留改"替代"拆迁"为主要模式,对于老城区剩余的老旧工业厂房(特别是工业遗产)的盘活更新利用,应基于现有厂房资源,通过资源配置机制实施"微更新",以形成有机发展,达到综合效益最大化。

(3)工业遗产保护利用的文化诉求

许多近现代工业厂房具有特殊的物质与精神财富,被赋予"工业遗产"称号,其保护与再利用是新型城镇化进程中不可或缺的部分,也是城市文化重构诉求的重要部分。具体表现为:①工业遗产具有重要的历史研究价值。随着社会制造业技术和产业格局的变化,传统的工业制造退出城区中心舞台,但是它影响了几代人的生活,具有普遍的人文历史价值。②工业遗产具有重要的社会记忆价值。工业遗产见证了工业活动的发展历程,对当时的社会产生了深远影响。作为时间和空间的立足点,不仅记载了真实的、完整的工业化时代的历史信息,而且在以工业为标志的近现代社会历史中,能帮助人们更好地了解特定时期的工作方式和生产空间。③工业遗产具有重要的文化价值。随着社会结构系统的变迁,工业遗产整体演化展示了社会文明不断进步的历程,也是人类活动及社会变迁在空间上的具体表现。工业遗产是城市文脉的重要组成部分,工业遗产的保护有助于地域文化和城市文脉的可识别性的构建、延伸与发扬。④工业遗产具有重要的审美价值。老工业厂房具有特殊的空间尺度与高度,其建筑构件和材料展示了工业化鲜明特征,这些饱含现代主义、现代理性和历史信息的建筑空间和构件设备转化为消费符号,为新场景增添了独特的空间意义和审美价值[①]。

7.1.2 工业遗产类老旧厂房保护利用的困难启示

(1)土地利用性质转换困难

老旧工业厂房改造项目涉及将老旧厂房的工业用地转换为商业、办公、科研、多功能等不同性质的新产业新业态项目。在当前的老旧工业厂房更新实践中,由于政策实施存在偏方向、轻细则等问题,工业用地性质转换面临较大困境。主要表现在:

①具备土地可划拨、协议出让的政策条款,但变更土地性质需要补缴高额土地出让金,给产权人或改造方带来较大资金压力,实施较为困难;

②变更土地性质的审批手续办理周期较长,改造方需要付出较高的时间成本;

③对老旧厂房的价值认同不够统一,存在盲目拆建、过度改造的情况。特别是老旧厂房转型利用的项目立项、消防审批、施工许可、工商注册等以土地为前置的各项审批手续难以顺利进行。例如北京"二七厂1897科创城"项目在工业用地转为商业办公用地时就面临消防、安监审批难的困境。

(2)项目开发同质无序竞争严重

当前老旧工业厂房更新项目产业定位与功能属性雷同,改造千篇一律,同质化竞争严重。许多旧厂房改造集中偏好文化创意产业发展模式,对城市产业发展、地段区位、老旧厂房本体条件等因素和区域规划方向缺乏科学周全的考量;部分工业用地更新定位含糊不清,缺乏自身特色,缺少对标人群,仅靠物业租赁经营,很难产生创意产业的集聚效应。

---

① 尚海永.新型城镇化工业遗产保护与再利用[M].北京:社会科学文献出版社,2019

除了部分文物保护单位改造为保存与展示功能的博物馆或游览点以外,多数老旧工业厂房改造后功能属性是办公、展览、商业、餐饮、休闲娱乐等。产业定位与功能属性基本雷同,消费层次也几乎相似,未形成错位格局,导致更新成果千篇一律,项目之间存在严重的同质化竞争。

(3)项目产权与租期管理问题

一方面由于历史原因,项目所在老厂产权复杂难以理清,直接导致确权、处置或交易困难,更别提使用权分离、消费或经营。工业遗产保护限制规定不够细致,模糊地带与交叉地带比较多,管理部门的自由裁量权过大;另一方面基于目前国资平台和街道持有产权的房产一次性租赁期限通常不得超过3年的规定,文化创意产业园投资方不敢轻易租赁此类产权的老旧厂房,而偏向能租赁更长时间的私有产权老旧厂房,以使其前期投资的长期回报具有保障。国资平台自行更新的文化创意产业园亦有类似的租赁年限问题,企业入驻前首先会考虑无法续租的风险,是导致这类产业园招商不力的关键原因之一。

(4)项目投资运营效益偏低

相比传统开发项目,老旧工业厂房更新项目的规划调整、设计方案和投资方案、改造装修施工方案审批涉及的部门不尽相同,审批时间可控性较弱,或衍生出融资、政策变动等市场风险。此外,工业厂房更新改造项目前期规划、设计费用投入较大,改造装修费用可能超过新建同等面积的建造成本。占地面积大的工业更新项目多数属于可租不可售的自持型项目,投资回收周期较长,需要投资方具备较强的资金筹措能力。

7.1.3 工业遗产类老旧厂房投资运营的难点痛点

(1)缺乏城市更新规范机制

目前多数老旧工业厂房更新项目是"摸着石头过河",尚未形成一系列专门用于约束城市更新行为系统性的机制或规范。这些难点主要表现在:

①老旧厂房项目存在的历史遗留问题以及产权问题等没有统一明确的解决指引;

②工业用地改为非工/商业用地的功能用途变更审核困难,直接影响更新后的项目运营工作;

③未能明确区分工业遗产项目改造与普通老旧厂房改造的差异细则,为工业遗产保护改造带来不可预见性。

(2)城市更新缺乏细致分类指引

当前具体实践过程中仍然缺乏细致的城市更新分类及实施指引,多数只是指导性文件,涉及具体部门缺乏管理细则。有些城市尚未制定城市更新专项规划,更新区域、方向、目标、时序策略模糊,缺乏土地弹性用地调整规则,公共要素清单类型未能细化。

(3)项目审批流程效率较低

工业厂房的更新改造涉及资规、建设、房管、环保、文旅等多部门的审批手续,缺乏相应的牵头部门,审批流程长、效率低。

(4)缺乏相关资金扶持政策

老旧工业厂房更新改造涉及一些正常工业项目建设不会出现的问题,诸如社会影响、相关配套和保护修复等;一旦控制不好,很难达到资金平衡,希望能获得一些政策性支持或投融资基金支持,而当前资金支持政策与金融贷款措施较为有限。

7.2 工业遗产类老旧厂房更新利用路径探索

7.2.1 更新利用路径的思考

我国已逐渐进入新型城镇化发展的纵深推进阶段,城市品质提升和功能重塑成为全面提升城市质量、满足人们对美好生活向往追求的重要抓手。在此背景下,有序合理推进老城区工业厂房盘活更新,探索基于"空间—资源—资产—资本"的存量空间价值的实现路径,既符合新型城镇化战略的实践要求,也有助于推动城市的精细化发展,更有助于老旧工业厂房的转型升级。

经济学认为"资源、资产与资本"之间是有联系,并相互区分的。资源强调的是物质对象的数量、质量与使用价值,包括已知与潜在,反映了物质对象的自然性、效用性和稀缺性。资产强调的是资源的权属以及未来收益形式,反映了资源的排他性、约束性和价值性。资本强调的是优化配置,提高盈利能力,以实现增值最大化,反映了资产的增值性、流动性和扩张性。三者存在着继承性递进关系,需要一定条件才能推动实现。资源关注"稀缺"与"重构",资产关注"产权界定"与"收益来源",资本关注"收益分配"与"资金构成"。基于此,本书认为老旧工业厂房盘活利用路径包含以下三个核心环节:

(1)空间资源:价值评估与发展重构分析

在城市存量发展时期,既要看到厂房空间本身的建筑价值、历史价值、审美价值和开发价值,也要关注老旧工业厂房在激活城市功能、提升城市品质以及优化公共服务方面的价值潜力。首先是对老旧工业厂房的区位条件、土地价值、物质价值、环境品质、文化价值等涉及空间资源状态、特征、潜在价值进行全面调查、现状与潜力评估,记录典型特点;其次在可利用性评估体系下,分析建筑利用现状、配套基础设施、情感因素等;再次要对工业遗产类历史建筑的资源独特性价值进行全面评估,强调保护优先;最后根据特定功能、地理区位、开发强度、容积率和建筑规模以及工程修复重整的变化,评估老旧工业厂房空间资源重构及优化配置的发展潜力。

(2)资源资产化:产权化与基于综合评估的更新投资经营

在对工业遗产类老旧厂房保护改造利用中,产权是基础与核心。以产权规则作为基本出发点,清晰界定各方权利责任,可以采用所有权与用益权分离的方式,实现收益经营模式的转型,规范利益人的协调机制,引导方案选择、衡量与调整,促进稀缺资源的有效利用(使用效益)。在老旧工业厂房(工业遗产)资源静态评估和潜力动态解析的基础上,根据城市发展规划和更新战略趋向,遵循"文化定位—产业及人群定位—功能定位—建筑改造更新及设施配套—市场化运营管理"的总体思路,确定项目改造后的合理定位与运营模式,其产业规划、正负面清单、功能布局及建筑环境改造等依此定位开展,在保证生态效益的前提下,提升社会效益,增加经济效益。

(3)资产资本化:基于多元利益共赢的收益分配与资金引导

老旧工业厂房更新改造促进空间资源重构及优化配置,产生增值收益。在中国语境下,由于受国家、地方规划管理与土地使用等制度政策的规制,城市国有土地所有权与使用权分离,加上以政府为主导的分配机制,如何平衡城市更新改造中的公共利益、私人利益与市场利益成为政府再开发权益分配的关键。因此参与主体的多方利益共赢是重要前提,也是推进这些旧有厂区实现可持续的资产资本化与收益再分配环节的重要保障。然后在确定合理收益分配基础上,积极引导多元化资本形式介入,可以采用产权人改建运营、运营方承租改建或外部资本股权债权介入模式等。

上述三个环节中,空间资源的界定关键在于发现空间潜力或创造有用途、价值的空间载体与发展潜力评估;评估明确再利用的预期和目标,通过产权界定、经营收益形成城市资产,即老旧工业厂房的资源资产化过程;更新后的老旧工业厂房的运营收益再分配与资本引导即是资产资本化过程,并伴随产权变更与收益分配(图7.1)。整个过程的资产化与资本化并非截然分开,而是相互嵌套重叠,在政府规划管控和政策激励的框架下共同推进老旧工业厂房的价值实现。因此,空间资源特征分析与更新方式、相关利益群体关系与更新模式、地方政府规划管控与政策激励,成为老旧工业厂房更新盘活路径的3个核心环节(图7.2)。

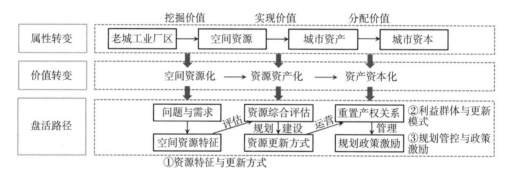

图7.1 老旧工业厂房更新盘活路径框架

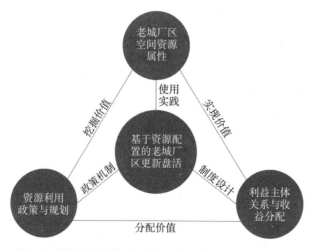

图7.2 基于利益群体关系的老旧工业厂房更新盘活体系

7.2.2 特殊历史文化空间资源解析

在新型城镇化、经济新常态和"双循环"战略的背景下,老旧厂房成为城市建设转型、经济发展模式转变和资源分配效率提升的重要空间载体。如何充分挖掘潜在价值、以匹配现代社会需求的新功能、促进其再利用成为当下城市更新领域的重要议题。工业遗产属于特殊的工业厂房,有些已经不能再利用,只能作为遗迹供人观赏,如上海四行仓库;有些则能更新改造利用,最为典型的就是第三章中的案例,如上海世博会、798 园区等。工业遗产不仅有传统老旧厂房的特点,还具备特殊的历史文化价值。因此,工业遗产的调查与评估应考虑下列因素:

1) 传统老旧工业厂房空间资源的解析

空间资源的界定关键在于发现空间潜力或创造有用途、价值的空间载体。传统老旧工业厂房因发展困境与衰败景观,其潜在价值容易被忽视。在城市存量更新和用地紧缺的约束下,针对老旧工业厂房的价值挖掘与评价是其更新的重要基础和首要步骤。空间资源化的过程包括对老旧工业厂房问题需求的判断和空间资源的综合评价,包括对其区位特征、土地价值、环境特征和文化价值等内容的评估。

(1) 区位优势

老城工业厂区是伴随着城市空间扩张与产业结构转型升级而生,区位优势主要体现为交通可达性优越,邻近城市娱乐、商务或商业等功能区,周边服务设施完善以及居住人口较多等。例如北京老旧厂房的改造项目 60% 位于主城区,区位优势仍是其经济价值的首要体现。

(2) 土地价值

土地价值是集老城工业厂房区位、环境和自身面积等综合因素的体现,但决定因素仍是区位。从物业角度而言,旧厂房大开间、净空高、大面积能为项目功能重新定位提供多元组合空间,甚至衍生出全新产品,具有较好的潜在价值。同时,老城工业厂区用地规模一般不小,尤其是近郊区的老工业区。虽然当前老城工业厂区因功能、市场需求或配套政策缺失等因素,部分现存用地闲置或低效,但其优越区位及土地资源仍能吸引投资再开发。

(3) 环境特征

现有的老城工业厂区大多产能落后、设备陈旧、缺乏充分的环保手段,易对城市环境造成破坏影响。景观上厂房分布比较密集,新旧厂房混杂,整体形象凌乱,严重影响了中心城区的城市品质。如果采用推倒重建的更新方式也会造成不同程度的环境破坏和大量材料资源的消耗;环境本身就是一种重要的景观资源,循环利用老城工业厂区也是对城市生态环境的保护建设。

(4) 文化价值

老城工业厂区一般承载着城市工业文明的辉煌历史,因其封闭化的管理方式,在一定程度上避免了大城市工业化、城市化的冲击。老城工业厂区往往集聚了城市工业产业资源,涵括不同历史年代的建筑物、构筑物及工业文明传承,具有丰富的地方工业文化时代印记。在新时代我国经济发展动能转型、产业结构优化升级、城市更新的大背景下,老旧厂房成为盘活存量空间资源、建设新型城市文化空间、推动文化建设的有力抓手。

2) 工业遗产空间资源的解析

工业遗产有其独特性,但面临的问题也是特有的。为什么要保护?这些建筑有着我们共同认同的价值。工业遗产价值由两部分组成,一部分是精神价值,一部分是物质价值。精神价值勾起我们的追忆,记录着历史的发展,引发公众的想象和共鸣,是保护诉求产生的根源;物质价值是作为工业或其他生产用途功能空间载体的使用价值,是再利用的主要对象。

当建筑作为空间载体所记录的史实、回忆对我们有重大意义,我们承认这种重要性因此产生保留建筑的想法,即为了保留这些史实与回忆而保留建筑。同时,工业遗产建筑作为历史与现在生产生活的连接体,作为文化断面,是丰富现实生活的要素。工业遗产历经岁月造成的耗损、形成的沧桑感、各时期附加其上的历史痕迹,都可以激发人类想象,这就是遗产所具有的"记忆的价值"。同时,建筑客观存在向世人展示着它的艺术价值,既有作为艺术品的价值,也包括艺术史实证的价值。我们批判现代都市人性淡薄,正是在无意识地批评都市中场所精神的消弭。现代都市在追求生活的便利性和匀质的现代性中丧失了土地区段原有的个性。对建筑遗产进行保护利用是希望为现代都市找回遗失的个性或赋予其新的个性。作为生活工作的场所,工业遗产建筑又有使用价值,再利用就是赋予工业遗产以持续使用的价值,使其作为一个整体在当代生存保留下去。

工业遗产建筑的改造目前主要采用"外观修缮＋内部改造＋结构加固＋设备更新"方式。一方面是由于大量的工业遗产仍在使用,除去少数文物级别较高的遗产作为展示纪念功能以外,工业遗产必须满足持续使用的需要。相对于古代传统建筑来说,近现代工业建筑在结构功能设备等方面更接近于现代社会工作的需要,但已经到了设计的使用年限,又经过了多年无序使用、改造和加建,必须经过相应的内部改造才能发挥其使用价值。另一方面,工业遗产建筑内外概念与中国传统建筑不同,强调的是建筑立面是一个整体,这与采用以砌体为主的承重墙体系有关,建筑装饰也与中国传统"寓装饰于结构"迥异,而是以附加性装饰为主。在不破坏整个建筑结构的前提下,通过装饰巧妙调整建筑物的空间比例和尺度,产生更多的层次与变化,并提供视觉焦点和视觉平衡,最终为整体建筑立面构建形式秩序,为内外分离的思考方式提供可能[①]。对于部分保护等级不高的工业遗产,可以相对自由地进行改造,通过加建扩建加层等比较大胆的改造手法,尝试对现有空间资源潜力的深挖和利用。

3)南京国创园的空间资源价值及潜力解析

延续至今的二机厂反映了传承不断的工业历史、工业风貌与地方特色,建筑本体、厂区环境、附属设施设备及工业产品等是其物质要素,工业文化、工人技艺、工艺流程与特色等是非物质要素。二机厂本身的综合价值,即历史价值、社会价值、艺术价值、科学价值等,都与城市发展和社会影响息息相关。在充分挖掘、研究与论证之后,将其承载的工业历史记忆、工业历史风貌与社会文化等价值,保存、保留和传承,为以后的保护更新发展方法和路径提供有力支持。详见第一、二章内容。

二机厂具有厂区规模大、建筑体量大、空间纯粹等特点,工业构架带来的大空间尺度感是其他现代建筑不具备的。其建筑特色在国创园的定位策划中得到了充分认同,并依据建筑风貌整体控制要求确定保护要素重点,于是工程改造时保留了较为典型的厂房建

---

① 杨一帆.中国近代建筑遗产的保护和利用[M].西安:陕西师范大学出版社,2018

筑特色。在此过程中,对建筑细致调研与评估,详尽记录了 20 世纪五六十年代机械行业厂房的典型特点,对建筑外立面、空间结构、门窗、屋顶、构筑物等予以价值评估,并以此为依据对机床厂建筑特色要素给予了明确回应。

同时在可利用性评估体系下,本书对二机厂的建筑利用现状、建筑使用状况、周边交通状况可达性、配套基础设施、情感因素等方面进行详细调查,对二机厂建筑内部运用改造升级更新、并置、交织等方法,在保留主体厂房形态的同时插建建筑体块,老工业建筑与现代新建建筑交织并存,成为一大亮点。另外在历史文化传承方面,最大限度延续了原有的工业建筑,在此基础上进行了现代手法的更新改造,使南京国创园基本上延续了原二机厂的历史风貌。尽量保留原厂区内的树木植被,体现其原生态环境的同时,又充分利用了二机厂的原有构筑物和一些器械部件作为特殊的工业艺术品装饰,与国创园绿化景观的塑造相融合,形成独有的蕴含二机厂历史延续的园区特色景观。

7.2.3 资源资产化:功能定位与收益模式

明确空间潜力或经创造有用途、价值的空间载体与发展潜力评估后,通过产权界定、功能调整、资源重置、合理经营等方式形成实际收益性资产,即老旧工业厂房的资源资产化。

空间资源配置是国土空间资源之间以及空间资源与其他经济要素之间的组合关系在时间结构、空间结构(区位)和产业结构(功能)等方面的具体体现及演变过程[①]。从区位角度来看,按照城市竞租理论,不同区位土地具有不同经济价值,不同的区位意味着不同的空间联系作用,产生了不同的城市级差地租[②]。追溯我国城市工业用地发展的历程,早期老旧工业厂房用地选址拥有优先选择权,大多数区位条件优越,土地增值潜力巨大。从功能转换角度来看,由于工业用地是城市各类用地中价值相对较低,功能转换带来土地价值增值的可能性很大;同时,旧工业区建筑容积率较低,如采用适当的高层高密度开发模式,也可获得更高的投资收益,带来土地和物业增值[③]。

(1)产权界定

要有效获得增值收益,首先需解决产权问题。产权是由多项权利构成的权利束。产权界定是将文物遗产产权的各项权能界定给不同主体,主要包括两部分:第一是产权的归属关系(界定归谁);第二是在明确产权归属的基础上,对物品产权实现过程的各权益主体之间的责、权、利关系进行界定(界定约束)。通过设置约束条件,提供合理的经济秩序,产生稳定预期,减少不确定因素。

产权机制最基本的是所有权,最常见的是用益权。"所有权"是整个产权制度的核心,一般具有绝对性、排他性、永续性三个特征。从产权性质来看,文物遗产所有权主要分为私有产权、公有产权和混合产权。"用益权"是指非所有人对他人之物所享有的占有、使用、收益的排他性权利,常见的有使用权、经营权、用益权、租赁权等。从经济学角度看,用益权的出现是社会进步的表现,能降低成本或增加效益,有助于稀缺资源充分利用。法理

---

① 曲福田,等.中国土地和矿产资源有效供给与高效配置机制研究[M].北京:中国社会科学出版社,2017
② 臧佳和.基于竞租理论的城市化土地利用变迁浅析[J].中国集体经济,2019(13):73-74
③ 朱一中,王韬.剩余权视角下的城市更新政策变迁与实施:以广州为例[J].经济地理,2019,39(1):56-63,81

上,所有权、使用权和收益权可以分离,却在文物遗产学术界有一定的争论。有些学者反对分离,有些学者支持。但从实践操作来看,产权分离总体上有利于文物遗产的保护利用,出现弊端的原因主要是各方权责不够细致清晰。拆分其所有权、使用权和监督权时,必须明确各方利益人的权益与责任,建立有效的归属与分配机制。

工业遗产更新是一种空间存量资源重新利用和产权重新分配的过程;这一过程也是计划经济体制下形成的初始产权结构向更有效率的使用者之间转换的过程。国创园产权清晰,为南京金基集团下属企业南京第二机床厂所有,金基集团专门成立国创园管理公司负责园区的日常运营管理。

(2)确定功能定位与收益模式

在老旧工业厂房(工业遗产)资源静态评估和潜力动态解析的基础上,根据城市发展规划和更新战略趋向,遵循"文化定位—产业及人群定位—功能定位—建筑改造更新及设施配套—市场化运营管理"的总体思路,确定项目改造的合理定位与运营模式,定位开展产业规划、正负面清单、功能布局及建筑环境改造等。"腾笼换鸟"是实现产业链向高端攀升的有效路径,可以有效改变粗放型增长方式,换来质量与效益、经济与社会的协调发展。在土地、人才等各类生产要素日益紧缺的今天,"腾笼换鸟"成为各地实现产业升级、招商引资的重要手段。各地深知盘活发展空间,才能盘活经济,所以纷纷围绕"腾什么笼""笼怎么腾""换什么鸟"做文章,只为引进高效升级版的"俊鸟""强鸟"。为了更好实现招商过程中的"腾笼换鸟",招商人需要明白:"腾"不是目的,"换"才是关键。市场是一只看不见的手,却能在资源配置之中起决定性作用。园区可以将需要腾换的土地推向市场,让符合当地产业规划,并且有意愿入驻的企业进行收购兼并。土地资源紧缺持续且棘手,"腾笼换鸟"只是众多盘活发展空间中的一方面,想要经济产业高质量发展,要能腾得出,更要换得来,还不能伤筋动骨。最终,检验"腾笼换鸟"成功与否,还是在于地方投资强度、产出密度、效益高度和环保水平是否有显著提升。

随着工业更新项目的增加,为避免同质竞争,项目定位需要更加精准。在老旧工业厂房(工业遗产)资源潜力评估的基础上,根据城市发展规划和更新战略趋向,通过厂区资源静态评估和外部条件动态解析,分类制定重点工业厂房的更新策略与可能的项目清单。产业定位从文化创意等"大产业"概念进一步向其涵盖的设计、影视、音乐、广告、电竞等细分领域聚焦,目标客群对象及层次的定位也要对应明晰,通过为目标客群提供精细化的服务而获得比较优势。按照空间资源利用方向,形成工业旅游区、开放街区和产业园区的更新类别;按照更新项目占地与建筑面积的规模,形成片区改造与单体改造两种类别;按照产业策略可以分为新型产业置换型、产业升级型、非产业功能置换型三种类别。除单独更新模式的指引外,对于复杂地块的工业厂房也可以采取类型组合方式,例如"片区改造、新型产业置换的开放街区"更新模式。特别是当下流行的文化创意产业园,引入创意设计、文创IP、国际品牌、艺术展览、影视传媒、直播电商、网红轻餐等多元化业态,顺应时代发展趋势和年轻潮流品味,有利于带动老城区旅游和文化产业的可持续发展。

(3)国创园的功能定位分析

南京国创园目前位于南京市秦淮区秦淮旅游风光带,三条主干道紧密环绕于园区周边,地理空间、地段以及交通等物理属性较为优越。国创园更新改造应充分利用并放大其优势,使其城市界面、内部空间、交通更适应现代城市的更新与发展。同时二机厂拥有悠久的产业历史和保存较为完善的厂区,也是数代人青春记忆的寄托,拥有较高的社会情感价值。本书从资源空间特征、资源相关利益群体以及资源空间利用政策与规划三个方面对南京国创园更新盘活利用路径进行分析,得出南京国创园更新盘活的优势与劣势:

①资源空间特征方面,国创园的优势在于地理区位优越、交通便捷、人流量大、对外辐射面广;环境上,园区内留有具有历史价值的古树与工业遗产构筑物,且内部景观环境较好;价值方面,园区内的厂房建筑更新改造空间大,内部留有具有较高科学、艺术价值的建筑,且对于社会有着一定的社会情感价值和文化价值。劣势包括有部分厂房损毁严重,且内部厂房大多为办公与工业建筑,对于后期改造在结构和空间利用上有一定难度,原有厂房的立面形式也对后期更新改造带来不便。同时,在政策规定的对工业遗产历史风貌保护基础上,对厂区的环境肌理进行了最大限度保留,采用了微观手法对其进行适用性现代使用改造。对于亟待修缮的厂房建筑,材料色彩的选择上充分尊重了原厂区整体的色调,保留传统风貌的延续。面对园区特有的工业遗产,设计上将其历史风貌进行了最大限度保留,实现传统与现代相融合的独特面貌。

②资源相关利益群体方面,国创园的优势在于园区土地属于工业用地,更新改造、功能转换后将会给园区土地带来明显增值;同时,园区土地建筑的产权清晰,可进行规模化、整体性的改造利用,不用担心因产权混乱带来的纠纷阻碍更新进程。劣势方面,国创园登记用途为工业,未来是否要交纳用途变更的土地出让金或其他形式的费用,由谁来支付等问题,可能会引起纷争与矛盾,还需要运营方消耗时间与精力去协调。

③资源空间利用政策与规划方面,国创园的优势在于其在更新改造时,南京市开始制定相关政策文件,例如《南京市工业遗产保护规划》(宁政复〔2017〕11号),避免改造时没有上位规划控制。劣势方面,虽有政策文件指导,但文件不够细致且不具备操作性,需在实践中探索适合自身的更新利用之路。目前公众对于遗产保护与利用的重要性认识不足,缺乏社会公众的积极参与,对于园区的长期维护成本较高。

政府文件明确了"重点发展的文化产业门类",这也为二机厂改造发展的方向提供了参考。通过对资源配置的空间资源属性优势与劣势分析后,基于较好区位、环境优势以及较高的土地、文化价值等,确定将国创园定位为高档文创产业园区以及创业人才培育基地;对二机厂老厂区注入新的功能业态,丰富其空间功能,利用这些物理空间优势打造出别树一帜的工业园区,并巧妙融入南京秦淮旅游风貌带,带动周边旅游发展和产业升级,为南京老城带来不同的风貌展示。国创园的功能定位遵循了国家政策上的方向引导,着重引入文化创意产业,例如工艺品制作、摄影和建筑设计等新型文化产业。一方面契合了时代的发展,符合当下新兴产业的发展方向,为盘活改造后的国创园提供了前提保障;另一方面新兴的文化产业符合当下年轻人的审美需求,在吸引文化创意产业入驻的同时,在城市层面上也会吸引更多的人群前来消费和体验,带动园区的活力和发展。

南京国创园前身为南京第二机床厂,除极个别的办公建筑外,绝大多数园区内保留建筑为原有厂房。国创园空间改造重点突出工业传统文化,深入挖掘并展示机床厂的历史文化信息。工业遗产保护利用不是凝固的、被动的,应在保护的前提下通过功能适度转化,达到发展再利用,将保护方式从"死保"转化为"活保"。

为配合不同规模的企业入驻园区，以及引进不同层次的领军型创新型创业人才，南京国创园将园区分为企业孵化区、企业加速区、总部经济区。同时，园区内还提供商务会所、公共餐厅、休闲设施等相关的配套服务，来提升园区的生活办公品质。园区改造不仅提倡产业的多样性，也给各栋建筑赋予了多种功能，最终形成一个以办公空间为主，展览、餐饮服务和文化设施为辅的创意型综合性办公园区。

国创园经过近10年的改造与运营实践实现了经济价值的增值，主要包括通过更新改造，老旧厂房闲置资源被活化利用，功能得到优化，利用率大幅增加，经济效益明显提高。同时通过合理更新，工业遗产改造后的办公场所相较周边普通办公楼具有更高租金，即历史建筑综合价值在经济上的增值差异反映，对工业遗产保护而言是"在保护中发展，在发展中保护"。而且工业遗产项目承租人通过更新改造也有明显的收益回报，为城市更新实践带来成功经验，取得良好的社会效应，成为推动鼓励社会资本投资工业遗产或老旧厂房具有典型示范作用的创新园区。正是基于这样的盘活利用路径，通过经济评价测算发现，国创园取得了一定的社会效益、经济效益与生态环境效益，有效延续了老旧工业厂房的生命活力。

（4）国创园的对应性改造

国创园对于价值较高、残损严重的建筑采用了最大限度保留其重要部分，将其与新建部分融合，使其得到保留。对于园区工业历史建筑设立了明确的保护标志，标识了建造年代与历史价值，加强了工业遗产的保护意识。在景观方面，二机厂原有厂区的景观布局维护状况较为优秀。在项目设计中，景观的整体布局被延续下来，在重要节点增加了工业设施小品，使得最终呈现的园区基本保留了原有的工业遗产特征；在工业遗产的技术、文化、物质等方面均做了合理、有依据且平衡的处理，很好地将物质留存转化为既适应现代功能，又能体现工业文化特点的综合园区。

目前国创园已完成更新改造。大多数建筑已经进行修缮更新，投入使用后主要外租作为办公、企业孵化、餐饮、文化展示等；也有部分大开间厂房（如27号楼）改造为综合停车场及办公场所，内部空间高达10米，进行了架构加建，改造为垂直停车，可以容纳更多机动车辆；小型车间的内部空间进行简单装修，交由入驻单位自行发挥，部分建筑充分利用高度，内部加建两层；原二机厂的办公建筑更新修缮后继续维持原有功能，基本上都沿用了原有外立面，对承重结构进行重新置入。目前的入驻单位主要有设计公司、摄影工作室、餐饮店和会所等。对于原二机厂员工来说，原厂区承载着他们经历的岁月。本书在调研采访中发现，老职工对于二机厂目前的更新改造总体上比较满意，尤其是对环境与建筑的处理。他们认为大部分建筑与园区肌理的保留使整个厂区历史底蕴犹在，将刻意保留的那些生产零件的设施设备布置成园区花坛、小品、路障等，这些细节延续着他们在厂区工作的情感记忆。国创园还通过开放园墙，成为周边居民茶余饭后散步休闲的小公园。

国创园是开放式园区，对外有多处出入口，与外界联系密切、通达性强，对交通停车要求高。为此，园区交通系统采用环形系统与树状结构道路相结合的方式：考虑到园区与已修复的明城墙相邻，围绕北部大厂房区形成交通环路，靠近明城墙区域依据厂区现有道路形成树状结构道路，结合消防需要和功能需求新增机动车道路及回车场地。同时。园区还设置了两个停车区域，一个是机械式停车区，一个是地面停车场地。尽量实现人车分流，步行系统主要围绕4个主广场以及各个办公组团内部公共绿地布置；特意改造了部分原有建筑外墙结构,构建出更多的廊街、屋顶开放空间;将增加的竖向交通空间独立于建筑之外,与室外步行系统结合,形成了立体的步行交通体系。

南京以前的工业遗产项目改造后大多采用封闭式管理,虽然在安全性方面得到了加强,但外界形象不够鲜明,与现代社会所需求的开放友好态度更是背道而驰。因此,国创园在初期设计就重视这个矛盾属性,力求开放互通,使得工业遗产园区空间能够被接近、欣赏和解读。园区重点反映了工业传统文化遗存,文化特色即是南京本地工业模式和建筑特色;在保护园区肌理、建筑风貌、机器部件等物质载体的基础上,挖掘展示原二机厂的历史文化信息,在商业运作中支持与宣传南京传统工业的文化历史,展示与此相关的机器部件遗存,使其为公众所知,打造地道的南京传统工业遗产场景名片。这些对于建筑遗产在保护层面上是值得支持和鼓励的。基于城市视线界面上的设计也能够在更大尺度上与周边其他遗产达成互补,体现完整的城市文化印记——无论是水西门城门附近及老城门外的工业遗产,还是北侧生姜巷、下浮桥,它们与国创园一同是内秦淮河一带城市风貌的重要部分,而国创园的特色界面塑造带来了积极的联动效应。2021年公布的《内秦淮河历史风貌区保护规划修编》将内秦淮河区域文化定位标注为"打造城市会客厅与创意文化艺术长廊",这与国创园2013年设计所追求的形象定位基本相符。内秦淮河风貌区规划所勾勒的发展蓝图也说明了国创园通过增强场所的公共性与可达性、设置丰富的建筑空间节点等举措,加强工业遗产保护利用,在理念与实践上都表现得较为优越。

7.2.4 资产资本化:收益分配与资本引导

通过更新改造对项目特定用途、性质、区位、开发强度、容积率或建筑规模等进行重构,对原有空间环境资源优化配置,获得增值收益。发展权重构与增值收益分配的研究起源于英国。"涨价归公"论以英国经济学家穆勒等人为主要代表,主张为了补贴公共建设的成本,将土地自然增值全部或基本收归国家所有。支持涨价归公的学者普遍认为土地的自然增值与土地所有者的贡献关系小,土地自然增值主要来源于社会经济的发展。而主张"涨价归私"的学者认为土地所有者拥有土地所有的权益,包括土地收益权和土地发展权,理应获得全部的土地增值收益。1947年,英国政府出台《城乡规划法》(*The Town and Country Planning Act*)让政府收回全部土地涨价的做法一去不复返,国家和社会共享地利。因此,为了平衡公权与私益,也为了实现国家土地管制的宏观目标与具体制度安排之间的协调,从土地权利关系属性来看,土地发展权重构的增值收益应当由国家、使用权人等主体共享。在中国语境下,由于城市国有土地所有权与使用权分离,加上以政府为主导的分配机制,导致在城市更新项目中很难衡量现有使用权人(原使用权人)如何分享城市更新改造所带来的土地增值收益的问题,故而如何平衡城市更新改造中的公共利益、私人利益与市场利益成为政府再开发权益分配的关键①。

1) 老旧工业厂房更新的相关利益群体关系分析

在城市更新改造过程中,土地发展权重构导致的土地增值收益分配主体是地方政府、

产权人、其他利益人等。

（1）地方政府

地方政府是城市更新改造项目土地所有权人以及经济秩序管理者，也是重要的利益主体。在老旧工业厂房更新过程中，地方政府既要激发老城活力、重整土地资源、促进产业结构优化和推动城市经济发展，又要保障公共服务设施建设与供给、城市空间品质与形象的提升以及人居环境的改善。对老旧工业厂房用地的二次开发也可以增加地方政府的土地收入（收取土地出让金、土地使用税费或其他费用）。

地方政府需要在国家相关政策、规划的框架下制定老旧工业厂房更新的相关规划设计，并出台规范及激励市场主体参与更新过程的具体法规、政策与指导细则，保障原产权人的权益，保障其他利益人的土地开发权再分配。地方政府需要对老旧工业厂房用地再开发进行规则制定和开发统筹，在确保城市公共利益和公共物品供给得到保障的前提下，促使老旧工业厂房空间资源开发的效益最大化。

地方政府的核心角色是管理和协调者，需要做好顶层制度设计，合理平衡各方利益，做大蛋糕，增加各参与方的更新驱动性；明确了解当地城市进行老旧工业厂房更新需要解决的核心问题；结合当地城市更新原则，制定城市更新工作办法及实施细则；充分了解土地使用权人、社会资本（开发商等）的诉求，通过规则制定引导对各方利益加以平衡。此外，由于工业更新项目投资回报周期长与不稳定性，地方政府还应提出相应的供地政策、资金保障政策与相关规划支持政策。

（2）产权人

产权人对工业用地拥有受到一定约束的土地使用权和转让权，并拥有相应的土地收益权，是项目的主要投资主体和经营主体（可以委托外包），也是更新改造的主要响应者。对原有工业用地进行城市更新后，可以提高开发强度和用地规模，并大幅提升地价。产权人会在获取回迁成本或争取土地增值开发收益间权衡。

在当前各地政府鼓励产权人自行改造开发的背景下，产权人选择对持有的低效工业用地进行改造拥有较大的获利空间，但受到以下因素约束：

①低效工业厂房再开发政策的缺失、模糊或变化导致产权人难以对城市低效用地开发的未来预期作出判断与决策；

②工业用地转经营性用地开发需要补缴高额土地出让金给地方政府，使得利润空间大幅降低；

③政府规定改造后项目的持有方式和可分割销售比例，产权人开发运营的风险上升，再开发利润进一步降低；

④产权人作为原工业用地的产权持有者，开发经营性用地综合项目的经验较为缺乏，存在较大的经营风险。

（3）其他利益人

老旧工业厂房更新改造主体也包括其他利益人，如使用权的租用者、运营者或经营者以及金融机构等投资主体等。租用者作为低效工业厂房的经营使用者，用途变更对其经营方式、成本、收益带来变化，使其需要与政府和产权人进行相关利益博弈。金融机构作为追求经济利益而存在的组织，对项目实施的资金链形成具有重要作用，在增值收益分配中也要考虑投资机构回报率。

（4）总体关系框架

与其他城市更新类型一样，老旧工业厂房更新也存在着复杂的多元利益主体关系格局。老旧工业厂房利益核心是政府和市场的关系，尤其是政府、产权人和其他利益人的关系。

政府在老旧工业厂房更新中要注重管理制度的顶层设计，实现管理方式与机制的创新。例如把日常的多头管理转变为跨部门统筹，把政府与企业的相对封闭关系转变为市场、企业、社会与社区的开放性协调关系。在我国的城市管理体系中，工业遗产更新项目通常要涉及发改、财政、国资、规划与自然资源、建设、交通、环保、文化旅游（文物保护）等多个部门。为顺利推进更新项目进程，有些城市也采取了建立一个统筹机构统一协调各部门管理的方式。政府是城市更新的引领者和管理者，企业是实施者和投资者，公众是参与者和受益者，更新项目需要平衡好政府、市场主体和公众三者之间的关系。政企合作模式是承担城市发展职能的政府通过与市场化企业合作推进城市更新项目的一种模式，这种模式有助于促使政府在全面深化改革的背景下依法依规地推动城市更新工作。

企业是市场化主体，以盈利作为经济活动的目标。企业追求利润的行为有利于推动城市更新中资源优化程度和更新效率的提高。市场化企业主导的项目比较容易实现多元化优势互补，而且能够进一步吸引更多优秀的市场化主体参与，取得多方面的综合效益。这也是国家政策鼓励更新中多元主体参与的重要原因。企业在老旧工业厂房更新中主要收益为服务增值、资产增值和土地增值，参与更新的本质是投资存量资产的价值再开发。在这个过程中，对资源性资产的开发度越大，企业收益越大；而对于存量资产，获取收益的关键是创新和政府的激励政策，在方案设计、功能更新、产业升级、环境改善、系统优化等多方面的创新度越高，项目就越成功，企业的收益也就越大（图7.3）。

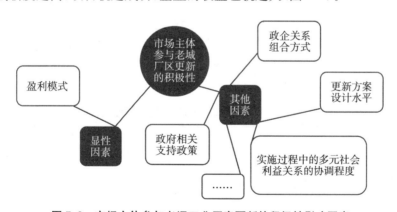

图7.3 市场主体参与老旧工业厂房更新的积极性影响因素

2）项目更新模式分析

（1）基于使用权变更的更新模式

项目更新模式主要分为自行改造、政府收储模式以及二者结合模式（表7.1）。不同模式中的各主体利益分配不尽相同。

表 7.1　基于土地使用权变更的更新模式划分

类型	特点	适用条件
自行改造	土地使用权不变,也就是不发生实质性的征地行为,政府不用支付土地使用者补偿款	工改商、工改工
政府收储模式	土地使用人与政府签订协议,政府收购土地后将土地在公共资源交易中心公开挂牌	工改住、应储尽储范围内的工改商、工改其他
二者结合模式	土地使用人按一定比例将用地移交政府储备获得补偿款,剩余自行开发的面积就得不到补偿款	老城和重点区域的工改其他

（2）基于项目运营主体的更新模式

由于土地产权制度的约束,老旧工业厂房产权人是推动项目更新的关键角色或突破口。按产权人角色行为,可以将老旧工业厂房更新按项目运营分为产权人改建运营模式、运营方承租改建模式以及产权人与外部机构合资模式三种（表 7.2）。

表 7.2　老旧工业厂房更新盘活运营模式总结

运营模式	特点	适用条件	优势	不足
产权人改建运营模式	老旧厂房产权人担任项目改造的出资方与运营方角色	资金筹措能力与资源整合能力较强的产权人	项目改建注重保护前提下的再利用,利于传承企业文化与历史积淀	缺少新兴产业资源与专业运营人才
运营方承租改建模式	专业公司承租置空厂房并对其进行投资改造	期望获得稳定租金收益的产权人	运营方基于自身业务需要选择项目定位,发展方向明确	注重空间资源,忽略保护原有特色
产权人与外部机构合资模式	产权人与外部机构成立合资公司作为项目运营方	亟须资金支持或产业资源的产权人	项目资金充裕或具备带动性较强的产业内容或产业平台	大量沟通协调工作,影响决策效率

（3）基于利益群体偏好的更新模式

对开发商、投资机构、服务商等主要城市更新参与者的探索模式进行分析,可以发现不同参与主体投资项目的偏好不同,项目运作模式、成本、周期及回报率等均有不同的诉求和特点（表 7.3）。

表 7.3　基于参与主体偏好的更新模式

参与方	优势	适用项目	资产持有模式	资金投入	项目周期	投资回报
政府	—	城市功能规划更新	重资产	大	长	非盈利性
开发商	资金、大规模项目操作优势;与政府合作经验丰富	投入大、期限长、层面广的项目	重/轻资产	大	长	高
投资机构	资本运营能力强	买入价格合理、周期适中并具有稳定现金流的成熟资产	重资产	适中	适中	适中
服务商	资产评估、运营、配套服务经验丰富	投入较小、改造难度较低的项目	轻资产	较小	较短	较低

3）国创园项目相关利益群体关系分析

基于资源配置的相关利益群体关系特征与优劣势分析，南京国创园的资源相关利益群体关系较为简单，有利于项目的开展与实施。南京市政府是项目的管理者和协调者，在做好顶层制度设计时，推动社会宣传与加大激励手段。国创园的产权归属于南京第二机床厂，可以使园区得到很好的保护。国创园的投资、运营、管理均由南京国创园投资管理有限公司主导，公司积极与国创园其他利益相关方进行沟通协调，合理平衡项目各方利益，兼顾多方需求，确保国创园的更新改造能得到多方认可。

基于资源配置的空间利用政策与规划，在国家层面有关老旧工业厂房更新的政策方针指导下，南京市政府也颁布了一些老旧工业厂房更新政策，其中有些内容比较明确细致，更有指向性也更具象化，甚至具体提到南京国创园区的某几栋楼的保护与更新改造方向。正是在这些政策的规划引导与控制以及各种激励政策与金融支持政策下，国创园更新盘活利用有着明确的保护与改造方向。也要看到，相关配套政策以及支持力度还是不够，需要在规划审批、消防审批、工程改建审批、补贴申请等方面予以支持。

南京国创园的更新盘活利用项目由多个市场相关方参与（图7.4），其中包括：①运营主体：国创园的投资、改造、运营与管理均由南京国创园投资管理有限公司（原为南京二机投资管理有限公司）主导。在国创园的转型过程中，作为参与全部流程、组织各方的主体，该公司拥有核心决策权，从保护利用的角度对国创园的影响最大。②设计方：设计方作为从实际上保护、改变园区建成环境，具象化各方需求至实体空间资源的重要参与者，其保护利用理念也对国创园产生了较大影响。③其他相关者：在本项目中，还有多个相关的群体曾经或正在参与国创园的保护利用，包括原南京第二机床厂的职工、在此运营的商铺业主、周边居民等。为照顾到各方群体的利益，国创园在更新盘活利用时积极听取各方意见并协调冲突。

运营主体即南京国创园投资管理有限公司主导着国创园的更新改造过程，拥有核心决策权。首先，在2012年园区改造启动时，运营方在再利用方面较为注重原有工业建筑的保留，即国创园从最初便将工业遗产身份放在定位中。其次，2013年策划案较为明确地将国创园的性质定义为以复兴为使命的科技文创生态产业园，即在重视国创园的工业文脉的基础上，以营造科技、文化、园区氛围等方式将这一遗产的转变展现给各类潜在使用者，建立起清晰的文化形象。这在工业遗产保护利用方面属于比较切实且平衡的理念，在延续工业文化、促成转型的前提下，保留当下建成环境的同时为未来可利用性做出适当的改变，无论对于区域经济、产业转型还是对于物质遗存再利用都有利，比较妥善地平衡了现实条件与愿景之间的矛盾。

对于设计方而言，国创园的保护和设计理念体现得最为清晰的应属2012年向市规划局上报的文本。由于当时没有关于市工业遗产的规划或指引，文本中列出的设计依据主要为当时的建筑通用规范，详尽分析建筑质量、年代、材料、构件价值等要素，确定以保护为主、拆改为辅，对质量差、工业特征不够明显、年代近的建筑进行改造，对于工业构筑物则基本完整保留。作为工业文化的重要构成要素，器械及构筑物在近些年的工业建筑保护中的地位逐渐上升，而部分早期改造因为空间、使用、成本、污染等因素会选择将原有机械全部清空，或仅留少量核心构筑物。

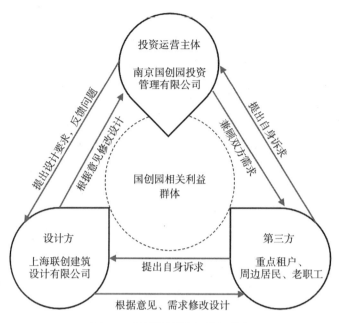

图 7.4　国创园项目相关权益者

　　另外,厂区也承载着一代人的青春记忆,具有较高的社会情感价值,这也是厂区更新的重要优势之一。国创园及周边商业综合体内部人群具有较强的消费能力,同时园区紧邻内秦淮河和明城墙,在秦淮旅游带上占有一定的地位,能够吸引旅游消费人群。

　　4) 老旧厂房更新资金引导

　　资金来源是项目开展的核心问题。当前的城市更新实践从各地文件看,政府主要发挥引导作用,市场主体是主要的投资运作主体;资金方面银行贷款等市场融资是主要渠道;财政资金是市场融资的补充,中央和地方财政资金及专项债均可参与城市更新;除此之外还可为城市更新项目提供减税降费的优惠措施(表 7.4)。例如重庆在财政支持领域倡导中央资金、专项债、市级财政、政府和社会资本合作(PPP)共发力。重庆市在《重庆市城市更新工作方案》中提出资金保障条款中除强调市场化融资外,还有两方面的财政发力渠道:一是积极借力中央政策性资金和专项债;二是市级财政资金给予支持。

表 7.4　城市更新类型与项目融资方式

是否拆除	拆除	拆除	不拆除	不拆除
功能是否变化	功能变更	功能不变更	功能变更	功能不变更
典型应用场景	工改商住/城中村改造	老旧公共建筑重建/国有建筑重建	老旧工业厂房改造	老旧小区改造
业主参与方式	获得补偿/自改/他改	自改/分担投资	分担投资/获取租金	分担投资/不出资
主要更新内容	建筑物拆除,一级开发,基础设施配套完善,二级开发,产业运营	建筑物拆除重建,基础设施配套完善,服务运营	建筑物改造,物业服务和运营	建筑物修缮,配套完善建设,公共空间运营和社区物业运营
社会资本参与方式	一二级联动开发	BOT	ROT	ROT

政府鼓励社会资本参与老旧工业厂房更新改造,将低效资产变为运营型高效资产,将实物资产升级成为金融型资产,建立"投资—运营—退出—再投资"的完整链条。目前越来越多的投资主体如老旧厂房业主、专业运营机构、地产公司、金融资本机构、文化创意企业、新兴科技企业等均参与到工业用地更新项目中,有时还会组成多元协作的投资团队,或与老旧工业厂房产权人成立项目公司,共同发展产业地产业务,通过孵化空间集聚创新人才、甄选投资标的;依托企业品牌、业务价值,与工业遗产运营方对价市场渠道、办公空间、服务补贴等回报。引导开发运营企业同构创新盈利模式,例如通过优化物业品质、完善产业服务体系来提高项目入住率、租金水平及租金涨幅;通过交易经纪、设备设施共享等方式帮助入驻企业开源或节流,获取专项服务分成;通过直接投资、租金入股、参股产业基金等方式进行股权投资,增值退出后实现资本收益。此外,老旧工业厂房更新融资中也出现了资产证券化的新特征,即工业厂房更新改造项目的产权人和运营方,以租金收益为基础,以项目所有权、租赁权和运营权为标的,进行资产证券化融资来回笼资金,例如"嘉实金地八号桥资产支持专项计划""方正证券—星河 World 项目一期租金资产支持专项计划""招商创融—北京文化创新工场资产支持专项计划"等资产证券化产品。

其中,公募不动产投资信托基金(REITs)通过资产证券化的方式,将具有持续稳定收益的存量基础设施资产或权益转化为流动性较强、可在证券交易所公开交易的标准化、权益型、强制分红的封闭式公募基金。老旧厂房 REITs 的实质是成熟基础设施资产的上市模式,也是存量资产盘活的资金支持。CMBS 即商业房地产抵押贷款支持证券,此类资产支持证券产品通常以商业物业作为底层物业资产,以商业物业抵押贷款作为底层基础资产,以商业物业的抵押贷款债权(信托受益权)作为基础资产,通过结构化分层设计,以商业物业的租金及运营收入等作为偿还贷款本息/证券本息的资金来源。老旧厂房更新项目所需资金量大、项目周期长,亟须多元化的金融支持体系助力项目持续稳定的发展。将公募 REITs、CMBS 引入老旧厂房更新,有望拓宽老旧厂房更新的融资渠道,助力老旧厂房更新项目稳健运行。

7.3 工业遗产类老旧厂房更新利用政策保障与策略建议

7.3.1 老旧厂房更新利用政策保障

(1)国家级更新利用政策

2015 年,国土资源部等六部委出台的《关于支持新产业新业态发展 促进大众创业万众创新用地的意见》(国土资规〔2015〕5 号)中提出,对利用存量土地和现有房产发展新产业新业态的,可实行土地使用权类型和土地用途 5 年不变的过渡期政策。过渡期满后可按新用途、新权利类型、市场价,以协议方式办理用地手续,符合划拨用地目录的,可以采用划拨方式供地。

2016 年,国土资源部印发《关于深入推进城镇低效用地再开发的指导意见(试行)》(简称《意见》)的通知,为健全节约集约用地制度,盘活建设用地存量,提高土地利用效率指明了方向。此次文件对城镇低效建设用地的概念进行了界定,主要指经第二次全国土地调查已确定为建设用地中的布局散乱、利用粗放、用途不合理、建筑危旧的城镇存量建设用地，权属清晰、不存在争议。同时明确了改造开发范围，包括国家产业政策规定的禁止类、淘汰类产业用地；不符合安全生产和环保要求的用地；"退二进三"产业用地；布局散乱、设施落后，规划确定改造的老城区、城中村、棚户区、老工业区等。而现状为闲置土地、不符合土地利用总体规划的历史遗留建设用地等，不得列入改造开发范围。《意见》提出了相关的激励机制，重点提出了鼓励原国有使用权人进行改造开发。在符合规划的前提下，原国有使用权人可通过自主、联营、入股、转让等多种方式对其使用的国有建设用地进行改造开发。原划拨土地改造开发后用途仍符合划拨用地目录的，可继续按划拨方式使用。改造开发土地需办理有偿使用手续，符合协议出让条件的，可依法采取协议方式。原依法取得的工业用地改造开发后提高厂房容积率但不改变用途的，可不再增缴土地价款。

从部委出台的文件可以看出国家对城镇低效用地再开发高度重视，同时对原使用权人自行改造、产业转型升级等有较大的政策激励，促进低效用地再开发工作的推进。

（2）城市级更新利用政策

目前城市更新领域探索较为成熟的地区有上海市、北京市、深圳市、广州市及珠三角地区多个城市。

深圳市是我国城市更新工作推进的创新先锋。深圳市于 2009 年 10 月正式颁布《深圳市城市更新办法》；2012 年 1 月正式颁布实施《深圳市城市更新办法实施细则》。随后，2014 年《深圳市城市规划标准与准则》、2015 年《土地整备利益统筹试点项目管理办法（试行）》、2016 年《深圳市人民政府关于施行城市更新工作改革的决定》、2019 年《深圳市城中村（旧村）综合整治总体规划（2019—2025）》、2019 年《关于深入推进城市更新工作促进城市高质量发展的若干措施》等文件相继出台，使得深圳市城市更新工作更好推进。目前，深圳市主要采取"土地市场化"的方式开展城市更新工作，对老旧小区内建筑物进行综合整治，包括功能转变或直接拆除重建，既保证了政府作为城市更新主体的利益，又保证了居民利益，从而高质量地促进城市经济增长。

上海市是我国土地资源约束最为突出的城市之一，在城市更新政策方面也具有领先性。上海市明确了对新增建设用地实行管控，强调逐步降低扩张比例。新一轮总体规划提出 2040 年城市建设用地"零增长"；国家新型城镇化规划也特别强调存量更新的重要性，杜绝城区面积无节制地扩张。上海市提出"退二进三"策略，将工业用地转化为开发用地和保障性住房用地。其中，保障性住房包括公租房和少量的还迁房。2014 年初，为解决产业转型带来的土地用途问题，上海浦东新区在自贸区内实行"创新工业用地出让"制度、"新增工业用地弹性年限出让"制度。这是对多功能综合土地用途的一种探索，也是完善存量土地循环利用的机制，积极推动浦东新区存量工业用地转型，实施工业用地全生命周期管理，提升土地利用的综合效益和探索创新。

北京经济飞速发展，加速了城市建设。为应对随之而来的许多问题，北京市政府实行了"控规动态维护"政策，分层级实施规划中的细则，将城市规划中的措施具体化、细化到片区和街区两个级别上，包括公共基础设施、服务设施和安全设施等。

广州市作为深圳的近邻，开展城市更新工作也走过 10 余年。2019 年，广州市人民政府办公厅发布《广州市深入推进城市更新工作实施细则的通知》（穗府办规〔2019〕5 号）

（简称"5 号文"），此实施细则中有 12 处创新，包括创新补偿方式、增加改造成本内容、明确审批权分工、实时申报更新计划、区域统筹资金平衡、创新招商文件审批制度、旧厂收储改造进一步让利、进一步规范公益用地移交、创新旧城镇改造模式、创新推进成片连片改造、集体物业复建成租赁用房、创新完善历史用地手续等，政策倾斜力度进一步加大，以便更好地推进城市更新工作。

表 7.5 为广州、深圳及上海城市更新体制的特点对比。

表 7.5　广州、深圳、上海城市更新体制特点

类别	广州	深圳	上海
机构设置	城市更新局	国土委城市更新科	城市更新领导办公室
管理规定	城市更新办法	城市更新办法及细则	城市更新实施办法及细则
对象分类	旧厂、旧村、旧城	综合整治、功能改变、拆除重建	旧区改造、工业用地转型、城中村改造
规划体系	1＋3:《广州市城市更新办法》＋《广州市旧村庄更新实施办法》《广州市旧厂房更新实施办法》《广州市旧城镇更新实施办法》	整体引导＋城市更新单元	区域评价＋城市更新单元
政策特点	从市场主导到政府主导	政府引导，市场运作	政府引导，双向并举
运作实施	审批控制，政府收储，能储尽储	审批控制，多主体申报	审批控制，试点示范项目
特色创新	数据调查，专家论证，协商审议，微更新	保障住房、公共服务配套、创新型产业用房、公益用地	用地性质互换、公共要素规划、容积率转换、社区规划师、微更新

（3）南京市更新利用政策

南京的工业转型从 20 世纪末就已经开始，至 21 世纪初要求中心城区不得再增加大型工业用地，这意味着城区内无论是近代还是现代的工业园区都需要在变化中重新找到定位。与全国其他城市 2005 年后工业改造项目出现的趋势相同，南京的工业遗产再利用项目也逐步增加。2006 年印发的《南京市文化创意产业"十一五"发展规划纲要（2006—2010）》中就有表述："结合老城旧工业厂房和住宅区功能改造、近现代建筑保护，建设文化创意产业园，为创意设计企业搭建服务载体。"在不断尝试和总结经验的过程中，更多的配套指引、实施机制逐渐跟上。2014 年《国务院办公厅关于推进城区老工业区搬迁改造的指导意见》以及南京市《关于推进城镇低效用地再开发促进节约集约用地的实施试点意见》的下发，均表明了工业区改造的迫切性。

其后工业区改造在不断补充的框架中速度加快，2016 年《南京市城镇低效用地再开发工作补充意见》（现已废止）给予了政策、管理、审批指引；2017 年发布的《南京市工业遗产保护规划》（宁政复〔2017〕11 号）提出按照"找出来、保下来、活起来"的工业遗产合理保护和发展利用总体思路，从综合价值、格局与风貌、工业建筑、再利用潜力四个方面进行打分评估，选取了 40 处工矿企业纳入《南京历史文化名城保护规划（2010—2020）》并进行分类保护（依次为历史文化街区、历史风貌区和一般历史地段）。2019 年《市政府办公厅关于深入推进城镇低效用地再开发工作实施意见（试行）》提出了再开发范围、规划要求、模式，提出了六条激励措施。秦淮区制定了"硅巷"建设规划，意图通过对老写字楼、老厂房、

棚户区的改造,释放创新空间。可以看出,近几年来政策所引导的城市发展方向颇为明确,高人才密度、高产出的创新型产业是大势所趋。2022年4月发布《南京市城市更新试点实施方案》,其中针对老旧厂区转型升级要求,各区对辖区内老旧工业片区的本底情况开展摸排调查,确定可纳入城市更新工作范围的区域;结合老旧工业片区发展实际,分类采取整合集聚、整体转型、改造提升等方式,推动老旧工业片区改造提升。鼓励利用旧厂房、旧仓库改造建设现代公共服务和创新创业载体,建成一批催生新型消费、引领未来产业的城市硅巷、创新社区,发挥存量空间新价值。2023年《南京市城市更新办法》提出城市更新原则——保护传承,塑造城市特色。实现历史文化遗产应保尽保,坚持"留改拆"的城市更新优先序,充分发掘更新区域的自然、历史文化遗产资源,实现绿色低碳发展。(表7.6)

表 7.6　南京市关于老旧工业厂房更新的政策文件

部门	政策文件	相关内容
南京市人民政府	《南京市文化创意产业"十一五"发展规划纲要(2006—2010)》(2006)	结合老城旧工业厂房和住宅功能改造、近现代建筑保护,建设文化创意产业园,为创意设计企业搭建服务载体
中共南京市委办公厅	《关于推进城镇低效用地再开发促进节约集约用地的实施试点意见》(2014)	低效产业用地利用现有存量建筑物进行改造,改造后土地用途为非商品住宅类经营性用地的,在保留现状建筑物主体框架和结构不变、改扩建增加的建筑面积不超过现状建筑面积的20%,且地上建筑不进行分割转让销售的情况下,可采取协议出让方式办理
南京市人民政府办公厅	《南京市城镇低效用地再开发工作补充意见》(2016)(现已废止)	给予了政策、管理、审批指引,低效产业用地再开发为科技研发项目,应严格执行宁政规字〔2013〕1号及市政府相关文件规定,并对拟改造的科技研发用地实施全过程跟踪管理,坚决杜绝以科技研发为名变相进行房地产开发
南京市人民政府	《南京市工业遗产保护规划》(2017)	按照"找出来、保下来、活起来"的工业遗产合理保护和发展利用总体思路,从综合价值、格局与风貌、工业建筑、再利用潜力四个方面进行打分评估,选取40处工矿企业进行分类保护
南京市人民政府办公厅	《市政府办公厅关于深入推进城镇低效用地再开发工作实施意见(试行)》(2019)	以重点工业片区布局调整、中小工业集中区转型升级为重点,采取协议置换等方式,鼓励企业转型,推动产业升级、效益提升;利用现有房屋和土地,兴办文化创意、科技研发、健康养老、工业旅游、众创空间、生产性服务业、"互联网+"等新业态的再开发项目
南京市人民政府办公厅	《南京市城市更新试点实施方案》(2022)	鼓励利用旧厂房、旧仓库改造建设现代公共服务和创新创业载体,建成一批催生新型消费、引领未来产业的城市硅巷、创新社区,发挥存量空间新价值
南京市人民政府	《南京市城市更新办法》(2023)	保护传承,塑造城市特色。实现历史文化遗产应保尽保,坚持"留改拆"的城市更新优先序,充分发掘更新区域的自然、历史文化遗产资源,实现绿色低碳发展

（4）工业遗产保护利用的特殊政策

2021年9月,中共中央办公厅、国务院办公厅印发了《关于在城乡建设中加强历史文化保护传承的意见》,重点提到城乡历史文化保护传承体系是以具有保护意义、承载不同历史时期文化价值的城市、村镇等复合型、活态遗产为主体和依托,保护对象主要包括历史文化名城、名镇、名村(传统村落)、街区和不可移动文物、历史建筑、历史地段,与工业遗产、农业文化遗产、灌溉工程遗产、非物质文化遗产、地名文化遗产等保护传承共同构成的有机整体。活化利用历史建筑、工业遗产,在保持原有外观风貌、典型构件的基础上,通过加建、改建和添加设施等方式适应现代生产生活需要。

社会各界对加强工业遗产保护利用已经形成广泛共识,但由于我国工业遗产项目时间跨度大,数量繁多,保存现状复杂,随着工业转型升级和城市化进程的加快,许多老厂矿停产搬迁,一批重要工业遗产面临灭失风险。2017年住房和城乡建设部印发《关于加强历史建筑保护与利用工作的通知》(建规〔2017〕212号),指出要保护文物古迹、历史文化名城名镇名村、历史文化街区、历史建筑、工业遗产等物质文化遗产,既要保护古代建筑,也要保护近代建筑,既要保护单体建筑,也要保护街巷街区、城镇格局。2018年《工业和信息化部关于印发〈国家工业遗产管理暂行办法〉的通知》(工信部产业〔2018〕232号)旨在推动工业遗产保护利用,发展工业文化。《国家工业遗产管理暂行办法》确立了"政府引导、社会参与,保护优先、合理利用,动态传承、可持续发展"的原则,强调在保护优先的前提下,鼓励开展合理利用,政府、遗产产权所有人和社会各方协同合作,强化对遗产核心物项的保护,保留工业遗产核心价值;在保护好工业遗产的前提下进行合理利用,对其承载的优秀工业文化进行创造性转化和创新性发展,促进工业文化繁荣和产业发展,实现"动态传承"、可持续发展。《国家工业遗产管理暂行办法》提出支持利用国家工业遗产相关资源建设工业博物馆,发展工业旅游,建设工业文化产业园区、特色小镇(街区)、创新创业基地,培育工业设计、工艺美术、工业创意产业等,鼓励在有效保护国家工业遗产的前提下,把加强工业遗产合理利用作为促进传统产业转型升级,加快推进新旧动能转换的重要举措,为经济社会发展服务。通过国家层面出台的文件可以看出,国家不仅重视工业遗产的保护,也强调在有效保护工业遗产的同时吸引社会力量促进工业遗产的合理开发利用,促进历史文化的传播,充分发挥工业遗产价值。

2017年南京市政府公布了《南京市工业遗产类历史建筑和历史风貌区保护名录》,将68栋历史建筑列为南京市工业遗产类历史建筑,国民政府首都水厂、金陵船厂、南京宏光空降装备厂、南京第二机床厂、冶山铁矿和永利𨱏厂被列为南京市工业遗产历史风貌区;要求南京各区政府及工业遗产所有人、使用人、管理人加强对工业遗产的保护和利用,做好工业遗产的测绘建档、挂牌展示工作;在企业转产、改制或者拍卖、置换资产等过程中,应当将工业遗产的保护要求写入,充分发挥工业遗产在南京历史文化名城保护中的积极作用。2022年南京市档案馆已正式启动南京地区工业发展口述史采集整理工作,采访试点企业老领导、老专家、老工人,重大历史事件的见证者、亲历者,不同年代英模人物及其子女代表,以及在岗的领导干部、技术人员、一线职工。被访者结合自身及亲人、同事的工作经历,讲述了南京工业建设、发展、壮大历程,以及在各个特殊历史时期迎接挑战、创新管理的经验和做法。保留城市的珍贵历史记忆,如实反映南京工业从无到有、从小到大的发展历程,保护好南京工业的科技文化价值底蕴和工业遗产遗存的历史面貌,既能深度挖掘老一代创业者及工人们艰苦奋斗、开拓创新等精神,也对现代工业发展壮大、转型升级具有重要借鉴意义。东南大学城市规划设计研究院编制的《南京市外秦淮河规划》中,提出复建位于金陵机器制造局遗址西北面的大报恩寺塔,并将其与制造局遗址连为一片,形成一个富有历史感的游憩场地,把晚清时的工业厂房建筑辟作中国军事历史博物馆,而民国时期的厂房建筑则继续其现在的功能,用于民用工业生产,便于开放参观,以便更真实地传承场地的历史文化。经过改造赋予新功能已经成为当今世界工业遗产保护的主要发展方向,即保持原有建筑外貌特征和主要结构,内部改造后按新功能使用。这样做不仅增添了这些建筑本身生存的活力,而且还可获得一定的效益。2022年,南京市发布的《南京市城市更新办法(试行)》中提出对于不转变用途的工业、仓储等城市更新项目,在园区、产业社区内需整体统筹停车位、绿地规模和布局;对符合规划且不改变用途的现有工业用地,通过厂房加层、拆除重建、老厂改造、内部整理等途径提高土地利用率和增加容积率的,不再增收土地价款;鼓励将历史建筑保护利用与周边文化、旅游、商业等现状资源有机串联;加固修缮保护体现历史建筑核心价值的外观风貌、典型构件,消除安全隐患,有条件的可依法通过加建、改建和添加设施等方式适应现代生产生活需要。

7.3.2 策略建议

为了更好地推动工业遗产类老旧厂房更新利用的顺利实现,还需要政府的配套管理政策支持,本书提出如下策略建议:

(1)健全更新法律法规,实现有法可依

完善的法律法规体系是推进老旧工业厂房更新的基本制度保障。目前我国城市更新的制度建设仍仅以地方立法为主,缺乏总纲性的法律法规来统领规范。急需不断完善城市更新法规条例,明确城市更新的概念与类型,重点针对土地再整理、招拍挂制度、不动产登记以及权益人权利与义务体系等进行法规条款制定,引导组织老旧工业厂房更新,也为各方社会资本参与更新提供明确的制度保障。同时,结合本轮国土空间规划编制,将目前零星工业用地中规划用地性质更改为商业办公或新产业新业态混合用地,促进零星用地的有效利用。针对老城不同片区的发展特性,编制差异化的区域业态功能的引导正面与负面清单,有利于优化文化产业布局,避免同质化竞争和无序发展,促进全域均衡、可持续发展。

(2)制定城市更新规划,细化更新指引

城市更新,规划先行。城市更新在完善的更新规划指引下才能高质量、高效益地有序进行。国内外工业用地和老旧厂房更新实践表明,成功更新案例均有创新、系统和在地化的规划设计方案指导。城市更新不仅是存量资源的物理改造,更是针对产业结构、功能体系、景观品质、公共服务等内容的调整与再建。因此政府需要制定翔实的城市更新规划,细化更新指引内容。例如针对更新厂区地块的改造力度与更新模式进行具体分类,明确规定哪些属于综合整治、哪些属于有机更新、哪些应当通过改造实现功能提升、哪些应当拆除重建。

(3)规范部门管理流程,提高审批效率

以城市更新领导小组为核心,联合资规、住建、消防、财政、发改委等部门,建立老旧厂房更新改造利用审批绿色通道,为盘活利用过程中的产权置换、规划审批、消防审批、工程质量评估和审批、补贴申请等流程提供一站式服务,提高审批效率,保障老旧工业厂房更新盘活利用项目顺利推进。针对老旧厂房原有设计与新建建筑设计规范不符的问题,适当调整消防审批和工程质量审批的标准,允许以利用轻型消防车等适应性消防对策填补消防通道不达标的空缺,允许采用不影响正常使用的结构加固对原结构体系的合理弥补。

（4）激励市场主体参与，推进人才引育

对于地方政府，老旧厂房改造再利用是城市更新工作的重要组成；对于传统工业企业，厂房资产盘活衍生出新的产业板块，能促进经济结构升级；对于地产投资企业，厂房改造项目成为新的投资空间，是推动增量转存量的有效途径；对于文化创意企业，厂房改造项目合作将满足文化产业与空间资源的再生需要；对于金融企业，厂房改造项目提供了新的投资发展链。地方政府应充分发挥老旧工业厂房的各方市场主体积极性，及时动态地出台专项政策与优化细化更新细则。同时，政府应鼓励低效老旧厂房的更新改造引入专业团队，制定文创产业人才鼓励政策，实施文创人才引育工程，营造激励人才发展环境，提供配套创业人才公寓。

（5）完善财政政策支持，拓展多元融资

城市更新所需资金巨大、占用周期长，既需要财政资金的前期支持，更需要多方社会资本介入，才能实现高质量、可持续的更新目的。地方政府要通过发挥财政资金的杠杆作用、实行税收优惠、提供合理补贴、土地出让金减免、灵活运用容积率奖励、采取符合规律的金融支持等多种办法来吸引多方面的社会资本参与到城市更新中。还可以进一步完善5年过渡期用途变更优惠政策。对利用老城区老旧工业厂房兴办文化体验、公益博览、娱乐休闲、众创空间、健康养老、体育服务、旅游配套、政策性租赁住房、医疗服务等提升公共配套服务功能的，建议可保持土地权利类型和土地用途5年过渡期政策不变，允许临时改变建筑使用功能；对文保单位、历史建筑等特殊建筑，可按照旅游配套产业用地政策允许临时改变建筑使用功能，可执行5年过渡期政策。符合5年过渡期政策规定的存量建筑、工业厂房，在5年过渡期结束后可以采用延续政策或采用缴纳土地年收益方式来变相优惠。产业政策上，引导老旧厂房项目向所在城市重点发展的文化创意、数字经济等新兴产业聚集区转型；土地政策上，依据城市国土空间总体规划，实施"以产定地"的分类空间配置政策；财政政策上，通过资金补贴、购买服务、设立城市双修引导基金等方式给予工业厂房改造项目资金支持。构建政府政策性引导、企业市场化参与、社会全方位支持的多元化融资机制。探索设立"文创资金池"，重点支持文创科研、项目创新和对外交流等。

（6）加强工业遗产保护，推进盘活利用

①政府管理部门应及时成立工业遗产评估委员会，确定当地的工业遗产名录。对所在地的工业遗产深入开展普查和评价工作，明确工业遗产的规模、数量、分布等，汇编成册，摸清资源家底，适时推动遗产资源三维可视化模型和信息数据库的建设。

②加快开展专门针对工业遗产保护相关政策文件的制定。工业遗产是城市的宝贵财富，对于保留城市文脉，提升城市品位，推进文化创意等新兴产业发展具有重要意义。但也要看到政府的法律规定总是力求简洁明确，具有可操作性和高效率，然而"一刀切"的简洁性也会带来灵活性的缺失。实践中许多工业遗产比我们的想象复杂得多，需要建立从上至下的一整套的制度、规定、方法及操作指引等架构体系；同时要尽量规避不同部门从自身目标利益出发制定相关特殊条款，保持公平与效率执行。适时出台相关针对性激励政策，实施分类管理，保护机制应加大对个人、开发商的鼓励力度，将优惠政策、经济刺激作为调节各方利益平衡的手段，调动参与各方的积极性。

③深化完善工业遗产的规划编制，制定城市或片区工业遗产保护专项规划。在城市

设计的基础上，将保护图纸和控制性详细规划相结合，应遵循弹性或留白原则，增加保护规划的可操作性，确保工业遗产保护规划的要求能落实到位。明确审批管理职责，针对工业遗产项目既注重保护，又允许进行适度改造的情况，在不涉及安全问题的前提下，审批管理时可适度放宽要求，尽量简化审批手续。

④由于工业遗产的特殊性，市场主体对工业遗产项目进行更新改造时，政府可以在民意的基础上，对工业遗产保护更新再利用策划方案进行审核。同时可聘用第三方机构对工业遗产更新改造项目的保护利用和运营管理进行长期监督，对于违背合同承诺或经营不利的应及时建议更换运营机构或采取相应的管理措施。

⑤政府管理要秉持公平性，在鼓励对工业遗产项目进行更新改造的同时，也要关注周边街区原居民的利益及相关服务设施的保留与更新，保障原居民的利益。政府制定相关规定尽量让原居民的实际利益与遗产保护建立直接联系，让广大居民成为工业遗产保护和街区复兴的受益者，从根本上调动广大居民参与工业遗产改造再利用的积极性和主动性。

⑥政府应及时向社会公布工业遗产名单，使公众能更好地了解工业遗产的丰富内涵；利用"两微一端"等互联网信息技术拓宽工业遗产的宣传途径，保护传统、讲述故事，充分挖掘展示工业遗产的文化信息与主题定位；将工业遗产的知识普及纳入学校教育，加强工业遗产保护与再利用的国际交流等。

处理工业遗产类老旧厂房的保护与更新改造利用的矛盾，归根结底在于如何有效地协调环境资源效益、社会文化效益与经济效益的关系。其中，环境资源效益是经济效益和社会文化效益的基础，经济效益、社会文化效益是环境资源效益的延伸，三者互为条件，相互影响。应当以社会文化效益为根本，在保证社会文化效益、环境资源效益的前提下，实现经济效益的可持续性，然后由经济效益反哺社会文化效益、环境资源效益，达到相互依存、相互促进的辩证统一。工业遗产的可持续利用也是人们的一种行为活动，离不开参与各方主体在职能分工、更新改造和收益分配等方面的紧密配合和良性互动。通过更新改造，提升工业遗产类老旧厂房的有效利用率，合理配置资源、资产和资本。各方既是要素的提供者，也是获益者。企业提供开发资金并负责具体的运营，获得利润；政府为项目提供政策指导、监督开发，同时获得税收收入，进而加大遗产保护投入和力度；当地居民通过参与服务业实现就业转移、增加收入，改善生活条件，并增强自觉保护意识，最终实现工业遗产项目的有效保护与利用。

本书研究既是既有项目经验的总结提炼，又是一轮新探索的开始。东南大学朱光亚教授一言以蔽之："希望认真分析问题，深入认识已有经验，激发思考、引起讨论，他山之石，当可攻玉。吸收该领域新的优秀实践和研究成果，不断地拓展、改进和深化，深入挖掘建筑遗产顽强的生命力并使之升堂入室，植根于当代社会经济建设与城市更新工作的进程中，使其为提升时代的发展做出贡献。"

参 考 文 献

［1］Rodwell D. Liverpool Heritage and Development-Bridging the Gap［M］// Mieg H A，Oevermann H. Industrial Heritage Sites in Transformation：Clash of Discourses. New York：Routledge，2015：30-35.

［2］Heritage Council of Western Australia. A Guide to Assessing Cultural Heritage Significance［EB/OL］.（2023-08-25）［2024-02-01］. https://www. wa. gov. au/system/files/2024-02/final-version-for-publishing-assessment-criteria-for-cultural-heritage-significance. pdf.

［3］Mark L. Herzog & de Meuron Tate Modern Switch House［J］. The Architects' Journal，2016，243(24)：44-59.

［4］Douet J. The TICCIH Guide to Industrial Heritage Conservation［M］. Lancaster：Carnegie Publishing，2012.

［5］Macdonald S，Ostergren G. Conserving Twentieth-Century Built Heritage［M］. Los Angeles：The Getty Conservation Institute，2013.

［6］Macdonald S. 20th Century Heritage：Recognition，Protection and practical challenges［EB/OL］.（2012-01-13）［2023-12-28］. https://www. icomos. org/public/risk/2002/20th2002. htm.

［7］蔡晴,王昕,刘先觉. 南京近代工业建筑遗产的现状与保护策略探讨:以金陵机器制造局为例［J］. 现代城市研究,2004,19(7):16-19.

［8］曹永成. 铸造中国银元的南京造币厂［J］. 南京史志,1999(1):4.

［9］陈传岭. 民国时期度量衡制造机构介绍［J］. 中国计量,2015(1):63-64.

［10］左琰. 工业遗产再利用的世博契机:2010年上海世博会滨江老厂房改造的现实思考［J］. 时代建筑,2010(3):34-39.

［11］陈雷音,刘俊,陆峰. 基于SWOT分析下的工业遗产保护与再利用研究:以南京1865创意产业园为例［J］. 北京印刷学院学报,2020,28(8):29-32,76.

［12］陈亮. 南京近代工业建筑研究［D］. 南京:东南大学,2018.

［13］陈硕. 公众参与下的工业遗产保护性再利用:以谢菲尔德波特兰工场为例［D］. 南京:南京大学,2019.

［14］陈鑫,吴芳,方玉群,等. 苏州工业遗产档案资源抢救与保护方法研究［J］. 档案学研究,2015(2):104-108.

［15］陈泳. 近代工业街区的进化:从"苏纶厂"到"苏纶场"［J］. 建筑学报,2015(7):98-103.

［16］陈泳. 苏纶场近代产业街区更新［J］. 城市建筑,2015(22):100-107.

［17］成卓. 柏林工业遗产所在城市街区的再生研究［D］. 上海:同济大学,2008.

［18］程小梅,喻晓. 基于地域文脉的老城周边地区更新策略研究:以苏州苏纶厂及周边地区更新为例［J］. 建材与装饰,2018(21):75-77.

［19］充分发挥工人智慧,造出更多更好的土机床:第一机械工业部第二局安铁志副局长在华东地区中小型机床土法制造和土机床现场会议上的总结报告［J］. 机床与工具,1958(12):18-21.

［20］丛桂芹. 价值建构与阐释:基于传播理念的文化遗产保护[D]. 北京:清华大学,2013.

［21］崔云云. 城市旧工业建筑的 Loft 模式改造再利用研究[D]. 成都:西南交通大学,2014.

［22］代四同. 上海莫干山路工业区的历史演进研究[D]. 上海:上海社会科学院,2018.

［23］戴鞍钢,阎建宁. 中国近代工业地理分布、变化及其影响[J]. 中国历史地理论丛,2000,15(1):
63-65.

［24］戴建兵. 白银与近代中国经济(1890—1935)[D]. 上海:复旦大学,2003.

［25］第一设计院. 县级以下机械修造厂(站)典型设计[J]. 机械工厂设计,1958(5):29-37.

［26］中国第一历史档案馆. 晚清各省铸造铜元史料[J]. 历史档案,2010(1):15-34.

［27］丁进军. 晚清各省铸造银元史料续编(上)[J]. 历史档案,2003(3):44-60.

［28］丁进军. 晚清各省铸造银元史料续编(中)[J]. 历史档案,2003(4):35-46.

［29］丁进军. 晚清各省铸造银元史料续编(下)[J]. 历史档案,2004(1):45-60.

［30］段伟. 泛称与特指:明清时期的江南与江南省[J]. 历史地理研究,2008(1):76-87.

［31］发展和改革委员会. 关于印发《推动老工业城市工业遗产保护利用实施方案》的通知(发改振兴
〔2020〕839 号)[EB/OL]. (2020-06-09)[2024-03-16]. https://www.ndrc.gov.cn/xxgk/zcfb/tz/
202006/t20200609_1231025.html.

［32］樊姝. 纽约文化创意产业集聚区发展经验及对北京的启示[D]. 北京:北京服装学院,2013.

［33］樊姝,牛继舜. 纽约 SOHO 艺术集聚区的发展脉络及对北京 798 艺术区的启示[J]. 山东纺织经
济,2014(1):106-108.

［34］范西成,陆保珍. 中国近代工业发展史:1840—1927 年[M]. 西安:陕西人民出版社,1991.

［35］范玉洁. 国内外工业建筑遗产再利用趋势探析[J]. 美与时代(城市版),2020(3):14-15.

［36］傅林祥. 江南、湖广、陕西分省过程与清初省制的变化[J]. 中国历史地理论丛,2008,23(2):118-
126,147.

［37］高俊. 工业遗产档案开发利用研究[D]. 南京:南京大学,2014.

［38］耿斌. 上海创意产业集聚区开发特征及规划对策研究[D]. 上海:同济大学,2007.

［39］工商部工业司. 度量衡器具制造法及改造法[M]. 南京:京华印书馆,1930.

［40］工商部工业司平准科. 工商部全国度量衡局度量衡检定人员养成所第一次报告书[M]. 南京:南
京中华印刷公司,1930.

［41］工商部工业司平准科. 公用民用度量衡器具检定方法[M]. 南京:工商部总务司编辑科,1930.

［42］工业和信息化部. 国家工业遗产管理暂行办法[EB/OL]. (2018-11-05)[2024-01-17]. https://
www.gov.cn/gongbao/content/2019/content_5366487.htm.

［43］公一兵. 江南分省考议[J]. 中国历史地理论丛,2002,17(1):76-85.

［44］龚会莲. 变迁中的民国工业史(1912—1936):一种制度分析的视角[D]. 西安:西北大学,2007.

［45］龚骏. 中国都市工业化程度之统计分析[M]. 上海:商务印书馆,1933.

［46］龚骏. 中国新工业发展史大纲[M]. 上海:商务印书馆,1933.

［47］龚恺,黄玲玲,张嘉琦,等. 南京工业建筑遗产现状分析与保护再利用研究[J]. 北京规划建设,
2011(1):43-48.

［48］龚恺,吉英雷. 南京工业建筑遗产改造调查与研究:以 1865 创意产业园为例[J]. 建筑学报,
2010(12):29-32.

［49］苟玲玲. 旧工业建筑(群)再生性评价研究[D]. 西安:西安建筑科技大学,2014.

［50］顾方荣. 基于天然采光优化的单层旧工业建筑办公类改造研究:以南京为例[D]. 南京:南京大
学,2020.

［51］郭建伟. 工业遗产上的文化创意产业园设计与再利用研究:以广州 1978 文化创意园为例[J]. 对

外经贸,2020(6):57-58,122.

[52] 郭素萍,郭宁宁,王玮. 工业遗产保护背景下的文化创意产业园发展研究:以南京 1865 创意产业园为例[C]//规划 60 年:成就与挑战:2016 中国城市规划年会论文集(08 城市文化). 北京:中国建筑工业出版社,2016.

[53] 郭文康. 英国工业旅游研究[D]. 济南:山东师范大学,2007.

[54] 国务院.历史文化名城名镇名村保护条例[EB/OL]. (2008-04-29)[2023-12-18]. https://www.gov.cn/flfg/2008-04/29/content_957342.htm.

[55] 国务院办公厅. 推进城区老工业区搬迁改造的指导意见[EB/OL]. (2014-03-11)[2023-12-20]. https://www.gov.cn/zhengce/content/2014-03/11/content_8709.htm.

[56] 韩孟缘,张景秋. 中国工业遗产保护利用研究进展[C]// 2020 年工业建筑学术交流会论文集(中册). 北京,2020:33-38.

[57] 韩私语,张玮. 文化创意产业园与文化创意地产发展研究[J]. 市场论坛,2014(9):22-24.

[58] 韩晓峰. 后工业时代产业类遗存建筑改造方法浅析[J]. 建筑与文化,2012(11):70-73.

[59] 许宏福,何冬华. 城市更新治理视角下的土地增值利益再分配:广州交通设施用地再开发利用实践思考[J]. 规划师,2018,34(6):35-41.

[60] 何志宁,许汉泽. 城市文化产业园的社会功能及问题反思:台中和南京的比较研究[J]. 东岳论丛,2012,33(9):15-21.

[61] 侯学妹. 工业建筑遗产的保护与再利用设计研究[D]. 青岛:青岛理工大学,2019.

[62] 侯俊豪. 齿轮火焰淬火用的转动装置[J]. 机械工人,1958(5):42.

[63] 胡攀. 工业遗产保护与利用的理论与实践研究:来自重庆的报告[M]. 成都:四川大学出版社,2019.

[64] 胡石. 江南行署研究[D]. 南京:南京师范大学,2012.

[65] 黄琪. 上海近代工业建筑保护和再利用[D]. 上海:同济大学,2008.

[66] 黄翱. 工业遗产上的文化创意产业园区建设研究:以福州白马河芍园 1 号创意园策划和规划改造为例[D]. 北京:中央美术学院,2010.

[67] 季晨子,王彦辉. 基于保护性再利用的近代工业建筑改造研究:以晨光 1865 创意产业园为例[J]. 遗产与保护研究,2018,3(6):119-127.

[68] 季晨子. 近现代工业遗产整体性保护与再利用研究:以晨光 1865 创意产业园为例[D]. 南京:东南大学,2018.

[69] 季解. 新老工人关系中的一个问题[J]. 劳动,1958(3):17.

[70] 江苏省地方志编纂委员会. 江苏省志:标准化志[M]. 北京:方志出版社,2001.

[71] 江苏省地方志编纂委员会. 江苏省志:机械工业志[M]. 南京:江苏人民出版社,1998.

[72] 江苏省地方志编纂委员会. 江苏省志:金融志[M]. 南京:江苏人民出版社,2001.

[73] 姜涛. 清代江南分治问题:立足于《清实录》的考察[J]. 清史研究,2009,73(2):14-22.

[74] 蒋楠,王建国. 创意产业与产业遗产改造再利用的结合:以南京为例[J]. 现代城市研究,2012,27(1):64-71.

[75] 金戈. 南京 1865 与近代工业遗产保护[J]. 江苏地方志,2007(3):44-46.

[76] 开展全民大造机床运动:一机部在上海举行现场会议总结推广制造土机床经验[J]. 机械制造,1958(11):1.

[77] 柯子山. 土设备武装了我们[J]. 机床与工具,1958(12):12-13.

[78] 寇怀云. 工业遗产技术价值保护研究[D]. 上海:复旦大学,2007.

[79] 赖涤桂,陈德炳. 铸态 QT50-5 大断面铸件常见的质量问题及防止[J]. 机械工人(热加工),

1989(1):20-24.

[80] 赖涤桂. 高磷、硫土球铁机床试制成功[J]. 铸工,1959(7):41.

[81] 赖涤桂. 小型熔铜炉的改进[J]. 铸工,1959,8(9):36-37.

[82] 李建清. "宝苏"机制制钱铸地探寻[J]. 中国钱币,2008(4):36-40,79,81.

[83] 李婧. 苏纶纱厂的社会主义改造研究[D]. 苏州:苏州大学,2010.

[84] 李岚,李新建. 南京传统回族聚居区演变历史研究[J]. 建筑与文化,2014(12):164-169.

[85] 李平. 工业遗产保护利用模式和方法研究[D]. 西安:长安大学,2008.

[86] 李姝楠. 台湾文化创意产业园区的传播策略探究:以华山 1914 文创园为例[D]. 武汉:湖北大学,2019.

[87] 李晓迪. 基于意义保护的胶济铁路淄博段活化设计研究[D]. 济南:山东建筑大学,2019.

[88] 李兴华. 南京伊斯兰教研究[J]. 回族研究,2005,15(2):146-162.

[89] 李祎. 南京江南水泥厂工业遗产保护与再利用研究[D]. 南京:南京工业大学,2015.

[90] 林伯玮. 基于遗产廊道模式下青岛工业遗产的保护更新研究[D]. 青岛:青岛理工大学,2020.

[91] 林超超. "土洋之争":技术革命的愿景与现实[J]. 史林,2017(5):169-178,221.

[92] 林超超. 效率、动员与经济增长:计划体制下的上海工业[D]. 上海:复旦大学,2013.

[93] 林佳,王其亨. 中国建筑遗产保护的理念与实践[M]. 北京:中国建筑工业出版社,2017.

[94] 林璐,谭俊杰. 棕地在城市更新中以市场为主导的再利用研究[C]//城市时代,协同规划:2013 中国城市规划年会论文集(07-居住区规划与房地产). 青岛,2013.

[95] 刘成. 文化创意园区旅游运营模式研究:以成都东区音乐公园为例[D]. 成都:成都理工大学,2012.

[96] 刘冬. 晨光 1865 创意产业园战略转型研究[D]. 南京:南京航空航天大学,2020.

[97] 刘刚. 工业遗产与历史城市地段的空间形态整合:以南京大报恩寺遗址公园与 1865 创意产业园衔接地带为例[D]. 南京:南京大学,2019.

[98] 刘航. SOHO 的发展及其内涵演变[D]. 杭州:浙江大学,2006.

[99] 刘皆谊,夏健,申青. 工业文化遗产保护结合地下空间开发之探讨[J]. 地下空间与工程学报,2012,8(2):223-228,235.

[100] 刘淼. 晚清江南官办企业的股份制改造:以苏经丝厂、苏纶纱厂转制为案例[J]. 中国经济史研究,2003(4):64-73.

[101] 刘倩. 记忆感知视角下城市工业遗产片区更新设计:以"苏纶场"为例[D]. 苏州:苏州科技大学,2020.

[102] 刘伟惠. 上海旧工业建筑再利用研究[D]. 上海:上海交通大学,2007.

[103] 刘文洪. 南京中心城区旧工业厂房改建产业园区管理研究[D]. 南京:南京大学,2015.

[104] 刘文焕,贾晓浒. 体验视角下旧工业构筑物改造再利用研究[J]. 工业建筑,2020,50(3):64-68.

[105] 刘先觉. 文化遗产保护与发展都是硬道理:刘先觉教授访谈[J]. 建筑与文化,2009(1):12.

[106] 刘学文. 中国文化创意产业园可持续设计研究[D]. 长春:东北师范大学,2015.

[107] 刘宇. 后工业时代我国工业建筑遗产保护与再利用策略研究[D]. 天津:天津大学,2016.

[108] 鲁湘伯. 计划经济时期国产表的商标趣谈之二:以省市地名作商标的手表[J]. 钟表(最时间),2018,49(5):99-104.

[109] 鲁湘伯. 图说早期国产表的发展轨迹和时代烙印[J]. 钟表(最时间),2016,47(5):26-35.

[110] 陆涵. 大事件视角下的南京城市空间演进研究(1840—1937)[D]. 南京:东南大学,2018.

[111] 吕乃涛,周传芳. 江南银元局及库平七钱二分银元[J]. 江苏钱币,2013(1):3-8.

[112] 马承艳. 工业遗产再利用的景观文化重建:以北京 798 和上海 M50 为例[D]. 西安:西安建筑科技

大学,2009.

[113] 马曼·哈山. 历史文脉在工业遗址景观中的再现研究:以晨光 1865 园区的两种对立文化为
     例[J]. 建筑与文化,2016(12):169-170.

[114] 茅坚鑫. 1958—1960 年间的工业"大跃进"[D]. 南京:南京大学,2013.

[115] 孟雪. 南京 CCIP 产业园运营绩效评价优化及对策研究[D]. 南京:南京农业大学,2018.

[116] 米雪. 更新过程视角下的宁沪内城工业空间再生研究[D]. 南京:东南大学,2019.

[117] 明孝陵博物馆. 改工业厂房为现代化博物馆的尝试:明孝陵博物馆新馆的陈列与陈列艺术[J]. 中
     国博物馆,2009,26(4):90-99.

[118] 南京第二机床厂志编撰委员会. 南京第二机床厂志[M]. 南京:南京农业大学印刷厂,1996.

[119] 南京第一机械厂. 多刀宽刃精刨床身[J]. 机械工人(冷加工),1958(12):44-45.

[120] 南京第一机械厂. 革新牌刻度机[J]. 机械工人(冷加工),1959(2):6-7,9.

[121] 南京第一机械厂. 简易滚齿机[J]. 机械工人(冷加工),1958(12):47-48.

[122] 南京第一机械厂. 适合人民公社需要的利用行星机构变速的简易车床[J]. 机械工人(冷加工),
     1959(2):1-2.

[123] 南京第一机械厂. 土无心外圆磨床[J]. 机械工人(冷加工),1958(12):41-43.

[124] 南京第一机械厂. 用废料制成的专用土滚床[J]. 机械工人(冷加工),1959(2):2-4.

[125] 南京航空学院金工教研室冶炼厂. 高硫高磷土球墨铸铁试验报告[J]. 铸工,1959(07):25-28.

[126] 南京机床厂合理化建议室. 提高刮研工作效率的方法[J]. 机床与工具,1958(6):15-16.

[127] 南京手表厂旧址变身十朝历史文化园 曾"一表难求"[EB/OL]. (2017-04-18)[2024-01-
     19]. https://news. jstv. com/a/20170418/1492483598469. shtml.

[128] 南京市城乡建设委员会. 既有建筑改变使用功能规划建设联合审查办法[EB/OL]. (2021-03-
     12)[2024-01-20]. http://sjw. nanjing. gov. cn/njscxjswyh/202103/t20210312_2847019. html.

[129] 南京市城乡建设委员会. 南京市既有建筑改造消防设计审查工作指南(2021 年版)[EB/
     OL]. [2024-01-20]. http://njtszx. cn/ueditor/php/upload/file/20220411/1649662143700987. pdf.

[130] 南京市工程建设项目审批制度改革工作领导小组办公室. 南京市深化建设工程消防设计审查验收
     改革工作实施意见(2.0 版)[EB/OL]. (2022-09-27)[2024-0110]. https://www. nanjing.
     gov. cn/xxgkn/zfgb/202209/t20220927_3710281. html.

[131] 南京市规划和自然资源局. 南京市主城区(城中片区)控制性详细规划:秦淮老城单元 NJZCa030-
     43 规划管理单元图则修改(公众意见征询)[EB/OL]. (2021-12-21)[2024-01-26] https://
     ghj. nanjing. gov. cn/pqgs/ghbzpqgs/202112/t20211221_3237432. html.

[132] 南京市规划和自然资源局. 南京市主城区(城中片区)控制性详细规划:秦淮老城单元 NJZCa030-
     48、NJZCa030-50、NJZCa030-54 规划管理单元图则修改(批后公布)[EB/OL]. (2020-04-
     23)[2024-01-26]. https://ghj. nanjing. gov. cn/ghbz/kzxxxgh/202004/t20200423_1841553. html.

[133] 南京市规划和自然资源局. 南京市主城区(城中片区)控制性详细规划:秦淮老城单元 NJZCa030-
     59 规划[EB/OL]. (2020-04-23)[2024-01-28]. https://ghj. nanjing. gov. cn/ghbz/kzxxxgh/
     202005/t20200514_1876102. html.

[134] 南京市规划局. 南京市街道设计导则(试行)[EB/OL](2018-02-08)[2024-02-08]. https://
     ghj. nanjing. gov. cn/ghbz/cssj/201802/t20180208_875978. html.

[135] 南京市规划局. 南京市色彩控制导则(试行)[EB/OL]. (2018-02-08)[2024-01-30].
     https://ghj. nanjing. gov. cn/ghbz/cssj/201802/t20180208_875977. html.

[136] 南京市人民政府. 内秦淮河历史风貌区保护规划修编(批后公布)[EB/OL]. (2021-03-09)[2024-

02-01]. https：//www. nanjing. gov. cn/zdgk/202201/t20220128_3279626. html.

[137] 南京市人民政府. 南京城市总体规划[EB/OL]. (2021-11-23)[2024-01-26]. https：//www. nanjing. gov. cn/xxgkn/zt/ghxxgk_70036/ssw/kjgh_70039/202111/t20211123_3204643. html.

[138] 南京市人民政府. 南京历史文化名城保护规划(2010-2020)[EB/OL]. (2019-12-27)[2024-02-01]. https：//www. nanjing. gov. cn/zdgk/202201/t20220128_3278987. html.

[139] 南京市人民政府. 南京市城市总体规划(2011—2020年)[EB/OL]. (2021-11-23)[2024-01-28]. https：//www. nanjing. gov. cn/xxgkn/zt/ghxxgk_70036/ssw/kjgh_70039/202111/t20211123_3204654. html.

[140] 南京市人民政府. 南京市文化创意产业"十一五"发展规划纲要[EB/OL]. (2021-11-19)[2024-01-28]. https：//www. nanjing. gov. cn/xxgkn/zt/ghxxgk_70036/sywjyqdlsghjh/202111/t20211119_3201620. html.

[141] 南京市人民政府. 市政府关于促进文化创意和设计服务与相关产业融合发展的实施意见[EB/OL]. (2016-06-06)[2024-01-30]. https：//www. nanjing. gov. cn/zdgk/201607/t20160728_1057076. html.

[142] 南京市人民政府. 市政府关于公布南京市工业遗产类历史建筑和历史风貌区保护名录的通知[EB/OL]. (2017-03-22)[2024-01-30]. https：//www. nanjing. gov. cn/xxgkn/zfgb/201812/t20181207_1290418. html.

[143] 彭飞. 我国工业遗产再利用现状及发展研究[D]. 天津:天津大学,2017.

[144] 彭新鸣. 银元在我国流通始末[J]. 金属世界,2004(3):56-57.

[145] 彭长歆. 张之洞与清末广东钱局的创建[J]. 建筑学报,2015(6):73-77.

[146] 钱洁,陈剑翔,王国平,等. 文化创意产业园区运营管理问题探讨:以南京十朝历史文化园为例[J]. 现代经济信息,2015(24):276-278.

[147] 潜力大得很,就看谁会挖[J]. 劳动,1958(10):19-20.

[148] 邱晓磊. 试论晚清苏经、苏纶公司的资本结构与产权分合[J]. 近代史学刊,2016(2):158-171,288.

[149] 曲福田,等. 中国土地和矿产资源有效供给与高效配置机制研究[M]. 北京:中国社会科学出版社,2017.

[150] 善振,隆华,王东. 建立中国计量科学博物馆的必要性和设想[J]. 中国计量,2011(11):62-64.

[151] 尚海永. 新型城镇化工业遗产保护与再利用[M]. 北京:社会科学文献出版社,2019.

[152] 沈飞. 清末江南省铸造的银元[J]. 收藏,2017(2):68-72.

[153] 沈璐. 南京"晨光1865"创意产业园的旅游体验营销策略探析[J]. 经济研究导刊,2018(21):59-60.

[154] 石觉民. 南京市回民生活及清真寺团体之调查[J]. 天山月刊,1934(1):83-96.

[155] 实业部工业司. 工商部全国度量衡会议汇编[M]. 南京:南京中华印刷公司,1931.

[156] 实业部国际贸易局. 中国实业志:江苏省[M]. 上海:实业部国际贸易局,1933.

[157] 实业部全国度量衡局. 改正海关度量衡问题[M]. 南京:南京卜礼记纸号印刷厂,1930.

[158] 实业部全国度量衡局总务科. 实业部全国度量衡局度量衡检定人员养成所第二次报告书[M]. 南京:南京中华印刷股份有限公司,1931.

[159] 史新凯. 深圳湾A园区营销策略研究[D]. 南京:南京理工大学,2014.

[160] 史星宇. "大跃进"时期的新民歌运动[D]. 南京:南京大学,2014.

[161] 隋璐. 工业历史环境下建筑共生设计的探讨：以南京和记洋行厂房北为例[D]. 南京：东南大学，2018.

[162] 孙超. 南京工业遗产景观研究[D]. 南京：南京林业大学，2012.

[163] 孙浩. 江南银币上的"HAH"[J]. 中国钱币，2016(1)：38-40，2-3.

[164] 孙毅霖，邱隆. 抗日战争时期的度量衡划一[J]. 中国计量，2005(10)：45-46.

[165] 孙毅霖. 民国时期的划一度量衡工作[J]. 中国计量，2006(3)：45-48.

[166] 唐宇峰. 德国旧工业建筑改造经验研究[D]. 西安：西安建筑科技大学，2018.

[167] 陶睿敏. 基于使用需求的旧改类创意产业园配套设施规划研究：以南京国创园为例[D]. 南京：南京工业大学，2020.

[168] 陶沙. 人生的价值在于奉献：记苏纶纺织品联合公司（集团）总经理、苏纶纺织厂厂长 陆慕烈[J]. 集团经济研究，1989(3)：40-44.

[169] 陶治政，陶治力. 江南省造戊戌七钱二分银元版别辨析[J]. 收藏界，2004(4)：55-56.

[170] 田鹏许，周云，黄国华，等. 旧建筑适应性再利用经济价值实现模式研究[J]. 绍兴文理学院学报（自然科学），2014，34(10)：14-18.

[171] 汪广丰. 南京市工业遗产保护现状与对策[J]. 城乡建设，2018(22)：28-29.

[172] 汪明玥. 南京城墙东水关、西水关的历史沿革及保护利用[D]. 南京：南京师范大学，2020.

[173] 汪瑀. 新常态背景下的南京工业遗产再利用方法研究[D]. 南京：东南大学，2015.

[174] 王大为. 基于灰色关联理想解的旧工业建筑改造模式比选研究[D]. 西安：西安建筑科技大学，2014.

[175] 王坤. 西方造币技术的引进、应用和传播及其影响[D]. 呼和浩特：内蒙古师范大学，2014.

[176] 王微. 老工业空间非正式更新演化机制研究：以晨光1865创意产业园为例[D]. 南京：南京大学，2013.

[177] 王喜琴. 抗战时期的南京永利铔厂[D]. 南京：南京师范大学，2018.

[178] 王雪松，温江，孙雁. SOHO对旧工业建筑更新利用的启示[J]. 重庆建筑大学学报，2006，28(3)：4-6.

[179] 王燕燕，王浩. 基于AHP法的南京明城墙廊道遗产资源定量评价[J]. 南京林业大学学报（自然科学版），2015，39(4)：95-100.

[180] 王紫茜. 南京创意产业园工业遗产地景观保护与再利用研究：以三个实例为例[D]. 南京：南京艺术学院，2010.

[181] 韦峰. 在历史中重构：工业建筑遗产保护更新理论与实践[M]. 北京：化学工业出版社，2015.

[182] 温昌斌. 民国时期关于国际权度单位中文名称的讨论[J]. 中国计量，2004(7)：42-45，81.

[183] 温婧. 沈阳工业遗产文化品牌传播策略研究[D]. 锦州：渤海大学，2021.

[184] 吴美萍. 文化遗产的价值评估研究[D]. 南京：东南大学，2006.

[185] 吴世昌. 土机床万紫千红[J]. 机械工厂设计，1958(10)：3-11.

[186] 吴泽. 南京国民政府时期度量衡立法研究（1927-1937年）[D]. 呼和浩特：内蒙古大学，2021.

[187] 夏洪洲. 关于城市工业遗产的真实性保护研究[D]. 苏州：苏州科技学院，2009.

[188] 夏健，王勇. 基于整体保护的旧城工业遗产地段地下空间一体化开发研究[J]. 华中建筑，2016，34(4)：11-14.

[189] 肖蓉，阳建强，李哲. 基于产权激励的城市工业遗产再利用制度设计：以南京为例[J]. 天津大学学报（社会科学版），2016，18(6)：558-563.

[190] 熊昌锟. 清代币制改革的酝酿与纠葛：以厘定国币为中心[J]. 清华大学学报（哲学社会科学版），2019，34(3)：118-132，196.

[191] 熊昌锟. 良币胜出:银元在近代中国市场上主币地位的确立[J]. 中国经济史研究,2018(6): 67-80.

[192] 徐连保. 建国初南京度量衡工作接管前后[J]. 中国计量,2013(1):64.

[193] 徐沁心. 旧工业建筑再利用中居住空间植入研究:南京市第二机床厂38号厂房青年公寓改造[D]. 南京:南京大学,2016.

[194] 许晶晶,陈光龙,钱丹. 基于文脉传承的京杭大运河沿线工业遗产保护与再利用现状分析:以苏州、无锡和常州为例[J]. 安徽建筑,2019,26(8):10-13.

[195] 杨曦. 旧工业建筑的可持续发展研究:以苏州近代城市旧工业建筑改造为例[J]. 重庆建筑,2016,15(12):14-17.

[196] 杨香春. 南京市工业遗产保护与再利用研究[D]. 南京:南京农业大学,2015.

[197] 杨晓辉. 城市土地再开发过程中的利益冲突与规划调控策略研究[D]. 苏州:苏州科技学院,2014.

[198] 杨一帆. 中国近代建筑遗产的保护和利用[M]. 西安:陕西师范大学出版总社,2018.

[199] 一机部二局机床铸造工作组. 提高冲天炉铁焦比和铁水温度的经验[J]. 铸造机械,1966(5): 12-21.

[200] 尹杰. 南京晨光1865创意产业园发展模式与对策研究[D]. 苏州:苏州大学,2011.

[201] 于磊. 工业遗产科技价值评价与保护研究:基于近代六行业分析[M]. 北京:中国建筑工业出版社,2021.

[202] 俞剑光. 文化创意产业区与城市空间互动发展研究[D]. 天津:天津大学,2013.

[203] 俞孔坚,方琬丽. 中国工业遗产初探[J]. 建筑学报,2006(8):12-15.

[204] 俞孔坚,凌世红,方琬丽. 棕地生态恢复与再生:上海世博园核心景观定位与设计方案[J]. 建筑学报,2007(2):27-31.

[205] 臧佳和. 基于竞租理论的城市化土地利用变迁浅析[J]. 中国集体经济,2019(13):73-74.

[206] 张柏春. 中央工业试验所的机械工程试验、设计与制造[J]. 中国科技史料,1990,11(2):66-72.

[207] 张复合. 中国近代建筑史研究记事(1986—2016):纪念中国近代建筑史研究三十年[C]// 中国建筑学会. 第15次中国近代建筑史学术年会. 大连:2016.

[208] 张海峰. 既有城市工业区地下空间开发需求预测研究:以徐州市圣戈班工业区为例[D]. 徐州:中国矿业大学,2020.

[209] 张海林. 中国传统城市早期工业化散论:以苏州为典型个案[J]. 南京大学学报(哲学·人文科学·社会科学),1999,35(4):85-93.

[210] 张健健,克里斯托夫·特威德. 工业文化传承视域下的工业遗产更新研究:以英国为例[J]. 建筑学报,2019(7):94-98.

[211] 张烈文. 抗战时期的北碚全国度量衡局[J]. 中国计量,2006(8):45-48.

[212] 张蘋,李翔. 产业园区物业管理的服务策略研究[J]. 现代物业(中旬刊),2019,18(5):18-19.

[213] 张朔人. 抗战时期的江南水泥公司[D]. 南京:南京师范大学,2005.

[214] 张亚. 台儿庄古城文化产业园运营策略研究[D]. 济南:山东建筑大学,2016.

[215] 张亚莹,还浩南,王畅. POE在工业遗产改造类创意产业园对比中的应用:以江苏两个创意产业园为例[J]. 城市建筑,2020,17(32):94-96.

[216] 张永志. 江苏工业建筑遗产的保护及再利用分析[J]. 住宅与房地产,2020(21):245-246.

[217] 张煜. 反思纽约SOHO艺术园区[J]. 大众文艺,2013(9):104-105.

[218] 赵彬元. 共生理论下的工业遗产保护与更新规划策略研究:以苏州苏纶厂更新改造为例[J]. 城市住宅,2021,28(1):62-64.

[219] 赵澄. 国家领军人才创业园塑造城市文化品牌:南京第二机床厂活化为古城创意发动机[J]. 创意与设计,2016(3):55-60.

[220] 赵福生,俞坤一. 我国手表工业的发展和布局概况[J]. 经济与管理研究,1982,3(6):38-39.

[221] 赵晓刚. LOFT 文化在旧建筑改造与社区更新中的应用[D]. 天津:天津大学,2004.

[222] 郑丽虹. 近现代社会转型与苏州的城市设计[D]. 苏州:苏州大学,2005.

[223] 郑丽虹. 苏州 20 世纪二三十年代城市建筑艺术刍议[J]. 苏州大学学报(工科版),2007,27(5):49-51.

[224] 中共南京市委办公厅,南京市人民政府办公厅. 南京市创意文化产业空间布局和功能区发展规划(2016—2020)[EB/OL]. (2016-07-16)[2024-02-03]. https://www. njculture. net/index. php? m=content&c=index&a=show&catid=198&id=4669.

[225] 周峰. 二十世纪六十年代苏州的"五反"运动:以苏纶纺织厂为研究对象[J]. 党史文苑,2016(6):15-17.

[226] 周建初. 球墨铸铁中的磷[J]. 南京航空航天大学学报,1959(3):60-72.

[227] 周薇. 融入历史文化名城保护格局的苏州工业遗产保护与再生[D]. 苏州:苏州科技学院,2009.

[228] 朱光亚,李新建,胡石,等. 建筑遗产保护学[M]. 南京:东南大学出版社,2019.

[229] 朱一强,耿光华,石元元,等. 苏纶场厂房功能改造抗震加固设计[J]. 建筑结构,2010,40(S2):259-261.

[230] 朱一中,王韬. 剩余权视角下的城市更新政策变迁与实施:以广州为例[J]. 经济地理,2019,39(1):56-63,81.

[231] 祝慈寿. 中国近代工业史[M]. 重庆:重庆出版社,1989.

[232] 祝嘉蔚. 品牌战略视角下文化产业园的消费转型探析:以南京晨光 1865 创意·科技产业园为个案分析[J]. 现代营销(学苑版),2021(8):90-92.

[233] 自然资源部办公厅. 产业用地政策实施工作指引(2019 年版)[EB/OL]. (2019-04-24)[2024-02-05]. https://www. gov. cn/zhengce/zhengceku/2019/10/14/content_5439551. htm.

[234] 邹德侬. 需要紧急保护的 20 世纪建筑遗产:1949 至 1979[C]// 中国文物学会. 纪念《世界遗产公约》发表四十周年学术论坛暨中国文物学会传统建筑园林委员会第十八届年会论文集. 西安,2012:24-25.

[235] 邹誌谅. "宝苏"机铸制钱多地铸造论[J]. 中国钱币,2009(2):59-63.